U0190746

全国高等教育环境设计专业示范教材

建设工程管理与法规

宋宗宇 向鹏成 何贞斌 / 编著

CONSTRUCTION PROJECT MANAGEMENT AND REGULATIONS

重庆大学出版社

图书在版编目（CIP）数据

建设工程管理与法规 / 宋宗宇，向鹏成，何贞斌编著.—重庆：重庆大学出版社，2015.1（2021.2重印）
全国高等教育环境设计专业示范教材
ISBN 978-7-5624-8474-5

I.①建… Ⅱ.①宋…②向…③何… Ⅲ.①建筑工程—施工管理—高等学校—教材②建筑法—中国—高等学校—教材 Ⅳ.①TU71②D922.297

中国版本图书馆CIP数据核字（2014）第177943号

全国高等教育环境设计专业示范教材

建设工程管理与法规 宋宗宇 向鹏成 何贞斌 编著

JIANSHE GONGCHENG GUANLI YU FAGUI

策划编辑：周 晓

责任编辑：杨 敬 姜 凤 版式设计：汪 泳
责任校对：贾 梅 责任印制：赵 晟

重庆大学出版社出版发行
出版人：饶帮华
社 址：重庆市沙坪坝区大学城西路21号
邮 编：401331
电 话：（023）88617190 88617185（中小学）
传 真：（023）88617186 88617166
网 址：http://www.cqup.com.cn
邮 箱：fxk@cqup.com.cn（营销中心）
全国新华书店经销
重庆共创印务有限公司印刷

开本：787mm×1092mm 1/16 印张：16.75 字数：356千
2015年1月第1版 2021年2月第2次印刷
印数：5 001—6 000
ISBN 978-7-5624-8474-5 定价：48.00元

前　言

　　工程建设离不开管理,更离不开法制。随着城镇国有土地有偿使用和房屋商品化的推进,建筑业和房地产业已成为我国国民经济发展的支柱产业。由于工程建设涉及的管理知识与法律知识具有较强的专业性和综合性,我们组织了长期从事建设工程管理及法规教学、科研和实务工作的同志编写了这本教材。作为高等教育环境艺术设计专业示范教材之一,本书主要是为培养具有工程管理和法律视野的环境艺术设计专业人才提供参考。

　　本书作为教材,在着重理论体系构建、原理阐释和规则介绍的同时,更侧重实务的探究,以更好地贴近工程建设实践。在撰写本书的过程中,始终突出如下特点:

　　1.强调基础知识。针对建筑工程管理的特点,结合工程建设的基本过程,以工程建设所涉及的法律、法规为线索构建编写体系,用尽量浅显的文字描述并配以图表进行说明,力求完整、系统、准确地阐述工程管理的基本规则与工程法规的基本原理,充分关注最新的管理方法、立法动向与研究成果,强调基本理论对建设工程管理及建筑行业法制的指导意义,从而有助于读者学习管理方法、夯实法律基础,提升管理意识与法律素养,增强管理能力以及掌握法律事务的处理技能。

　　2.紧密结合实务。针对高等教育的特点,我们将实际工作中经常遇到但又较难理解的工程管理问题和法律规定用了较多篇幅进行介绍。本书除阐述建设工程管理与法规的基本理论外,还在每章之首设置启发性的"本章导读",引导读者带着问题去阅读,有助于读者在阅读中找到解决问题的方法。在每章之尾设置了"延伸阅读",借以拓展阅读视野,并启发读者深入思考相关法律问题。除此之外,本书还设置了"简短回顾"和"复习思考题",以帮助读者回顾每章主旨以及检测学习效果。

　　3.突出专业特色。在工程管理部分,本书针对工程管理的特点,将工程前期策划、工程管理的组织、实施控制与管理、信息管理与组织协调作为重点进行编写,充分吸收工程管理的最新研究成果,突出工程管理的专业特色。在工程法规部分,本书对不同主体、不同层次的建设工程法律、法规进行了梳理,同时又结合案例对重点法律问题予以分析并提出了法律适用建议。总之，通过本课程的学习，希望读者能够较为全面系统地掌握工程管理与工程法规基础知识，为成为国家高等技术管理型和应用型人才打下良好的基础。

　　本书由重庆大学法学院博士生导师、建筑与房地产法研究中心主任宋宗宇教授担任主编，重庆大学建设管理与房地产学院博士生导师向鹏成教授、重庆市南岸区公安消防支队政治委员何贞斌博士担任副主编，参加本书编写的还有重庆大学法学院陈法博士、何新燕女士。本书的完成得益于众多学者先贤的研究成果，在此一并致谢。虽然我们试图使本书圆润丰满，但囿于学力，书中亦难免有错漏失当之处，恳请读者诸君谅解并赐教。

编　者

2014年2月

目　录

CONTENTS

1 建设工程管理与法规导论

本章导读

导读1

建设工程管理就是采用工程管理的技术方法对建设工程进行管理。工程管理是20世纪60年代初在西方发达国家发展起来的一种新的管理技术，它考虑了工程项目的多种界面和复杂环境，强调了项目的总体规划、矩阵组织和动态控制，是现代工程技术、管理理论和项目建设实践结合的产物。经过了数十年的发展和完善，工程管理已经日趋成熟，并以经济上的明显效益而在全世界许多发达工业国家得到广泛应用。实践证明，在工程建设领域中实行工程管理，对提高工程质量、缩短建设周期、节约建设资金等都有重要的意义；同时，建设工程管理也离不开工程法规的制定与完善，完善的法律环境有助于建设工程管理工作的进行。本章通过对建设工程的概述引出建设工程管理的内容方法以及建设工程管理的模式，同时也对工程法规进行了简要介绍。

导读2

甲公司与乙公司签订了建设工程施工合同。合同约定，由乙公司承建甲公司某花园工程。合同签订后，乙公司开始施工，但是，甲公司并没有取得建设工程规划许可证和施工许可证。在施工过程中，由于工程存在严重的质量问题，被有关主管部门责令停工。乙公司以甲公司未提供施工许可证为由将甲公司诉上法庭，甲公司则以工程质量问题提出反诉。本案中，甲公司与乙公司之间的关系属于什么性质的法律关系？法律规定，工程开工必须取得施工许可证，甲公司与颁发施工许可证的行政机关之间的关系属于什么性质的法律关系？在没有施工许可证的情况下，甲公司与乙公司签订的合同是否有效？甲、乙公司在没有取得施工许可证的情况下擅自开工，是否应当受到有关行政机关的处罚？这种处罚与甲、乙公司之间可能产生的赔偿责任有什么不同呢？如果您对这些问题感到疑惑，相信能够从本章学习中寻找到答案。

1.1 建设工程管理与法规的含义

1.1.1 建设工程管理的含义

建设工程管理是指为了实现投资目标，建设形成满足预期功能需求的工程，在工程的决策、勘察设计、建筑施工直至竣工验收交付使用的完整过程中，运用科学的理论和方法进行决策与计划、组织与指挥、控制与协调等一系列工作的总称。

（1）建设工程管理成功的因素

在工程建设过程中，人们的一切工作都是围绕着一个目的——为了取得一个成功的工程——而进行的。那么怎么样才算一个成功的工程？对不同的工程类型，在不同的时候，从不同的角度，就有不同的认识标准。通常一个成功的工程从总体上至少必须满足以下条件：

①满足预定的使用功能要求（包括功能、质量、工程规模等），达到预定的生产能力或使用效果，能经济、安全、高效率地运行，并提供较好的运行条件（如运行软件系统、操作文件、操作人员、运行准备工作等）。

②在预算费用（成本或投资）范围内完成，尽可能地降低费用消耗，减少资金占用，保证工程的经济性要求。

③在预定的时间内完成工程的建设，不拖延，及时地实现投资目的，达到预定的工程总目标和要求。

④能为使用者（顾客或用户）接受、认可，同时又照顾到社会各方面及各参加者的利益，使得各方面都感到满意。例如，对承包商来说，业主对工程、对承包商、对双方的合作感到满意，承包企业获得了良好的信誉和形象。

⑤与环境协调，即工程能为它的上层系统所接受，这里包括：

A.与自然环境的协调，没有破坏生态或恶化自然环境；

B.与人文环境的协调，没有破坏或恶化优良的文化氛围和风俗习惯；

C.工程的建设和运行与社会环境有良好的接口，为法律允许，或至少不能招致法律问题，有助于社会就业、社会经济发展。

⑥工程能合理、充分、有效地利用各种资源，具有可持续发展的能力和前景。

⑦工程实施按计划、有秩序地进行，变更较少，没有发生事故或其他损失，较好地解决工程过程中出现的风险、困难和干扰。

要取得完全符合上述每一个条件的工程几乎是不可能的，因为这些指标之间有许多矛盾。在一个具体的工程中常常需要确定它们的重要性（优先级），有的必须保证，有的尽可能照顾，有的又不能保证。这属于工程目标优化的工作。

同时，要取得一个成功的工程，有许多前提条件，必须经过各方面努力。最重要的有以下三个方面：

①进行充分的战略研究，制订正确的、科学的、符合实际（即与工程环境和工程参加者能力相称）的、有可行性的工程目标和计划。如果工程选择出错，就会犯方向性、原则性错误，给工程带来根本性的影响，造成无法挽回的损失。

②工程的技术设计科学、经济，符合要求。这里包括工程的生产工艺（如产品方案、设备方案等）和施工（实施）工艺的设计，选用先进的、安全的、经济的、高效率的、符合生产和施工要求的技术方案。

③有力的、高质量、高水平的工程管理。工程管理者为战略管理、技术设计和工程实施提供各种管理服务，如提供工程的可行性论证、拟订计划、作实施控制。他将上层的战略目标和计划与具体的工程实施活动联系在一起，将工程的所有参加者的

力量和工作融为一体，将工程实施的各项活动导演成一个有序的过程。

综上所述，建设工程管理取得成功的因素有：工程目标的确定；风险；尽早决策；工程计划；时间和资金；紧迫情形；工程班子；决策的代表；沟通；工程管理者和负责人；授权；责任、工程范围以及计划的变更；决策；作决策的原因；经验的使用；合同策略；适应外部环境的变化；引导、团队意识和协商意识。

（2）建设工程管理的类型和任务

按照建设工程不同参与方的工作性质和组织特征划分，建设工程管理可分为工程管理——业主方的工程管理（OPM），工程设计工程管理——设计方的工程管理（DPM），工程承包工程管理——承包方的工程管理（CPM）以及政府对工程的管理——政府的工程管理（GPM）。

①工程管理——业主方的工程管理（OPM）。是指业主从工程提出设想到竣工、交付使用全过程所涉及的全部工作，旨在实现投资者的目标。OPM是整个工程管理的核心。由于工程实施的一次性，使得业主方自行进行工程管理存在较大的局限性，需要专业化的工程管理单位为其提供工程管理服务。工程管理单位既可以为业主提供全过程的工程管理服务，也可以根据业主需要提供阶段性的工程管理服务。

业主方的工程管理涉及工程投资建设的全过程，主要进行安全管理、投资控制、进度控制、质量控制、合同管理、信息管理和组织协调等工作。业主对工程管理的目的包括实现投资者的投资目标和期望，努力使工程投资控制在预定或可接受的范围之内，保证工程建成后在功能与质量上达到设计标准。业主对工程的管理职能有决策职能、计划职能、组织职能、协调职能、控制职能等。因此，业主的工程管理有自身的特点：业主对工程的管理表现了各投资方对工程的要求；业主是对工程进行全面管理的中心；业主对工程的管理大多采用间接而非直接方式。

②工程设计管理——设计方的工程管理（DPM）。是指设计单位以实现合同约定目标和国家强制性规范目标为目的而进行的工程设计的管理。工程设计管理的任务包括设计成本控制和与设计工作有关的工程造价控制、设计进度控制、设计质量控制、设计合同管理、设计信息管理以及相关的组织协调工作等。设计单位管理的范围大多数情况下是在工程的设计阶段，但可以根据需要将工程范围前后延伸。

③工程承包管理——承包方的工程管理（CPM）。是指承包单位在所承包工程的范围内为实现合同约定目标和国家强制性规范目标进行的管理，其范围与业主要求有关，取决于业主选择的发包方式，并在承包合同中加以明确。

承包商对工程承包管理的主要工作有建立工程承包管理的组织、编制工程承包管理计划、进行工程承包的目标控制、对施工工程的生产要素进行优化配置和动态管理、工程承包的合同管理以及工程承包的信息管理。承包商对工程承包管理的目的就是保证承包的工程在进度与质量上达到委托合同规定的要求和追求自身收益的最大化。因此，承包商对工程承包管理的特征包括：管理主体是承包商（目前在我国一般指施工企业）；主要管理对象是施工工程；主要内容合同约定和强制性规范规定要求；要求强化组织协调工作等几个方面。

④政府对工程的管理——政府的工程管理（GPM）。工程的建设会对现有的公共环境、公共交通、公共卫生、公共安全都有着不同程度的影响。因此，政府需要对工程的建设实施强制性的监督管理。

政府对工程进行管理的主要工作内容：按管理内容的性质划分包括建设用地管理、建设规划管理、环境保护管理以及建设程序管理等；按工程实施的阶段划分包括建设前期的监督与管理、建设中期的监督与管理以及建设后期的监督与管理。政府进行工程管理是为了保证项目投资方向符合国家产业政策的要求，保证工程符合国家经济和社会发展规划和环境与生态等的要求，引导投资规模达到合理经济规模，保证国家整体投资规模与外债规模在合理的可控制的范围内进行。政府对工程进行的管理主要是宏观管理，管理手段全面，具有较大的权威性和严肃性，而且必须保证公正性。因此，政府工程管理的有效实施必须以完备的法规与技术标准、高效率的执行机构和公正的司法制度为前提。

政府进行工程管理保证了工程符合当地社会经济的协调发展，保证了工程符合城市规划的要求，维护了工程所在地区的环境，保证了工程遵守有关的工程技术标准与规范，可以最合理地利用国土资源及保护其他资源，维护生态平衡。

（3）建设工程管理的发展趋势

①建设工程管理的历史发展

我国进行工程管理实践的历史有2 000多年。我国许多伟大的工程，如都江堰水利工程、长城、故宫等，充分反映了我国在工程管理思想和实践方面取得的成果。新中国成立以后，我国工程建设事业得到了迅猛发展，许多大规模的工程建设和管理活动都取得了成功，如南京长江大桥、长江葛洲坝水利枢纽工程等。但是，长期以来，我国丰富的工程建设和管理的实践经验并没有得到系统的总结，未能形成具有自身特色的工程管理理论。

20世纪80年代初，我国开始引进国际现代工程管理理论、技术、方法和国际惯例。1980年，世界银行规定：发展中国家的世界银行贷款工程必须委托国外工程管理咨询公司进行管理。随后，亚洲开发银行、德国复兴银行也作出类似规定。世界银行贷款工程对中国建筑业体制产生了强烈冲击。最有代表性的就是鲁布格水电站中的引水工程，此工程是利用世界银行贷款的工程，它在1984年首先采用国际招标和开展工程管理，大大缩短了工期，降低了工程的造价，取得明显的经济效益。项目管理在工程中的成功运用给我国投资建设领域带来很大冲击。

由此，我国建设工程管理改革的步伐加快，1983年5月，国家计委通过"大中型项目前期项目经理负责制"；1984年，企业组织整顿，任命建筑企业项目经理；1987年，建设部推行在鲁布革水电站工程中取得极大成功的"项目法施工"；1987国家计委等五个政府有关部门联合发出通知决定在建设项目和一批企业中试行PM方法；1988年，建设部开始推行建设监理制度；1991年建设部提出把工程建设领域PM试点转变为全面推广；近年来，我国工程项目管理领域在进行大量实践的同时（如长江三峡水利枢纽工程等），也在不断开展理论研究。目前，项目管理已发展成为一门较完整的独立学科，并已逐渐成为一个专业，一个社会职业，随项目管理逐步分工细化，形成了一系列项目管理的专门职业，例如，专业项目经理、监理工程师、造价工程师、建造师、投资咨询工程师等。

在社会生产力高速发展的今天，大型的及特大型的工程越来越多，类型和所涉及的范围也越来越广，如航天工程、大型水利工程、交通工程等。这些工程规模大，技术复杂，参加单位多，又受到时间和资金的严格限制，迫切需要新的管理理论、技术和方法。同时，现代科学技术也获得了长足发展，产生了系统论、信息论、控制论、计算机技术、运筹学、预测技术、决策技术等，并日臻完善，为建设工程管理理论、技术和方法的发展提供了可能性和基础，这就产生了现代化的建设工程管理。

②现代建设工程管理的特点与发展趋势

A.工程管理理论、方法、手段的科学化。体现在三个方面：现代的管理理论的应用，如系统论、信息论、控制论、行为科学等；现代管理方法的应用，如预测技术、决策技术、数学分析方法、数理统计方法、模糊数学、线性规划、网络技术、图论、排队论等；管理手段的现代化，最显著的是计算机、现代图文处理技术、精密仪器的使用，多媒体和互联网的使用等。

B.工程管理的社会化和专业化。如职业化的工程经理、专门的工程管理或咨询公司等。

C.工程管理的标准化和规范化。规范化的定义和名词解释；规范化的工程管理工作流程；统一的工程费用（成本）的划分；统一的工程计量方法和结算方法；标准化的信息流程、数据格式、文档系统、网络表达形式；使用标准的合同条件、标准的招投标文件；我国建设工程管理规范等。

D.工程管理国际化。世界银行推行的工业工程可行性研究；世界银行的采购条件；FIDIC合同条件和相应的招标投标程序；国际上处理一些工程问题的惯例和通行准则等。

E.工程管理的信息化。

F.工程管理新的发展趋向。全生命期管理，工程管理集成化，工程中的安全、健康、环境（HSE）管理，网络平台的工程管理，网络型工程组织和虚拟工程组织的管理，新的管理理念和方法在工程中的应用，如物流管理、学习型组织、变革管理、危机管理等。

1.1.2　建设工程法规的含义

按照我国2013年公布的《建设工程分类标准》，建设工程按照自然属性可分为建筑工程、土木工程和机电工程三类。其中，建筑工程包括民用建筑、工业建筑、构筑物等；土木工程包括道路、轨道、桥涵、隧道、水工、矿山工程等；机电工程包括机械设备、电气工程、管道工程、消防工程等。但是从法律层面来看，不论是在地上建造房屋、修筑桥梁，还是在地下进行矿井建设，都是直接在土地上添加附属物的行为。在法律上，将这些行为称为建设活动。法律上的建设活动，是指人类在土地上进行的建筑物和构筑物的新建、改建、扩建及其相关的装修、拆除、修缮等活动的总称。建设工程法规就是指国家权力机关或授权的行政机关制定的，由国家强制力保证实施的，旨在调整人类在建设活动过程中产生的社会关系的法律规范的总称。

在我国，法律的概念有广义和狭义之分。狭义上的法律，是指我国的最高权力机关即全国人民代表大会及其常务委员会所通过的规范性文件。如合同法、物权法、建筑法等；广义上的法律，不仅包括狭义上的法律，还包括国务院通过的行政法规、地方人民代表大会及其常务委员会通过的地方性法规、国务院部委通过的部委规章、有法规制定权的地方人民政府通过的地方政府规章等。从这个意义上讲，建设工程法律也有狭义和广义的区别。狭义的建设工程法律是指全国人大及其常委会通过的调整工程建设活动的法律规范的总称。广义上的建设工程法律还包括调整工程建设活动的行政法规、地方性法规、部委规章以及地方政府规章等。本书在广义上使用建设工程法律这一概念，为表述上的准确性，本书称其为建设工程法规。

（1）建设工程法规的特征

一方面，建设工程法规不是单一的部门法。部门法是根据一定的调整对象所划定的同类法律规范的总称。例如，调整平等主体之间的关系的规范，被称为民法；调整不平等的行政主体与行政相对人之间关系的法律规范被称为行政法；调整国家与犯罪人之间关系的法律规范被称为刑法。建设工程法规所调整的社会关系则较为宽泛，它不仅调整平等主体之间的关系，如建筑企业与业主之间的关系，也调整不平等的行政主体与行政相对人之间的关系，如建筑企业与建筑企业资质管理行政机关之间的关系；它还调整刑事法律关系，如重大质量安全事故责任人要承担刑事责任。由于建设工程法规所调整的社会关系较为宽泛，所以按照传统法律部门的划分标准，建设工程法规不能像民法、行政法、刑法那样成为一个独立的部门法。

另一方面，技术性强。建设活动富有很强的技术含量，不仅要求建筑材料必须符合国家制定的相应技术性标准，而且要求建设活动的全过程必须符合规划、设计、施工、验收等的技术标准。建设工程法规与教育法规、科技法规、旅游法规一样，其制定与实施依托于民法、行政法、刑法、经济法、民事诉讼法、行政诉讼法、刑事诉讼法等基础法律部门，同时，也与建筑科学等领域的自然法则紧密相连，建设法规中应用了大量的技术规范，具有明显的技术特征。

（2）建设工程法规的基本原则

建设工程法规的基本原则是指贯穿于整个建设工程法规之中，所有建设工程法规都应遵循和贯彻的，调整建设工程法律关系主体的行为的指导思想和基本准则，是建设工程法规本质的集中体现。

①确保建设工程质量原则

建设工程质量不仅关系建设工程法律关系主体的利益，而且还会关系到公共利益。因此，确保建设工程的质量是一切建设工程法规始终遵循的基本原则。

②确保工程建设安全原则

建设行业向来是伤亡率相当高的行业，确保工程建设活动的安全是保障人权的宪法精神的体现，因此，确保工程建设安全是一切建设工程法规应始终遵循的基本原则。

③维护建设市场秩序原则

维护建设市场秩序,事关相关市场主体的根本利益,事关整个建设行业的稳定、健康和可持续发展,因此,维护建设市场秩序是建设工程法规的基本原则。

④保护环境原则

工程建设活动对环境的影响甚大,它不仅会产生大量的固体、气体、液体废物,有工程建设导致的水文环境的变化也会对环境和气候产生重大影响,工程建设活动中产生的噪声还会影响他人的利益,因此,保护环境是建设工程法规始终遵循的基本原则。

（3）建设工程法规与其他法律的关系

①与宪法的关系

宪法是国家的根本大法,具有最高法律地位和最高法律效力。宪法是制定普通法律的依据,普通法律的内容都必须符合宪法的规定,任何与宪法内容相抵触的都没有法律效力。建设工程法规属于具体法律规范,它既以宪法的有关规定为依据,又将国家对建设活动组织管理方面的原则规定具体化,应属于宪法实施的组成部分。

②与民法的关系

民法是调整平等主体的公民、法人及其他非法人组织之间的财产关系和人身关系的法律规范的总称。建设工程法规中有不少法律规范属于民法的范畴,如物权法、合同法、侵权责任法、担保法等,这类建设活动的调整适用于我国民法相关规范,如建设工程合同的签订、履行应当适用《合同法》。但是民法的调整范围比建设工程法规的调整范围要宽得多,比如,民法所调整的婚姻关系、继承关系就不在建设工程法规的调整范围之内。

③与行政法的关系

行政法是调整行政关系、规范和控制行政权的法律规范的总称。所谓行政关系,是指行政主体在行使行政职能和接受行政法制监督过程中,与行政相对人、行政法制监督主体之间发生的各种关系,以及行政主体内部发生的各种关系。在相当程度上,建设工程法规调整的是建设行政管理关系,行政监督、行政检查、行政命令、行政许可、行政处罚等行政手段则是其主要调整方法。由于我国没有统一的实体行政法典,建设法规的内容散见于行政处罚法、行政许可法等相关法律规范之中。

④与刑法的关系

刑法是规定什么是犯罪,对罪犯适用什么刑罚的法律规范的总和,即刑法是规定犯罪、刑事责任和刑罚的法律。刑法的规定和制裁是所有法中最严厉的。建设工程法规以刑法为自己强有力的后盾,在许多建设工程法规中都规定了违反建设法规情节和后果严重构成犯罪的,由司法机关依据刑法追究刑事责任。

⑤与环境保护法的关系

环境保护法是调整人们在保护、改善、开发、利用环境的活动中所产生的环境社会关系的法律规范总和。建设工程法规中的很多制度或规范本身就是环境保护法的一部分,如环境影响评价制度、"三同时"制度、许可证制度,等等。建设活动本身容易产生噪声、扬尘、固体废物,因此相对应的建设法规与环境保护法必然存在交叉,但是环境保护法所调整的环境社会关系比建设工程法规中的环境法律关系要广得多。

现行宪法是1982年实施的,并在1988年和2004年经过了四次修正。

我国目前没有统一的民法典,散见于民法通则、物权法、婚姻法等单行法中。

建设法规与各部门法关系,包容。

⑥与诉讼法的关系

诉讼法调整的是诉讼过程中的法律关系,由于建设工程法规中涉及行政法、刑法、民法等法律,它的实施与适用必然与行政诉讼法、刑事诉讼法、民事诉讼法有不可分割的联系。如在处罚违法违规建设活动时,需适用行政诉讼法、刑事诉讼法的规定;在建设工程纠纷处理中则大量适用民事诉讼法的规定。建设活动中的违法犯罪行为就要适用刑事诉讼法。

总之,建设法规并不是一个单独的部门法,建设活动中的各种法律关系必须依靠相应的部门法进行调整,他们之间是一种交叉、包容的关系。

1.2 建设工程管理的内容与方法

1.2.1 建设工程管理的内容

建设工程管理是指为了实现投资目标,建设形成满足预期功能需求的工程,在工程的决策、勘察设计、建筑施工直至竣工验收交付使用的完整过程中,运用科学的理论和方法进行决策与计划、组织与指挥、控制与协调等一系列工作的总称。

站在不同的角度,对工程管理的工作内容具有不同的描述:

①按照一般管理的工作过程可分为:预测、决策、计划、实施、反馈等工作。

②按照系统工作方法可分为:确定目标、制订方案、跟踪检查等工作。

③按照工程实施过程可分为:决策阶段的主要工作,策划阶段主要工作,设计阶段的主要工作,招投标阶段的主要工作,施工阶段的主要工作,竣工验收/交付使用阶段的主要工作。

其中,决策阶段的主要工作包括工程建议书、可行性研究和各项审批;策划阶段主要工作有编制咨询委托纲要、工程程序策划、选择工程班子成员和确定组织结构;设计阶段的主要工作有提出设计要求,组织设计方案评选、选择设计单位及其他咨询机构、协调设计过程、编制概(预)算和安排保险;招投标阶段的主要工作有选择发包方式、准备招标文件组织招标、选择承包商和建立工程实施控制系统;施工阶段的主要工作有实施过程的监督与控制、组织协调和会议安排、审核付款和费用控制;竣工验收/交付使用阶段的主要工作有编制结算、组织试用和竣工验收、交付使用。

④按照工程管理工作的任务,又可以分为成本(投资)管理、工期管理、质量管理、组织协调、信息管理、合同管理、风险管理等。

其中,成本(投资)管理工作有工程估价,即工程的估算、概算、预算,成本(投资)计划,支付计划,成本(投资)控制,包括审查监督成本支出、成本核算、成本跟踪和诊断,工程款结算和审核;工期管理工作是在工程量计算、实施方案选择、施工准备等工作基础上进行的,包括以下具体的管理活动:工期计划、资源供应计划和控制、进度控制。质量管理通常包括制定质量方针和质量目标以及质量策划、质量控制、质量保证和质量改进。

组织协调具体管理活动有建立工程组织机构和安排人事,选择工程管理班子,制订工程管理工作流程，落实各方面责权利关系，制订工程管理工作规则，领导工程工作，处理内部与外部关系，沟通、协调各方关系，解决争执；信息管理工作包括确定组织成员（部门）之间的信息流，确定信息的形式、内容、传递方式、时间和存档，进行信息处理过程的控制，与外界交流信息；合同管理具体的管理活动有招标投标中的管理，包括合同策划、招标准备工作、起草招标文件、合同审查和分析，建立合同保证体系等，合同实施控制，合同变更管理，索赔管理；另外，由于工程的特殊性，风险是各级、各职能人员都应考虑的问题，风险管理包括风险识别、风险计划和控制。

⑤按照PMI对工程管理知识体系的划分，可以将建设工程的工作内容分为九大块：

A.工程范围管理，包括工程启动、工程范围计划的编制、工程范围界定、工程界面管理和系统描述、工程范围核实、工程范围变更及控制；

B.工程进度管理，包括工程工作界定、工程工作排序、工程工作持续时间估算、工程进度计划、工程进度控制；

C.工程质量管理，包括质量管理体系的建立、工程质量计划、工程质量控制、工程施工质量验收；

D.工程安全与环境管理，包括工程安全管理体系的建立、工程施工安全管理、工程环境管理、职业健康安全管理体系与环境管理体系的建立；

E.工程造价管理，包括工程成本计划、工程造价控制和工程成本分析；

F.工程人力资源管理，包括工程经理的设置，工程经理部的设置，工程团队建设；

G.工程风险管理，包括工程风险识别、工程风险评价、工程风险应对计划、工程风险监视与控制；

H.工程采购与合同管理，包括工程采购管理、工程采购规划、工程招投标管理、工程合同管理、工程索赔；

I.工程沟通管理，包括工程沟通管理培训、工程沟通管理渠道和方式、沟通障碍与有效沟通、冲突管理。

1.2.2 建设工程管理的方法

工程管理最主要的方法是"目标管理"。目标管理方法简称为MBO，其核心内容是以目标指导行动。目标管理是以目标为导向，以人为中心，以成果为标准，而使组织和个人取得最佳业绩的现代管理方法。目标管理也称为"成果管理"，俗称责任制，是指在企业个体职工的积极参与下，自上而下地确定工作目标，并在工作中实行"自我控制"，自下而上地保证目标实现的一种管理办法。

美国管理大师彼得·德鲁克（Peter Drucker）于1954年在其名著《管理实践》中最先提出了"目标管理"的概念，其后他又提出"目标管理和自我控制"的主张。德鲁克认为，并不是有了工作才有目标，而是相反，有了目标才能确定每个人的工作。所以"企业的使命和任务，必须转化为目标"，如果一个领域没有目标，这个领域的工作必然被忽视。因此，管理者应该通过目标对下级进行管理，当组织最高层管理者确定了组织目标后，必须对其进行有效分解，转变成各个部门以及各个人的分目标，管理者根据分目标的完成情况对下级进行考核、评价和奖惩。目标管理提出以后，便在美国迅速流传。时值第二次世界大战后西方经济由恢复转向迅速发展的时期，企业急需采用新的方法调动员工积极性以提高竞争能力，目标管理的出现可谓应运而生，遂被广泛应用，并很快为日本、西欧国家的企业所仿效，在世界管理界大行其道。

目标管理的具体形式各种各样，但其基本内容是一样的。所谓目标管理乃是一种程序或过程，它使组织中的上级和下级一起协商，根据组织的使命确定一定时期内组织的总目标，由此决定上、下级的责任和分目标，并把这些目标作为组织经营、评估和奖励每个单位和个人贡献的标准。目标管理指导思想上是以Y理论为基础的，即认为在目标明确的条件下，人们能够对自己负责。具体方法上是泰勒科学管理的进一步发展，它与传统管理方式相比具有鲜明的特点，可概括如下：

（1）重视人的因素

目标管理是一种参与的、民主的、自我控制的管理制度，也是一种把个人需求与组织目标结合起来的管理制度。在这一制度下，上级与下级的关系是平等、尊重、依赖、支持，下级在承诺目标和被授权之后是自觉、自主和自治的。

（2）建立目标锁链与目标体系

目标管理通过专门设计的过程，将组织的整体目标逐级分解，转换为各单位、各员工的分目标。从组织目标到经营单位目标，再到部门目标，最后到个人目标。在目标分解过程中，权、责、利三者已经明确，而且相互对称。这些目标方向一致，环环相扣，相互配合，形成协调统一的目标体系。只有每个人员完成了自己的分目标，整个企业的总目标才有完成的希望。

（3）重视成果

目标管理以制订目标为起点，以目标完成情况的考核为终结。工作成果是评定目标完成程度的标准，也是人事考核和奖评的依据，成为评价管理工作绩效的唯一标志。至于完成目标的具体过程、途径和方法，上级并不过多干预。所以，在目标管理制度下，监督的成分很少，而控制目标实现的能力却很强。

目标管理的具体做法分三个阶段：第一阶段为目标的设置；第二阶段为实现目标过程的管理；第三阶段为测定与评价所取得的成果。

①目标的设置

目标的设置是目标管理最重要的阶段，第一阶段可以细分为四个步骤：

A.高层管理预定目标，这是一个暂时的、可以改变的目标预案。即可以上级提出，再同下级讨论；也可以由下级提出，上级批准。首先，无论哪种方式，必须共同商量决定；其次，领导必须根据企业的使命和长远战略，估计客观环境带来的机会和挑战，对该企业的优劣有清醒的认识。对组织应该和能够完成的目标心中有数。

B.重新审议组织结构和职责分工。目标管理要求每一个分目标都有确定的责任主体。因此，预定目标之后，需要重新审查现有组织结构，根据新的目标分解要求进行调整,明确目标责任者和协调关系。

C.确立下级的目标。首先,下级明确组织的规划和目标;然后,商定下级的分目标。在讨论中上级要尊重下级,平等待人,耐心倾听下级意见,帮助下级发展一致性和支持性目标。分目标要具体量化,便于考核;分清轻重缓急,以免顾此失彼;既要有挑战性,又要有实现可能。每个员工和部门的分目标要和其他的分目标协调一致,支持本单位和组织目标的实现。

D.上级和下级就实现各项目标所需的条件以及实现目标后的奖惩事宜达成协议。分目标制订后,要授予下级相应的资源配置的权力,实现权、责、利的统一。由下级写成书面协议,编制目标记录卡片,整个组织汇总所有资料后,绘制出目标图。

②实现目标过程的管理

目标管理重视结果,强调自主、自治和自觉。并不等于领导可以放手不管,相反由于形成了目标体系,一环失误,就会牵动全局。因此,领导在目标实施过程中的管理是不可缺少的。首先进行定期检查,利用双方经常接触的机会和信息反馈渠道自然地进行;其次要向下级通报进度,便于互相协调;再次要帮助下级解决工作中出现的困难问题,当出现意外、不可测事件严重影响组织目标实现时,也可通过一定的手续,修改原定的目标。

③总结和评估

达到预定的期限后,下级首先进行自我评估,提交书面报告;然后上下级一起考核目标完成情况,决定奖惩;同时讨论下一阶段目标,开始新循环。如果目标没有完成,应分析原因总结教训,切忌相互指责,以保持相互信任的气氛。

工程管理的专业管理方法也有很多,比如,质量管理中的全面质量管理;进度管理中的网络计划方法;费用管理中的预算方法和挣值方法;范围管理中的计划方法和WBS方法;人力资源管理中的组织结构图和责任分派图;风险管理中的SWOT分析法和风险评估矩阵;采购管理中的计划方法和库存计算法;合同管理中的合同选型与谈判;沟通管理中的信息技术;综合管理中的计划方法和协调方法。在工程管理中,所有方法的应用,都体现了鲜明的专业特点。

1.3 建设工程管理的模式

(1)业主自行管理模式

业主自行管理模式的特征是业主与设计、施工方直接签订合同,业主组成相应机构直接行使对工程的管理。在国内,这种业主自行管理形式从20世纪50年代开始一直延续到今天,成为国内主要的基本建设方式。但是,这种自行管理模式正在受到越来越大的冲击。业主自行管理方式,即"指挥部"模式,业主既是工程的投资主体,又是工程的管理主体。由于采用指挥部的行政管理办法,不是委托有经验的专业管理单位进行管理,管理人员不专业,管理经验少,工程管理长期低水平循环,只有一次教训而无二次经验,影响投资建设的效率与效益,影响工程建设全过程的统一协调与系统结合。

（2）传统工程管理模式（DBB模式）

设计—招标—建造模式（Design-Bid-Build，简称DBB模式）是一种传统的模式，它是指建设工程严格按照"设计—招标—建造"的顺序连续进行，后续阶段只有在前一阶段完成后才能开始进行，在国际上最为通用，世界银行、亚洲开发银行贷款工程和采用国际咨询工程师联合会（FIDIC）的合同条件的工程均采用这种模式。传统模式招标文件中一般采用FIDIC"红皮书"或"新红皮书"。

DBB模式的优点如下：

①由于这种模式长期的、广泛的在世界各地采用，因而管理方法较成熟，各方对有关程序都很熟悉；

②业主可自由选择咨询设计人员，可控制设计要求；

③可自由选择监理人员；

④可采用各方均熟悉的标准合同文本，有利于合同管理和风险管理。

同时DBB模式还具有以下缺点：

①工程设计—招投标—建造的周期长；

②管理和协调工作较复杂；

③业主管理费较高，前期投入较高；

④总造价不易控制，变更时容易引起较多的索赔；

⑤建筑师/工程师对工程的工期不易控制；

⑥出现质量事故时，设计方和施工方易互相推诿责任。

由此可见，DBB模式适用于简单工程。另外，如果一个工程资金有可靠来源，并更看重质量应选择DBB模式。

（3）工程管理模式（PM模式）

工程管理（Project Management，PM）是指工程管理企业按照合同约定，代表业主参与全过程或部分阶段的施工组织管理。工程管理企业不直接与业主以外的其他单位直接形成合同关系，可以协助业主与其有关系的各方签订合同并监督合同的实施。

PM模式的基本特征如下：

①业主自身缺乏工程管理人才、工程管理体系、工程管理经验，需要委托专业化的工程管理公司提供咨询服务或代表业主对工程进行管理和控制。

②工程管理服务属于咨询服务，不属于承包；与业主签订的合约，通常是服务协议书，不是承包合同。

③工程管理服务除咨询服务型和代理服务型以外，根据业主的需要还可以有其他一些派生的形式，如可行性研究咨询服务、招标投标代理、工程监理等。

④提供工程管理服务的组织，可以是合格的工程管理公司、工程公司、工程咨询公司、设计院、工程监理公司等。

⑤工程管理服务可以避免非专业机构管理工程造成的弊端和经济损失。

PM模式的优点如下：

①在质量控制上，可以减少返工，降低维修成本；

②在采购上，采用PM服务有助于降低价格，避免纠纷和索赔；

③设计审查,避免返工和进度的延误;

④材料管理上,使因为质量、损耗、延误、丢失、恶意损坏或偷盗造成的开支降到最小;

⑤施工进展监督,避免了返工和进度的延误;

⑥安全,减少保险费的开支;

⑦优化工程,能识别不必要的开支,使每一项开支均取得最大的效益;

⑧进行施工可行性分析,识别能够降低成本及提高效率的设计变更;

⑨进行运行及维护的分析,提高效率和安全,使每一潜在的收益最大化;信息化管理,提高交流、档案管理、信息处理的效率。

(4)"交钥匙"模式(EPC模式)

①EPC模式概述

在工程建设承包尤其是国际工程承包实践中,随着包括建筑技术在内的科学技术的迅猛发展、建筑业主对建设工程的功能要求日益多样化,建设工程的规模越来越大,复杂程度也越来越高。原来在建筑市场通用的单一"设计—采购—施工"各个环节分离的工程建设传统承包模式,由于存在工程进度衔接不畅,工程质量、责任难以划分等问题,已经越来越不适应形势发展的需要。因此,以由一个总承包商对整个工程设计、建设过程、工程质量、工程造价负责的EPC总承包模式应运而生。

"交钥匙"模式是具有特定含义的设计—建造方式,即承包商为业主提供包括工程融资,土地购买,设计、施工、设备采购、安装和调试直至竣工移交的全套服务。因此,EPC模式最显著的特点就是业主与设计—建造总承包商只签订一份合同,在工程实施过程中保持单一的合同责任,该合同为总价合同。参与工程建设的各方包括业主、业主代表、确定工程原则的专业咨询公司、设计—建造总承包商。

②EPC模式的特征

与建设工程管理的其他模式相比,EPC模式有以下几个方面的基本特征:

A.承包商承担大部分风险。一般认为,在传统模式条件下,业主与承包商的风险分担大致是对等的。而在EPC模式条件下,由于承包商的承包范围包括设计,因而很自然地要承担设计风险。此外,在其他模式中均由业主承担的"一个有经验的承包商不可预见且无法合理防范的自然力的作用"的风险,在EPC模式中也由承包商承担。在其他模式中承包商对此所享有的索赔权在EPC模式中不复存在。这无疑大大增加了承包商在工程实施过程中的风险。

B.业主或业主代表管理工程实施。在EPC模式条件下,业主不聘请"工程师"来管理工程,而是自己或委派业主代表来管理工程。由于承包商已承担了工程建设的大部分风险,所以,与其他模式条件下工程师管理工程的情况相比,EPC模式条件下业主或业主代表管理工程显得较为宽松,不太具体和深入。例如,对承包商所应提交的文件仅仅是"审阅",而在其他模式则是"审阅和批准";对工程材料、工程设备的质量管理,虽然也有施工期间检验的规定,但重点是在竣工检验,必要时还可能作竣工后检验(排除了承包商不在场作竣工后检验的可能性)。

C.总价合同。总价合同并不是EPC模式独有的，但是，与其他模式条件下的总价合同相比，EPC合同更接近于固定总价合同。通常，在国际工程承包中，固定总价合同仅用于规模小、工期短的工程。而EPC模式所适用的工程一般规模均较大、工期较长，且具有相当的技术复杂性。因此，在这类工程上采用接近固定的总价合同，也称得上是特征了。在EPC模式条件下，业主允许承包商因费用变化而调价的情况是不多见的。

③EPC模式的适用条件

由于EPC模式具有上述特征，因而应用这种模式需具备以下条件：

A.由于承包商承担了工程建设的大部分风险，因此，在招标阶段，业主应给予投标人充分的资料和时间，以使投标人能够仔细审核"业主的要求"（这是EPC模式条件下业主招标文件的重要内容），从而详细地了解该文件规定的工程目的、范围、设计标准和其他技术要求，在此基础上进行工程前期的规划设计、风险分析和评价以及估价等工作，向业主提交一份技术先进可靠、价格和工期合理的投标书。

B.虽然业主或业主代表有权监督承包商的工作，但不能过分地干预承包商的工作，也不要审批大多数的施工图纸。既然合同规定由承包商负责全部设计，并承担全部责任，只要其设计和所完成的工程符合"合同中预期的工程之目的"，就应认为承包商履行了合同中的义务。这样做有利于简化管理工作程序，保证工程按预定的时间建成。而从质量控制的角度考虑，应突出对承包商过去业绩的审查，尤其是在其他采用EPC模式的工程上的业绩，并注重对承包商投标书中技术文件的审查以及质量保证体系的审查。

C.由于采用总价合同，因而工程的期中支付款（interim payment）应由业主直接按照合同规定支付，而不是像其他模式那样先由工程师审查工程量和承包商的结算报告，再决定和签发支付证书。在EPC模式中，期中支付可以按月度支付，也可按阶段（我国所称的形象进度或里程碑事件）支付；在合同中可以规定每次支付款的具体数额，也可规定每次支付款占合同价的百分比。

（5）建筑工程管理模式（CM模式）

CM模式是一种新型管理模式，不同于设计完成后进行施工发包的模式，而是进行边设计边发包的阶段性发包方式，故可加快建设速度。在这种模式下，业主、业主委托的CM经理、建筑师组成联合小组，在业主的领导下共同负责组织和管理工程的规划、设计和施工，CM经理对规划设计起协调作用。完成部分设计后即进行施工发包，由业主与承包人签订合同，CM经理负责监督和管理。CM经理与业主是合同关系，与承包人是监督、管理与协调关系。CM经理可以是施工承包人，也可以是管理承包人。CM的组织形式包括代理型CM的组织形式，风险型CM的组织形式和CM/Non-Agency与PM并存的组织形式。其中，风险型CM与PM并存的组织结构中PM的工作是指业主的项目经理代表业主的利益从事工程管理工作，可以直接向设计单位发指令。CM的工作是指施工现场的总指挥接受项目经理（PM）的控制和协调，CM经理与设计者在工作上是合作关系，在组织上是协调关系。

CM模式具有以下特点：

①将工程作为一个完整的过程来看待。

②采用阶段法施工/Fast-Track。

③CM负责工程的监督、协调及管理工作。

④采用工程组方法进行工程管理。采用工程组方法时，业主将其自身的工程人员、建筑师、CM经理及承包商组织起来，形成一个工程组，共同完成工程。这种方式可使业主尽可能地获得时间的节约、费用的节省及质量的提高。同时，业主有机会亲自对工程进程进行控制，在设计、施工等方面作出明智的决定。采用工程组方式，成功的关键在于参与工程建设的各方即工程组每一位成员采取全面合作的态度，都以工程的最终成功为己任，一切活动均以工程成功为目的。

（6）工程管理承包模式（MC模式）

工程管理承包（PMC）作为一种工程建设方式，就是具有相应的资质、人才和经验的工程管理承包商，受业主委托，作为业主的代表或业主延伸，帮助业主在工程前期策划、可行性研究、工程定义、计划、融资方案，以及设计、采购、施工、试运行等整个实施过程中有效的控制工程质量、进度和费用，保证工程的成功实施。

PMC管理方式在报酬系统设计、工程融资、工程风险分散等方面有许多做法，适应了目前大型国际工程高融资、低风险的要求。其特征是采用"成本加奖酬"的形式，把业主和管理承包商融为一体，共同承担工程风险，把管理承包商的收益建立在业主的成功之上。能不能在工程工期、工程成本、工程质量、工程安全上取得超出业主目标的成功，成为工程管理承包商有没有收益的关键。

（7）特许经营权模式（BOT模式）

BOT的概念是由土耳其总理厄扎尔1984年正式提出的。Build是指东道国政府开放本国基础设施建设和运营市场，吸收国外资金，授予工程公司特许权，由该公司负责工程融资和组织工程建设；Operate是指工程公司负责工程建成后的运营及工程债务的偿还；Transfer是指在特许期满工程公司将工程移交给东道国政府。

BOT既是一种建设模式也是一种融资方式，在我国称为"特许权融资方式"，其含义是指国家或者地方政府部门通过特许权协议，授予签约方承担公共性基础设施（基础产业）工程的融资、建造、经营和维护；在协议规定的特许期限内，工程公司拥有投资建造设施的所有权，允许向设施使用者收取适当的费用，由此回收工程投资、经营和维护成本并获得合理的回报；特许期满后，工程公司将设施无偿地移交给签约方的政府部门。BOT融资方式是政府与承包商合作经营基础设施工程的一种特殊运作模式。BOT在实际运作过程中，有多种演变形式：BOO（建设—拥有—转让），BTO（建设—转让—经营），BOOT（建设—拥有—运营—出售），BT（建设—转让），OT（运营—转让）等。从经济意义上说，各种方式区别不大。

BOT模式的特点如下：

①常用于基础实施工程的建设；

②能够减少东道国政府的直接财政负担；

③有利于提高工程的运作效率,保证投资效益;

④可以提前满足社会和公众的需求;

⑤给东道国带来先进的技术和管理经验;

⑥BOT工程实施复杂,工程收益的不确定性较大;

⑦造成东道国大量外汇流出,宏观上将影响东道国的外汇平衡;

⑧国外的工程公司在特许期内拥有工程的所有权和经营权。

BOT的优势如下:

①BOT工程是集设计、建造、营运于一体的工程。业主可以决定工程的设计单位、建造单位、设备供应单位等。因此,BOT工程可以带动国内更多的企业参与国际市场的竞争,推动国家"走出去"战略的更好实施,特别是推动设计、管理等高级智力的输出,以及技术含量较高的成套设备的出口。

②BOT工程集资本运营、施工和经营管理于一体,对承包商有很高的要求。BOT工程的实施可以显示承包商的能力,提高承包商的声誉,为承包商进一步开拓市场提供有力的帮助。

③BOT工程的出现和发展,其最终动力是资本追逐利润的需要。(用别人的钱挣自己的钱)随着中国经济的发展,国内资本的总量逐步积累起来,不远的将来会出现需要为大量的资本寻找投资渠道和投资市场的情况。开展BOT工程,可以为国内的资本开拓一条有效的投资渠道,争夺国际资本市场,促进国内资本市场的发展。

BOT的局限表现在以下几个方面:

①BOT工程主要适用自然资源(如矿、油等)开采和收费性公共基础设施,是政府应该建设而无能力建设的社会基础设施。工程的最终拥有者是政府,受益的是整个社会。因此,BOT工程的类型以自然资源开采、石油天然气、电力、水处理、公路/铁路交通为主。

②BOT工程出现在一个国家经济发展到一定程度之后。由于BOT工程需要用工程产品的收费偿还工程的投资并取得相应的利润,因此,BOT工程的基础是工程所在国公众对公共产品的消费能力。只有当一个国家的经济发展到一定程度之后,公共设施产品的消费能力才能达到一定规模,并为BOT工程的实施提供市场和收益率。从另一个角度讲,BOT工程的收费水平应合理,应符合当地的消费水平。当然,由于自然资源开采的产品主要是用于出口,对当地经济发展水平没有特别要求。

③BOT工程周期长、投资大。基础设施建设本身就有投资大、周期长的特点。BOT工程有三个阶段,即:工程的批准时间、工程的建设时间和工程的运营时间。由于BOT工程是投资于公共基础设施,具备了商业投资和政府投资的所有特点,需要完成商业投资和政府投资所需的所有程序。这使BOT工程的批准时间和商业投资工程比起来要长很多。

(8)合作伙伴管理模式(Partnering模式)

①Partnering模式的含义

美国建筑业协会对于伙伴关系给出的定义是:"伙伴关系是在两个或两个以上的组织之间为了获取特定的商业利益,充分利用各方资源而作出的一种相互承诺。

参与工程的各方共同组建一个工作团队（Team），通过工作团队的运作来确保各方的共同目标和利益得到实现。"

英国国家经济发展委员会也对伙伴关系下了定义："伙伴关系是在双方或者更多的组织之间，通过所有参与方最大的努力，为了达到特定目标的一种长期的义务和承诺。"

②Partnering模式的基本要素

Partnering模式不同于其他工程管理方式，参与方没有竞争的敌对关系，彼此在理解、信任与合作的基础上有共同的指导思想：追求各方的共同目标。综合前面所述，可以总结出Partnering有五大基本要素：信任、理解、承诺、沟通、共享，各要素的功能分别如下：

A.信任——信任是建立伙伴关系的基础，能够促使各方进行真诚的交流；

B.合作——合作能使资源得到充分的利用，实现利益最大化；

C.承诺——指Partnering各方的领导层作出承诺，因此，降低了传统合同中矛盾冲突的形成几率；

D.沟通——沟通是工程实施过程中必不可少的要素，它能促进理解，及时发现并解决观点的分歧，一致解决问题，减少冲突的形成；

E.共享——共享是指各方朝着共同目标的方向努力，实现资源的最优化利用，最大程度地实现彼此的共同利益。

③Partnering模式的类型

Partnering模式根据工程生命周期的不同主要分为两种类型：

A.单项的Partnering模式，也称特定工程的Partnering模式。顾名思义是指在单独的一项特定建设工程中采用Partnering模式，从而各方形成Partnering工作关系。Partnering模式通常适用于大型工程，但由于此类工程持续周期较短且比较注重费用，因此，模式形成的各方联盟具有一定的时限性，这种模式保留了传统模式的合同约束。

B.长期的Partnering模式，指的是在大型、超大型工程或有连续工程需求的情况下，合伙的各方长期联盟的模式，该模式实施既要考虑特定工程的生命周期，也要考虑参与企业的自身发展。

④Partnering模式的组织结构

Partnering模式的组织结构的成员是由工程参与各方人员共同组成。

A.高级管理层——由联盟各方选出的高级管理人员组成的联盟决策层管理小组，主要负责订立组织的共同目标、组织管理联盟机构，审核控制工程的进度、成本和质量等。

B.Partnering主持人——这是该组织结构的突出特点，Partnering主持人是由参与各方共同指定的、负责整个Partnering模式建立和实施的人员。该主持人的主要职责是组织参与各方讨论制订Partnering协议并付诸实施，在工程进展过程中通过召开Partnering会议对参与各方起协调作用，但不具有指令性的权利。在经济条件允许的情况下，可以雇用一个中立的第三方，当工程实施过程中发生了不能协调解决的争议时，可以由中立第三方来参与解决，重点讨论原则性协议以及寻找涉及各方利益问题的解答。

C.工程管理层——负责工程具体实施并反馈工作情况，它由不同工程性质、不同管理层次的工作组构成，工作组则由合作方相关的负责人员组成，工作组负责工程的具体操作与实施。

⑤Partnering模式的工作流程

Partnering模式的一般流程为：业主选择合作伙伴→成立管理小组和主持人→签订Partnering协议→设置项目组/制定目标→建立争议处理系统/项目评价系统→建立共享资料数据库系统→实施项目→定期考核培训人员→完成项目评价总结。

其中，签订协议、争议处理系统的建立及工程完成后的后期评价总结是至关重要的三步，对于具体的流程还要根据工程的不同而改变。

⑥Partnering模式的主要运作内容

A.Partnering协议。Partnering协议是Partnering合作组的行动准则，协议详略根据各方的需要而定，通常应包括以下主要内容：合作原则、方式、范围；计划工作目标、任务及各工作组的职责划分；工程潜在风险的预测、分析和风险的合理分配；制订问题或争议处理系统和工程评价系统。当然，还包括其他内容，如有关Partnering工作会议的规定、建立奖励系统、终止协议的突破点等。

值得注意的是，Partnering协议并不能替代合同，它只是一个行动准则，是对合作的承诺和约定。协议在工程中途的取消并不影响合同的效力和执行，而且协议的签订时间也与合同签订时间无关，只是要注意合同和协议在内容上不能互相冲突。

B.建立Partnering模式的问题/争议处理系统。该系统主要是制订问题/争议的处理权限层次，以及各级权限层次应该解决问题的时间与具体责任。具体做法是：规定好接受解决问题的层次，即受理的先后顺序，每一个层次都设定了解决问题的时限，按从低到高的顺序进行，当问题在限定时间在本层未被解决时，移交上一级管理层处理，直到在任一层达成协议，问题才算得到解决。

C.Partnering模式的工程评价系统（Partnering Assessment & Evaluation）。这是衡量Partnering整体水平、评定Partnering模式成功与否、找出不足并制订有效的改进措施，最终达到提高合作方运营水平的关键手段。对Partnering模式的评价包括管理系统评价和工程业绩评价。对管理系统的评价主要看计划执行的满意情况、工作关系往来情况、成本开支情况和商业运作情况等方面，而业绩评价则看成本、质量、工期、决策的高效和协调性、争议处理的有效性以及完成的工程达到的价值和效益等方面。

⑦体现Partnering模式的合同文本

A.工程施工合同（Engineering Construction Contract, ECC）——由英国土木工程师学会（ICE）在1995年11月出版。

B.工程伙伴关系合同标准文本（the ACA Standard Form of Contract for Project Partnering, PPC2000）——由英国咨询建筑师协会（Association of Consulting Architects, ACA）2000年出版，是世界上第一份以工程伙伴关系命名的标准合同文本。

1.4 建设工程法律关系

1.4.1 建设工程法律关系的含义

法律是调整社会关系的规范，社会关系因法律的规范和评价，具有了法律意义，因而成为法律关系。所谓法律关系，是指法律在调整人们行为过程中所形成的权利义务关系。法律关系与其他社会关系的不同在于：法律关系是以法律规范为前提，以法律上的权利、义务为纽带而形成的社会关系，是以国家强制力作为保障手段的社会关系。

建设工程法律关系，是指法律在调整人们从事工程建设活动过程中所形成的权利义务关系。在工程建设活动中自然会形成各种各样的关系，大体而言可分为人与自然之间的关系和人与人之间的关系两种。人类在土地上从事建设活动，会改变土地的物理面貌，会导致污染，还可能会影响气候等，这些就形成了人与自然之间的关系。在工程建设活动中形成的人与人之间的关系也较为复杂，比如，建筑企业与业主之间的关系、监理单位与施工单位之间的关系、现场经理与员工之间的关系、员工与企业之间的关系、员工与员工之间的关系等。建设工程法律关系仅指人与人之间的关系，通常认为人与自然之间的关系不在法律的调整范围之内，法律尚不能直接对自然进行引导、评价、规范，法律只能通过对人的行为的规范从而达到改造、保护自然的目的。但是建设工程法律关系并不是指在工程建设活动中所形成的所有人与人之间的关系，只有那些法律通过权利义务的安排来进行规范的关系才属于建设工程法律关系，比如，员工与员工之间的朋友关系便不属于建设工程法律关系。

1.4.2 建设工程法律关系的分类

人们在工程建设活动中所形成的社会关系较为复杂，由此也决定了建设工程法律关系的复杂性，根据调整这些社会关系的法律规范的不同，建设工程法律关系可分为建设工程民事法律关系、建设工程行政法律关系、建设工程刑事法律关系。

（1）民事法律关系

民事法律关系是指平等主体之间的权利义务关系。其主要特点是主体地位平等，平等是就其法律地位而言，与经济、政治地位无关。凡是法律对工程建设活动中所形成的平等主体之间的关系作出评价，并以权利义务的方式作出安排者，都可以成为建设工程民事法律关系。如建设单位与施工单位之间的权利义务关系、施工单位与材料供应单位之间的权利义务关系等。建设工程民事法律关系方面的纠纷主要应通过民事诉讼的途径解决，也可通过和解、调解以及仲裁的方式解决。

（2）行政法律关系

行政法律关系是指经行政法调整的不平等的行政主体与行政相对人之间的权利义务关系。行政主体是指行政机关以及法律授权行使行政管理权的单位。行政相对人则是指公民个人和有关单位（包括具有法人资格的单位和不具有法人资格的单位）。不平等是就其法律地位而言的，其中必有一方为管理者，且双方的关系不可转化。在工程建设活动中存在大量的行政法律关系，如建设行政管理部门与建设单位

从社会关系的不同领域，可以划分为经济关系、政治关系、法律关系、伦理道德关系、宗教关系等。

民事法律关系的核心——主体地位平等。

行政法律关系的核心——主体地位不平等，其中一方固定为管理者，另一方为被管理者。

之间的关系、建设行政主管部门与建筑从业人员之间的关系等。建设工程行政法律关系方面的纠纷主要应通过行政复议和行政诉讼的途径解决。

（3）刑事法律关系

刑事法律关系又称刑法关系，是指刑事法律所调整的因违法犯罪行为而引起的控罪主体与被控罪主体之间为解决犯罪构成和刑事责任而形成的社会关系，也就是犯罪与刑罚方面的权利义务关系。在工程建设活动中也会产生刑事法律关系，如在工程建设活动中造成了重大质量事故、施工安全事故、行政管理人员具有渎职或贪污等情形时，便产生了建设工程刑事法律关系。这种关系通过对犯罪人实施刑事处罚而实现。

1.4.3　建设工程法律关系的构成

法律关系由主体、客体、内容三个要素构成，建设工程法律关系的构成也需要从这三个方面去讨论。

（1）建设工程法律关系的主体

法律关系的主体是指法律关系的参加者，即在法律关系中享有权利或负有义务的人。法律上所称的"人"主要包括自然人和法人，法人是与自然人相对称的概念，指具有法律人格，能够以自己的名义独立享有权利或承担义务的组织。

建设工程法律关系的主体就是在建设工程法律关系中享有权利或负有义务的人。建设工程法律关系的主体范围相当广泛，包括建设单位、施工单位、勘察设计单位、工程建设从业人员、建设行政主管部门、环境保护行政主管部门、行使侦查权的公安机关、行使检察权的检察院，等等，在具体的法律关系中，主体的数量不尽相同。

（2）建设工程法律关系的客体

法律关系的客体是指法律关系主体之间的权利和义务共同指向的对象。法律关系客体通常包括物、行为、权利等。

建设工程法律关系的客体就是建设工程法律关系主体的权利和义务共同指向的对象。建设工程法律关系的客体同样包括物、行为和权利三种。物包括设备、建筑材料、建筑物等。行为通常包括建设单位的支付行为、施工单位的施工行为、行政机关的管理行为、建设从业人员的从业行为等。权利通常包括土地使用权、工程建设活动中产生的知识产权、工程建设过程中的排污权等。

（3）建设工程法律关系的内容

法律关系的内容是指法律关系主体所享有的权利和负有的义务。它是法律规则的内容在实际的社会生活中的具体落实，是法律规则在社会关系中实现的一种状态。

考察建设工程法律关系的内容，要在具体的法律关系中去研究，比如，在建设单位与施工单位之间的民事法律关系中，建设单位负有支付工程款的义务，享有获得工程成果的权利，而施工单位则负有完成工程的义务，享有获得工程款的权利；又比如，在建设从业人员与行政主管部门之间的关系中，建设从业人员享有向行

主体——权利的享有者或义务的承担者。

客体——权利与义务的共同载体。

内容就是权利和义务。

政主管部门申请资格许可的权利,而行政主管部门则负有依法赋予申请人相应资格的义务。

1.4.4　建设工程法律关系的产生、变更和消灭

由于社会生活本身是不断变化的,法律关系也就不能不具有某种流动性,这种流动性就表现为法律关系的产生、变更和消灭。法律关系的产生是指在主体之间产生了权利义务关系,变更是指法律关系的主体、客体或内容发生了变化,消灭则指的是主体之间的权利义务关系完全终止。

法律关系的产生、变更和消灭必须符合两个方面的条件:其一,法律规范的存在。这是法律关系产生、变更和消灭的前提和依据,没有一定的法律规范就不会有相应的法律关系。其二,法律事实的存在。法律规范的规定只是主体权利和义务关系的一般模式,还不是现实的法律关系本身。法律关系的形成、变更和消灭还必须具备直接的前提条件,这就是法律事实,它是法律规范与法律关系联系的中介。法律事实是指由法律规定的,能够引起法律关系产生、变更和消灭的各种事实的总称。法律事实与一般意义上的事实的不同之处在于,法律事实只是那些能够引起法律后果的事实。法律事实一般分为法律事件和法律行为两大类。法律事件是法律规范规定的、不以当事人的意志为转移而引起法律关系形成、变更或消灭的客观事实。法律行为是指以权利主体的意志为转移,能够引起法律关系形成、变更和消灭的法律事实。法律规范为法律关系的产生、变更和消灭提供了可能性的条件,而法律事实则为法律关系的产生、变更和消灭提供了现实性的条件。

(1)建设工程法律关系的产生

建设工程法律关系的产生是指建设工程法律关系主体之间产生了权利义务关系。能够引起建设工程法律关系产生的法律事实有很多,比如,建设单位与施工单位签订了建设工程施工合同,则在建设单位与施工单位之间产生了民事法律关系;建筑企业向建设行政主管部门递交了资质申请书,在建筑企业与建设行政主管部门之间便产生了建设工程行政法律关系。某开发商在建设过程中偷工减料导致工程质量严重下降,造成了重大安全事故,则在开发商与检察机关之间便产生了建设工程刑事法律关系。

(2)建设工程法律关系的变更

建设工程法律关系的变更是指建设工程法律关系的主体、客体或者内容其中之一发生了变化。主体变更,是指法律关系主体数目增多或减少,也可以是主体改变;客体变更,是指法律关系中权利义务所指向的事物发生变化。客体变更可以是其范围变更,也可以是其性质变更;内容变更,是指权利义务的增加或减少。比如,建设单位对设计要求进行了变动,则建设单位与设计单位之间的法律关系便发生了变更。又如,建设单位由原来的一个增加为两个,则建设单位与施工单位的法律关系便发生了变更。

(3)建设工程法律关系的消灭

建设工程法律关系的消灭是指建设工程法律关系主体之间的权利义务完全消

失,彼此丧失了约束力。一般来讲,有三种消灭模式:一是自然终止,是指某类法律关系所规范的权利义务顺利得到履行,取得了各自的利益,从而使该法律关系达到完结。二是协议终止,是指法律关系主体之间协商解除某类工程建设法律关系规范的权利义务,致使该法律关系归于终止。三是违约终止,是指建设工程法律关系主体一方违约,或发生不可抗力,致使某类法律关系规范的权利不能实现。

1.5 建设工程法规的体系

1.5.1 法律体系与立法体系的概念

横向——法律体系;纵向——立法体系。

法律体系是指由一国现行的全部法律规范按照不同的法律部门分类组合而形成的有机联系的统一整体,是一种横向的划分。法律部门,是指按照法律所调整的社会关系的不同领域和不同方法划分的同类法律规范的总和。当代中国的法律部门有宪法及相关法、民商法、行政法、经济法、社会法、刑法、诉讼与非诉讼法等。

立法体系,是指根据规范性法律文件制定机关的不同分类组合而形成的统一体系,是一种纵向的划分。当我们提到立法体系时,通常会想到有全国人大制定的宪法、全国人大及其常委会制定的法律、国务院制定的行政法规、地方人大及其常委会制定的地方政府规章、国务院部委制定的部委规章、有法规制定权的地方政府制定的地方政府规章等。

从不同的角度分析法规体系,是为了我们能够正确地使用法律规范。

法律体系并不考虑规范性法律文件的制定机关,它只考虑法律规范所调整的社会关系的不同。而立法体系,并不考虑法律所调整的社会关系的不同,它只考虑规范性法律文件的制定机关的不同,法律体系和立法体系的划分标准各有侧重,互不交叉,从两个维度对现行法律法规进行分类整理,有助于我们更加全面地掌握法律的构架。

1.5.2 建设工程法规的法律体系

由于建设工程法规不是一个独立的部门法,因此才有必要分析建设工程法规的法律体系。建设工程法规的法律体系同样需要根据建设工程法规所调整的不同社会关系来加以讨论。

（1）建设工程民事法规

建设工程民事法规是指调整工程建设活动中所形成的民事法律关系的法律规范的总称。建设工程民事法规主要有合同法、招标投标法、城市房地产管理法以及建筑法等法律法规中有关调整平等的建设工程法律关系主体之间的法律规范。

（2）建设工程行政法规

建设工程行政法规是指调整工程建设活动中所形成的行政法律关系的法律规范的总称。这些法规主要体现在建筑法、城乡规划法、城市房地产管理法、建筑业企业资质管理办法等法律法规中调整行政主体与行政相对人之间关系的有关规定中。

（3）建设工程刑事法规

从不同的角度分析法规体系,有助于我们正确地运用法律。

建设工程刑事法规是指调整国家与犯罪人之间的权利义务关系的法律规范的总称。这些规范主要体现在刑法有关工程建设活动的犯罪与刑罚的规定中。

1.5.3 建设工程法规的立法体系

由于我国所有具有法律或法规制定权的机关都制定有大量的调整工程建设活动的法律法规,因此,我国建设工程法规的立法体系与我国的整个立法体系相同。

（1）建设工程法律

建设工程法律是指全国人大及其常委会制定的调整工程建设活动的各项规范性法律文件,如《建筑法》《城乡规划法》《合同法》《招标投标法》《环境保护法》《刑法》等。

（2）建设工程行政法规

建设工程行政法规是指国务院制定或批准的具有调整工程建设活动的规范性法律文件,如《建设工程安全生产管理条例》《建设工程勘察设计管理条例》《建设工程质量管理条例》等。

（3）建设工程地方性法规

建设工程地方性法规是指具有法规制定权的地方人大及其常委会根据宪法、法律和行政法规,结合本地区的实际情况制定的调整工程建设活动的规范性法律文件,并不得与宪法、法律行政法规相抵触的规范性文件,仅在地方区域内发生法律效力。

（4）建设工程部委规章

建设工程部委规章是指国务院各部、各委员会、中国人民银行、审计署和具有行政管理职能的直属机构在各自职权范围内制定的调整工程建设活动的规范性法律文件。如《建筑工程施工许可管理办法》《建筑业企业资质管理规定》《工程建设监理规定》《工程监理企业资质管理规定实施意见》等。与建设工程有关的部委主要有国土资源部、环境保护部、住房和城乡建设部、交通运输部、铁道部和水利部等。

（5）建设工程地方政府规章

建设工程地方政府规章是指具有法规制定权的地方政府制定的调整工程建设活动的规范性法律文件。如《新疆维吾尔自治区工程建设项目招标范围和规模标准规定》《陕西省建设工程消防监督管理规定》《石家庄市国家建设项目审计条例》等。按照《地方组织法》的规定,省、自治区、直辖市和较大的市的人民政府有规章制定权。

在我国建设工程法规的立法体系框架内,各种规范性法律文件的效力依次为法律、行政法规、地方性法规（部委规章）、地方政府规章。其中,地方性法规和部委规章的效力层次不存在高低之分,二者发生冲突时由国务院作出裁决。

工程项目总控理论及其应用

当企业控制论的发展在企业管理实践中取得了令人瞩目的成就时，引起建设工程界的思考：可否把企业控制论的理论和方法应用到工程管理中去？

20世纪80年代末90年代初，工程管理在工业发达国家已取得广泛应用，信息技术发展也非常快，在此基础上，人们大胆尝试在大型和巨型建设工程管理中应用企业控制论的方法论。通过应用实践逐步形成建设工程的策划、协调和控制的理论和方法，并被命名为Project Controlling，它不同于传统的项目目标控制，而是从总体上和宏观上基于信息处理的成果对工程进行控制，暂赋予它一个中文的名称：建设工程总控（以下简称工程总控）。

在今天的国际社会中，有些企业的最高层领导（如董事长、总经理）专门聘请外部控制者提供面向其个人的策划、协调和控制的咨询顾问服务。外部控制者不定期到企业最高层领导者办公室和企业相关部门查阅资料、参加最高层领导主持或出席的谈话和会议，通过对所采集的信息进行处理，经研究分析，每月向企业最高层领导递交一份报告，分析企业最高层领导在企业经营管理中存在的问题，并在可能的条件下，提出解决问题的可能的途径和方案的建议。

工程总控是一种知识密集型的、面向（服务于）工程实施的决策者的高层次的工程管理活动。工程总控一般由独立于业主的具有从事工程总控能力的工程顾问公司承担。工程总控的目的是为工程建立安全可靠的目标控制机制，它运用的理论和方法是大型建设工程管理的理论、企业控制论的理论、现代组织协调技术、信息处理技术。工程总控在工程实施全过程中（包括设计前准备阶段、设计阶段、施工阶段和保修期）执行信息处理任务，并对工程进展进行总体和宏观的系统分析及科学论证。

①工程总控方不同于以往工程管理咨询方，它并不代替甲方，可归为参谋方，其服务对象是指挥部高级领导和业主决策层，通过全面收集和分析工程建设过程中的有关信息，采用定量分析的方法为业主提供多种有价值的报告，为业主提供决策支持。在实际工作中，应保证信息来源不受限制，保证工程总控方有权限了解和工程相关的各类信息，以便依此为依据作出正确的决策。另外，工程总控方仅向业主负责，为其提供决策支持，没有向其他单位下达指令的权利。

②工程总控是工程咨询和信息技术相结合的产物，要求工作人员有具备丰富的建设工程管理理论知识和实践经验，能够运用现代组织管理方法、计算机信息处理技术，对工程实施的全过程进行目标跟踪、分析和处理建设工程实施过程中产生的各种信息，向业主提出咨询建议，以供业主参考。

③工程总控注重工程的战略性、长远性和宏观性，工程总控咨询方一般不仅仅是为业主提供施工阶段的服务，而是为业主提供实施阶段全过程和工程建设全过程

的服务,有时还可能提供工程策划阶段的服务。从全寿命周期集成化管理(Life-cycle Integrated Management)的视角,充分考虑工程总体目标的要求和运营期间可能存在的各种问题和风险,为业主提供解决重大问题的全面的决策信息和依据,进一步实现建设目标和运营目标之间的平衡。

④工程总控方不负责处理具体事务性工作,不直接参与技术和管理过程,工作时间主要是用于收集和获取信息,进行系统的分析和论证,其余时间用来思考,提出咨询建议。因此,工程总控模式需要处理大量的信息,准确、详细的信息才能保证决策建议的正确性和可操作性。

以下是工程总控模式在广州(新)白云国际机场工程中的运用。

广州(新)白云国际机场于2004年8月5日投入运营,总投资198亿人民币。这是中国首个按照中枢机场理念设计和建设的航空港。机场占地面积为15 km²,第一期工程飞行区两条平行跑道按4E级标准,航站区按满足2010年旅客吞吐量2 500万人次要求设计。其中,新机场一期航站楼面积为32万m²,是国内各机场航站楼之最,楼内所有设施设备均达到当今国际先进水平。广州(新)白云国际机场工程组织结构如图1.1所示。

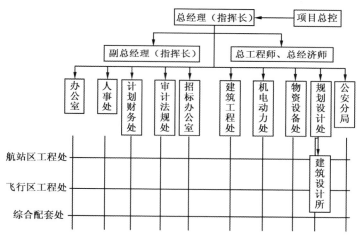

图1.1 广州(新)白云国际机场工程组织结构图

广州(新)白云国际机场工程总控组的组织方案是:工程总控经理负责全局,设立工程总控工程师办公室、工程总控信息处理中心、工程总控策划组3个部门。其中,机场工程现场工作班子由工程总控工程师办公室和工程总控信息处理中心组成。

图1.2很形象地显示了工程总控组的工作重点,并与现在工程监理咨询组织的工作重点相比较,更直观地认识工程总控模式。工程总控组的各小组也有各自的工作重点:工程总控工程师办公室的主要工作是从组织、管理、经济和技术的角度深入分析、研究有关工程进度和投资的问题;工程总控信息处理中心的主要工作是收集、处理、分析信息形成工程信息(进度和投资)报告;工程总控策划组的主要工作是基于战略性和宏观的角度对组织、管理和目标控制进行总体研究和策划。

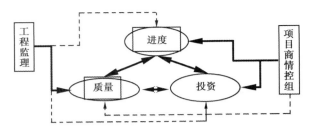

图1.2　广州（新）白云国际机场工程总控组工作重点

　　工程总控组的工作任务如图1.3所示，在工程实施过程中，为了使工作进一步细化，工程实施的总体策划需要编制工程总控与管理总体方案、工程总控与管理手册、信息处理总体规划。信息处理手册工程总控组的工作任务如图1.3所示，在工程实施过程中，为了使工作进一步细化，工程实施的总体策划需要编制工程总控与管理总体方案、工程总控与管理手册、信息处理总体规划、信息处理手册；各部分还可进一步细化。例如，工程总控与管理总体方案可以细化为工程定义与策划、组织结构、工程实施流程组织、目标控制工作流程组织、合同管理、风险管理和工程保险等方面。工程实施的总体控制需要编制工程实施过程中的信息处理报告和工程总控工程师文件。所有这些都是为业主方提供更好的决策支持，最大程度地保证业主作出正确的决策，获得最大的经济价值服务。

　　各部分还可进一步细化。例如，工程总控与管理总体方案可以细化为工程定义与策划、组织结构、工程实施流程组织、目标控制工作流程组织、合同管理、风险管理和工程保险等方面。

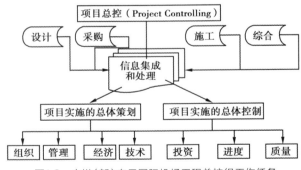

图1.3　广州（新）白云国际机场工程总控组工作任务

延伸阅读2

法律关系与其他社会关系的不同

　　法律关系是社会关系的一种，社会关系是一个比法律关系更大的概念，大体而言，法律关系与其他社会关系的不同主要有三点：

第一，法律关系是以法律规范为前提而形成的社会关系。法律关系是法律对人与人之间的关系加以调整而出现的一种状态，因此，没有相应的法律规范，就不可能形成相应的法律关系。

第二，法律关系是以法律上的权利义务关系为纽带而形成的社会关系。法律是通过在当事人之间设定权利和义务，从而使当事人之间的行为具有法律意义，可以依法给予肯定或否定评价，被给予肯定评价的行为会得到法律的支持和保护，被给予否定评价的行为会受到法律的谴责、取缔甚至制裁。

第三，法律关系是以国家强制力作为保障手段的社会关系。当事人之间形成法的权利义务关系受到破坏，也就意味着国家意志受到挑战，因此，一旦某种社会关系被纳入法律调整的范围之内，就表明国家意志不会听任它被随意破坏，并且会用国家强制力来加以保障。

简短回顾

本章主要是对建设工程管理以及工程法规的概述。在建设工程管理部分详细介绍了建设工程管理的内容、方法与模式。工程法规部分介绍了我国建设工程法律关系以及工程法规的体系等内容。建设工程法规，是指调整人类因各项工程建设活动而产生的社会关系的法律规范的总称。建设工程法规的基本原则有确保建设工程质量原则、确保工程建设安全原则、维护建设市场秩序原则、保护环境原则。建设工程法律关系，是指法律在调整人们从事工程建设活动过程中所形成的权利义务关系。建设工程法律关系可分为建设工程民事法律关系、建设工程行政法律关系、建设工程刑事法律关系。通常从主体、客体和内容三个方面来认识建设工程法律关系。建设工程法律关系的产生、变更和消灭均源于法律事实。通常，可从法律关系的不同和法规制定机关的不同这两个角度来认识建设工程法规体系，在法理上，前者被称为法律体系，后者被称为立法体系。希望读者能够通过这些内容的学习对我国建设工程管理及法规的理解更加深入。

复习思考题

1.从法律专业角度与土木工程专业角度看，建设活动有何不同？

2.试列举能够引起建设工程法律关系产生、变更和消灭的法律事实。

3.建设工程法律关系的主体、内容、客体分别是什么？

4.简述建设工程管理的主要内容。

5.列举建设工程管理的方法，并举例说明每一种方法的应用。

6.简述建设工程管理的模式。

2 建设工程前期策划

本章导读

某地区的两个大城市之间直线相距约250 km，中间有四个大中城市相连。该地区是我国经济最发达的地区之一。20世纪90年代以前，连接两地的公路的路基路面较差，多为三级和四级公路。该地区交通流量大大超过公路网的承受能力，交通阻塞，事故频繁。考虑到当地的交通条件，该地区的社会和经济发展状况，拟建一条沟通这六大城市的高速公路。然而，如何进行建设工程投资决策？建设工程前期策划有哪些内容？程序是怎样的？前期策划应该以什么为依据？前期策划决策过程的研究与后续实施阶段的工程管理有何关系？什么是建设工程构思？如何进行建设工程的目标设计？如何进行建设工程的可行性研究？本章通过相关内容的详细介绍，详细解答以上问题，为相关工作人员在实际工作中进行高质量的前期策划提供参考。

2.1 建设工程前期策划的内容与程序

2.1.1 建设工程前期策划的内容

（1）建设工程前期策划的定义

前期策划阶段是指从工程构思到工程批准，正式立项为止的过程。工程前期策划就是在这一阶段所进行的总体策划。工程前期策划的主要任务是：寻找并确立工程目标，定义工程，并对工程进行详细的技术经济论证，使整个工程建立在可靠的、坚实的、优化的基础之上。建设工程前期策划的根本目的是为工程决策和实施增值。增值可以反映在工程使用功能和质量的提高、实施成本和经营成本的降低、社会效益和经济效益的增长、实施周期缩短、实施过程的组织和协调强化以及人们生活和工作的环境保护等诸多方面。

（2）建设工程前期策划的作用

建设工程的前期策划工作主要是产生工程的构思，确立目标，并对目标进行论证，为工程的批准提供依据。它是工程的决策过程，不仅对工程的整个生命期，对工程的实施和管理起着决定性作用，而且对工程的整个上层系统都有极其重要的影响。建设工程前期策划的作用体现在以下几个方面：

①明确工程系统的构建框架

建设工程前期策划的首要任务是根据工程建设意图进行工程的定义和定位，全面构思一个拟建的工程系统。在明确工程的定义和定位的基础上，通过工程系统的

前期策划的目的：为工程决策和实施增值。

功能分析,确定工程系统的组成结构,使其形成完整配套的能力。提出工程系统的构建框架,使工程的基本构想变为具有明确的内容和要求的行动方案,是进行工程决策和实施的基础。

②为工程决策提供保证

根据建设工程的建设程序,工程投资决策是建立在工程的可行性研究的分析评价基础上的,可行性研究中的工程财务评价、国民经济评价和社会评价的结论是工程投资的重要决策依据。可行性研究的前提是建设方案本身及其所依据的社会经济环境、市场和技术水平,而一个与社会经济环境、市场和技术水平相适应的建设方案的产生并不是由投资者的主观愿望和某些意图的简单构想就能完成的,它必须通过专家的认真构思和具体策划,并进行实施的可能性和可操作性分析,才能使建设方案建立在可运作的基础上。因此,只有经过科学周密的工程策划,才能为工程的投资决策提供客观的科学保证。

③影响全局

工程的建设必须符合上层系统的需要,解决上层系统存在的问题。如果上马一个工程,其结果不能解决上层系统的问题,或不能为上层系统所接受,常常会成为上层系统的包袱,给上层系统带来历史性的影响。常常由于一个工程的失败导致经济损失、导致社会问题、导致环境的破坏。例如,一个企业决定开发一个新产品,投入一笔资金(其来源是企业以前许多年的利润积余和借贷)。结果这个工程是失败的(如产品开发不成功,或市场上已有其他新产品替代,本产品没有市场),没有产生效益,则不仅企业多年的辛劳(包括前期积蓄,工程期间人力、物力、精力、资金投入)白费,而且企业背上一个沉重的包袱,必须在以后许多年中偿还贷款、厂房、生产设备、土地虽都有账面价值,但不产生任何效用,则产品的竞争力下降,这个企业也许会一蹶不振。工程实践证明,不同性质的工程执行这个程序的情况不一样。对全新的高科技工程,大型的或特大型的工程,一定要采取循序渐进的方法;而对于那些技术已经成熟,市场风险、投资(成本)和时间风险都不大的工程,可加快前期工作的速度,许多程序可以简化。

(3)建设工程前期策划

任何工程都是一项创新活动。工程前期策划就是对通过工程建设获得投资效益的创新活动所进行的谋划。工程按投资目的的不同基本可分为以下两类:第一类以经济收益为投资目的,市场主导的经营性、商业性工程即属此类。在满足资源、环境、节能等制约条件下有无满意的经济收益是这类工程成立的首要判据,因此,这类工程的谋划自然包括该不该投资、该不该建以及如何建的问题。第二类并不以经济收益而是以满足一定的社会效益(需求)作为投资目的,政府主导的非经营性工程即属此类。这类工程主要是谋划建成什么、如何建、如何使投资更合理的问题,因此,有无满意的效能/成本比则为这类工程成立的重要判据。①

工程前期策划是贯彻科学发展观,集经济发展、市场需求、产业前景、专利技术、工程建设、资源供给、节能环保、资本运作、财经商贸、法律政策、经济分析、效益评估等众多专业学科的系统分析活动,其任务是根据不同的投资目的,谋划相应的工程构成、实施、运营,在此基础上进行系统分析与评价并据以进行工程抉择。

① 工程投资可分为以经济效益为目的和以满足社会效益为目的的两大类。

工程的确立是一个极其复杂且十分重要的过程。在本书中将工程构思到工程批准,正式立项定义为工程的前期策划阶段。尽管工程的确立主要是从上层系统(如国家、地方、企业),从全局的和战略的角度出发的,这个阶段主要是上层管理者的工作,但这里面又有许多工程管理工作。要取得工程的成功,必须在工程前期策划阶段就进行严格的工程管理。工程前期策划的过程和主要工作工程的确立必须按照系统方法有步骤地进行。

①工程构思的产生和选择。任何工程都起源于工程的构思。而工程构思产生于为了解决上层系统(如国家、地方、企业、部门)问题的期望,或为了满足上层系统的需要,或为了实现上层系统的战略目标和计划等。这种构思可能很多,人们可以通过许多途径和方法(即工程或非工程手段达到目的),那么,必须在它们中间作选择,并经权力部门批准,以作进一步的研究。

②工程的目标设计和工程定义。一个工程是否上马,要进行投入产出分析,投资估算和收益估计的相对准确性就显得尤为重要。然而要得到相对准确的投资估算,前提条件是对准备建设什么要有一个准确定义,并且对拟建工程的规模、组成和建设标准要有一定深度的详细描述,这就是工程目标设计和工程定义。工程目标设计和工程定义是将工程建设意图和初步构思,转换成定义明确、系统清晰、目标具体、具有明确可操作性的工程描述方案,它是经济评价的基础。

这一阶段主要通过对上层系统情况和存在的问题进行进一步研究,提出工程的目标因素,进而构成工程目标系统,通过对目标的书面说明形成工程定义。

工程目标设计和工程定义阶段包括以下工作内容:

A.情况的分析和问题的研究。即对上层系统状况进行调查,对其中的问题进行全面罗列、分析、研究,确定问题的原因。

B.工程的目标设计。针对情况和问题提出目标因素;对目标因素进行优化,建立目标系统。

C.工程的定义:划定工程的构成和界限,对工程的目标作出说明。

D.工程的审查:包括对目标系统的评价,目标决策,提出工程建议书。

E.可行性研究,即提出实施方案,并对实施方案进行全面的技术经济论证,看能否实现目标。它的结果作为工程决策的依据。

工程前期策划为工程的"孕育期",是工程生命周期的起始阶段。在此期间对工程构成、实施、运营的谋划即注定了工程的基因(DNA)结构,它对工程后期的实施、运营乃至成败具有先天性影响。所以,把工程前期策划作为业主PM的第一要务,其关键地位和作用怎么强调都不为过。

(4)建设工程前期策划应注意的问题

建设工程前期策划应注意的问题如下:

①在整个过程中必须不断地进行环境调查,并对环境发展趋向进行合理的预测。环境是确定工程目标,进行工程定义,分析可行性的最重要的影响因素,是进行正确决策的重要依据。

②在整个过程中有一个多重反馈的过程,要不断地进行调整、修改、优化,甚至放弃原定的构思、目标或方案。

③在工程前期策划过程中阶段决策是非常重要的。在整个过程中必须设置几个决策点,对阶段工作结果进行分析、选择。

2.1.2 建设工程前期策划的程序

建设工程前期策划阶段是工程的孕育阶段,它对工程的整个生命周期,甚至对整个上层系统(政府、社会、企业或个人)有决定性的影响。工程前期策划主要通过对工程前期的调查和分析,进行工程建设基本目标的论证和分析,进行工程定义、功能分析等,并在此基础上对工程建设有关的组织、管理、经济和技术方面进行论证与策划,为工程的决策提供依据。建设工程前期策划是一个相当复杂的过程,工程的性质不同,其工程前期策划的内容、工作步骤也不完全一样,但大体上看,一般应遵循如图2.1所示的程序。

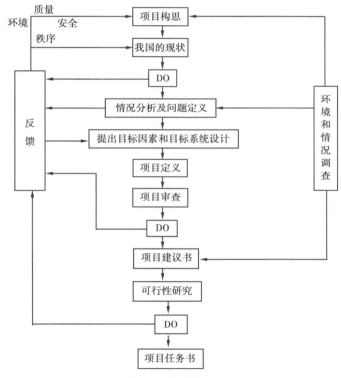

图2.1 工程前期策划

2.2 建设工程的工程构思

2.2.1 建设工程构思的产生、选择和工作要点

(1)工程构思的产生

任何工程都是从构思开始,常常出自工程的上层系统(即企业、国家、部门、地方)的现存的需求、战略、问题和可能性。建设工程的构思是建设工程建设的基本构

想，是工程策划的初始步骤。工程构思产生的原因有很多。不同性质的建设工程，构思产生的原因也不尽相同。例如，工业型工程的构思是可能发现了新的投资机会，而城市交通基础设施建设工程构思的产生一般是为了满足城市交通的需要。

工程构思的起因主要有以下几个方面：

①通过市场研究发现新的投资机会、有利的投资地点和投资领域；

②上层系统运行存在的问题或困难；

③为了实现上层系统的发展战略；

④工程业务；

⑤通过生产要素的合理组合，产生工程机会。

除了上述情况下产生的工程构思以外，还有一些构思是处于某些特殊情况而形成的。例如，出于军事的需要产生的工程构思等。

（2）工程的构思方法

工程的构思方法主要是一般机会研究和特定机会研究。研究的目的是为了实现上层系统的战略目标。一般机会研究是一种全方位的搜索过程，需要大量的收集、整理和分析。包括地区研究、部门研究和主要研究等。特定机会研究包括市场研究、工程意向的外部环境研究以及工程承办者优劣势分析等。

（3）工程构思的选择

工程构思是对工程机会的捕捉。人们对工程机会必须有敏锐的感觉。工程的构思是丰富多彩的，有时甚至是"异想天开"的，所以，首先必须淘汰那些明显不现实或没有实用价值的构思；即使是有一定可实现性和实用价值的构思，由于资源的限制，也不可能都转化成工程，必须在许多工程机会中优选；其次，还应考虑工程是否符合法律法规的要求，如果工程的构思违背了法律法规的要求，则必须剔除；另外，工程构思的选择需要考虑工程的背景和环境条件，并结合自身的能力，来选择最佳的工程构思。

工程构思的选择需要考虑以下因素：上层系统问题和需求的现实性；考虑环境的制约和充分利用资源，利用外部条件；充分发挥自己已有的长处，运用自己的竞争优势，或达到合作各方竞争优势的最优组合；综合考虑"工程构思—环境—能力"之间的平衡，以求达到主观和客观的最佳组合。工程构思选择的结果可以是某个构思，也可以是几个不同构思的组合。当工程的构思经过研究认为是可行的、合理的，在有关权力部门的认可下，便可以在此基础上进行进一步的建设工程研究工作。

（4）工程构想的工作要点

①组建投资机会研究组。制定投资机会研究大纲、工作计划及工作制度。

②组织信息收集及有关调研工作。

③按开展策划方案必要时委托专业咨询服务。本阶段委托服务方式有：聘请专业人士加入策划工作组；仅聘请专业人士参加专题论证会；委托专业咨询企业提供咨询等。

④从市场需求、工程产品或服务类型、工程成立条件与有利机遇、初步估计预期收益与投资、工程选址等方面进行投资机会研究。

⑤组织专项座谈会、论证会。包括提交投资机会研究报告前内部及外部专业人士参加的座谈会、论证会。

⑥提交投资机会研究报告。

⑦工程构想人对投资机会研究报告认可后，或转入下一阶段——工程构想深化阶段或进行工程推介与招商工作。

2.2.2 建设工程投资机会研究

进行投资机会研究，就是为了鉴别投资方向，选择建设工程，为下一步的研究打基础，投资机会研究的重点是投资环境分析。投资机会的识别包括对投资环境的客观分析，对企业经营目标和战略分析，对企业内外部资源条件分析三个方面。

投资机会研究的书面成果就是投资机会研究报告，其内容包括选定工程的描述以及选择的背景和依据；市场与政策分析及预测；企业战略和内外部条件的分析；投资总体结构，以及其他具体建议。

对工程投资机会研究形成的工程创意进行深化，此阶段的任务包括：

①投资依据的深化。即对市场需求与商机，工程建成后产品或服务客户群再行研究以说明投资必要性。

②投资意向的深化。要使能提供预期产品或服务轮廓设想落实为能满足评价需要深度的投资方案。

③投资目的的深化。要使投资目标指标化，以确立对工程成立能量化的判据。

④工程成立条件的深化。一方面要从专利技术、工程用地、环境许可、节能降耗、资源供给、工程防灾、资金需求（通过估算投资额）等方面说明工程可能性及有利条件。另一方面，也应提出工程尚不具备的条件（或其程度）及不利条件，或提出还有哪些方面尚应进行专题研究等。

⑤工程风险研究的深化。不仅提出可能的风险因素，还应对其出现的概率或转化的诱因进行评估与研判。通过上述工程构想的深化，进行工程的预可行性（或又称为初步可行性）研究，最后形成工程建议书。

工程构想深化阶段工作要点包括：

①组建本阶段工作组。其任务是通过对上一阶段成果的研究，明确本阶段策划工作的目标和任务；研究确定委托专业咨询服务的模式或方案；制定本阶段工作的总体进度安排。

②委托专业咨询服务组建策划团队。其工作任务是拟定委托服务合同条件；以服务质量、业绩、信誉优先原则选好专业咨询企业；组建工程策划团队，制定团队工作制度。

③审议由策划团队拟定的初步可行性研究大纲及工作计划，专题辅助研究大纲及工作计划（如有）。

④参照以下程序开展初步可行性研究：

A.市场及环境调研。包括市场需求（现状与前景），行业发展（现状与前景），微观（地区）与宏观（国家、国际）环境（经济、政策、社会、人文环境等）的调查和研究。

B.根据投资意向深化要求，形成一个（或一个以上）能提供预期产品或服务的评价方案。方案的深度要能体现与预期产品或服务的功能、数量相适应的工艺技术路线、水平、建设规模及建设期限。

C.根据指标化要求，投资目的应深化为若干可量化的指标体系。如预计收益额、估算投资额、工程建成后的年产出（量或值）、工程投运时间等。

D.应用新技术的工程进行专利技术专题咨询或辅助研究。

E.工程选址及建设用地的专题咨询或许可意向。

F.环保咨询或许可意向。

G.节能、降耗标准咨询。

H.工程运营所需资源供给专题咨询或许可意向。

I.工程建成后产品或服务客户群的专题研究或供应意向。

J.生产性工程上、下游产业群的专题研究。

K.资本市场或潜在投资人（或合作人）的专题研究或投融资意向。

L.对评价方案在目标、环境、资源及工程、技术、经济结合上的综合评价分析。

上述E、F、G、H、I、J、K等项内容，因尚处于初步可行性研究阶段，方案也还在深化中；此外，也仅限于单项咨询研究与洽商，所以形成的"许可意向""协作意向""投融资意向""供应意向"等只能表征工程成立的可能性或其程度，并不具有法律约束力，有关"许可意向"也绝不等于政府部门对工程的审批认同。

⑤组织专项或综合座谈会、论证会。包括研究过程中及提交成果前内部及外部专业人士参加的座谈会、论证会。

2.3 建设工程的目标设计

建设工程的目标设计是建设工程前期策划的重要内容，也是建设工程实施的依据。建设工程的目标系统由一系列工程建设目标构成。按照性质的不同可分为工程建设投资目标、工程建设质量目标和工程建设进度目标；按照层次的不同可分为总目标和子目标。建设工程的目标设计需按照不同的性质和不同的层次定义系统的各级控制目标。因此，建设工程的目标设计是一项复杂的系统工程。运用目标管理的方法进行情况分析、问题定义、目标要素的提出和目标系统的建立等。

2.3.1 建设工程目标

（1）概述

目标是对预期结果的描述，要取得工程成功，必须有明确的目标。工程采用严格的目标管理方法，主要体现在以下几个方面：

①在工程实施前就必须确定明确的目标，精心详细设计、优化和计划。

②在工程的目标设计中首先设立工程总目标，再采用系统方法将总目标分解成子目标和可执行目标。目标系统必须包括工程实施和运行的所有主要方面。

③将工程目标落实到各责任人，将目标管理同职能管理高度地结合起来，使目

标与组织任务、组织结构相联系,建立由上而下、由整体到分部的目标控制体系,并加强对责任人的业绩评价,鼓励人们尽全力圆满完成他们的任务。

④将工程目标落实到工程的各阶段,工程目标作为可行性研究的尺度,经过批准后作为工程技术设计和计划、实施控制的依据,最后又作为工程后评价的标准,使计划和控制工作十分有效。

⑤在现代工程中,人们强调全寿命期集成管理,重点在于工程一体化,在于以工程全寿命期为对象建立工程的目标系统,再分解到各个阶段,进而保证工程在全寿命期中目标、组织、过程、责任体系的连续性和整体性。

(2)在工程管理中推行目标管理容易出现的问题

①在工程前期就要求设计完整的且科学的目标系统是十分困难的。

②工程批准后,目标的刚性非常大,不能随便改动,也很难改动。

③在目标管理过程中,人们常常注重近期的局部的目标,因为这是他的首要责任,容易产生短期行为。

④其他问题。人们可能过分使用和注重定量目标,因为定量目标易于评价和考核,工程的成果显著。但有些重要的和有重大影响的目标很难用数字来表示。

(3)进行目标设计的步骤

进行目标设计的步骤包括:情况分析、问题定义、提出目标因素、建立工程目标系统。

①情况分析

建设工程的情况分析是建设工程目标系统设计的基础。建设工程的情况分析是指以工程构思为依据对建设工程系统内部条件和外部环境进行调查并作出综合分析与评价。它是对工程构思的进一步确认,并可以为工程目标因素的提出奠定基础。

A.情况分析的作用:

a.进一步研究和评价工程构思的实用性。

b.对上层系统的目标和问题进行定义,从而确定工程的目标因素。

c.通过情况分析确定工程的边界条件状况。这些边界条件的制约因素,常常会直接产生工程的目标因素。

d.为目标设计、工程定义、可行性研究以及详细设计和计划提供信息。

e.对工程中的一些不确定因素即风险进行分析,并对风险提出相应的防护措施。

B.情况分析的内容:

a.拟建工程所提供的服务或产品的市场现状和趋向的分析。

b.上层系统的组织形式、企业的发展战略、状况及能力,上层系统运行存在的问题。

c.企业所有者或业主的状况。

d.能够为工程提供合作的各个方面,如合资者、合作者、供应商、承包商的状况。

e.自然环境及其制约因素。

f.社会的经济、技术、文化环境,特别是市场问题的分析。

g.政治环境和与投资,与工程的实施过程及运行过程相关的法律和法规。

C.情况分析的方法和要求:

a.情况分析可以采用调查表、现场观察法、专家咨询法、ABC分类法、决策表、价值分析法、敏感性分析法、企业比较法、趋向分析法、回归分析法、产品份额分析法和对过去同类工程的分析方法等。

b.环境调查应是系统的,尽可能定量的,用数据说话。

c.环境调查主要着眼于历史资料和现状,并对将来状况进行合理预测,对目前的情况和今后的发展趋向作出初步评价。

②问题的定义

经过情况分析可以从中认识和引导出上层系统的问题,并对问题进行界定和说明。经过详细而缜密的情况分析,就可以进入问题定义阶段。问题定义是目标设计的依据,是目标设计的诊断阶段,其结果是提供工程拟解决问题的原因、背景和界限。问题定义的关键就是要发现问题的本质并能准确预测出问题的动态变化趋势,从而制定有效的策略和目标来达到解决问题的目的。对问题的定义必须从上层系统全局的角度出发,并抓住问题的核心。问题定义的基本步骤如下:

A.对上层系统问题进行罗列、结构化,即上层系统有几个大问题,一个大问题又可能有几个小问题构成。

B.对原因进行分析,将症状与背景、起因联系在一起,这可用因果关系分析法。

C.分析这些问题将来发展的可能性和对上层系统的影响。有些问题会随着时间的推移逐渐减轻或消除,相反有的却会逐渐严重。

③提出目标因素

问题定义完成后,在建立目标系统前还需要确定目标因素。目标因素应该以建设工程的定位为指导、以问题定义为基础加以确定。

A.目标因素的来源。问题的定义,即各个问题的解决程度,即为目标因素。有些边界条件的限制也形成工程的目标因素,如资源限制、法律的制约、工程相关者(如周边组织)的要求等。许多目标因素是由最高层设置的,上层战略目标和计划的分解可直接形成工程的目标因素。

B.常见的目标因素有:

a.问题解决的程度。这是工程建成后所实现的功能,所达到的运行状态。

b.工程自身的(与建设相关)目标,包括工程规模、经济性目标、工程时间目标。

c.其他目标因素:工程的技术标准、技术水平;提高劳动生产率,如达到新的人均产量、产值水平;人均产值利润额;吸引外资数额;降低生产成本或达到新的成本水平。

C.各目标因素指标的确定原则:

a.真实反映上层系统的问题和需要,应基于情况分析和问题的定义基础上。

b.切合实际,实事求是,即不好大喜功,又不保守,一般经过努力能实现。

c.目标因素指标的提出、评价和结构化并不是在项目初期就可以办到。

d.目标因素的指标要有一定的可变性和弹性,应考虑环境的不确定性和风险因素,有利的和不利的条件。

e.工程的目标因素必须重视时间限定。

f.许多目标因素是由与工程相关的各方面提出来的,必须照顾到各方面的利益。

D.在目标因素的确定过程中应注意的问题:

a.要建立在情况分析和问题定义的基础上。

b.要反映客观实际,不能过于保守,也不能过于夸大。

c.目标因素需要一定的弹性。

d.目标因素是动态变化的,具备一定的时效性。

④工程目标系统的建立

在目标因素确立后,经过进一步的结构化,即可形成目标系统。

A.目标系统结构。工程目标体系包括总目标、中层目标和基层目标。总目标是工程对国家、部门或地区经济建设与发展的作用体现;中层目标是对工程在建设期和经营使用期的要求;基层目标分别是对建设期或经营使用期的具体细化与分解。系统目标通常有:功能目标、技术目标、经济目标、社会目标、生态目标。子目标为系统目标的说明、补充。可执行目标为子目标的细化。

B.目标因素的分类:

a.按性质目标因素可分为强制性目标,即必须满足的目标因素,通常包括法律和法规的限制、官方的规定、技术规范的要求等,这些目标必须纳入工程系统中的,否则,工程不能成立;期望的目标,即尽可能满足的,有一定范围弹性的目标因素。

b.按照目标因素的表达,又可分为定量目标和定性目标。

C.目标因素之间的争执。强制性目标与期望目标发生争执,则首先必须满足强制性目标的要求。如果强制性目标因素之间存在争执,则说明本工程存在自身的矛盾性,可能有两种处理方法:

a.判定这个工程构思是不行的,必须重新构思。

b.消除某一个强制性目标,或将它降为期望目标。

期望目标因素的争执。这里又有两种情况:

a.如果定量的目标因素之间存在争执,可采用优化的办法,追求技术经济指标最有利(如收益最大、成本最低)的解决方案。

b.定性的目标因素的争执可通过确定优先级或定义权重,寻求妥协和平衡,或将定性目标转化为定量目标进行优化。

在目标系统中,系统目标优先于子目标,子目标优先于可操作目标。

D.在建设工程目标系统建立过程中,应注意以下问题:

a.理清目标层次结构。

b.分清目标主次关系。

c.重视目标系统优化。

d.协调内外目标关系。

2.3.2 建设工程定义和总方案策划

（1）工程定义

建设工程的定义是指以建设工程的目标体系为依据，在工程的界定范围内以书面的形式对工程的性质、用途和建设内容进行的描述。它以书面的形式描述工程目标系统，并初步提出完成方式。它是将原直觉的工程构思和期望引导到经过分析、选择，有根据的工程建议，是工程目标设计的里程碑。它应足够详细，其内容包括：

①提出问题，说明问题的范围和问题的定义。

②说明解决这些问题对上层系统的影响和意义。

③工程构成和定界，说明工程与上层系统其他方面的界面，确定对工程有重大影响的环境因素。

④系统目标和最重要的子目标、近期、中期、远期目标，对近期目标应定量说明。

⑤边界条件，如市场分析、所需资源和必要的辅助措施、风险因素。

⑥提出可能的解决方案和实施过程的总体建议，包括方针或总体策略、组织方面安排和实施时间总安排。

⑦经济性说明，如投资总额、财务安排、预期收益、价格水准、运营费用等。

（2）工程审查和选择

工程定义是对工程构思和目标系统设计工作的总结和深化，也是工程建议书的前导。它是工程前期策划的重要环节，为了保证工程定义的科学性和客观性，必须要对其进行审核和确认。

①工程审查

工程审查主要是风险评价、目标决策、目标设计价值评价，以及对目标设计过程的审查。对一般的常见的投资工程审查指标可能有：问题的定义；目标系统和目标因素；工程的初步评价。

②工程选择

从上层系统（如国家、企业）的角度，对一个工程的决策不仅限于一个有价值的工程构思的选择，以及目标系统的建立，工程构成的确定，而且常常面临许多工程机会的选择。由于一个企业面临的工程机会可能很多，但企业资源是有限的，不能四面出击，抓住所有的工程机会，一般只能在其中选择自己的主攻方向。选择的总目标通常包括：

A.通过工程能够最有效地解决上层系统的问题，满足上层系统的需要。对于提供产品或服务的工程，应着眼于有良好的市场前景。

B.使工程符合企业经营战略目标，以工程对战略的贡献作为选择尺度。例如，对竞争优势、长期目标、市场份额、利润规模等的影响。有时可由工程达到一个新的战略。由于企业战略是多方面的，如市场战略、经营战略、工艺战略等，则可以详细全面地评价工程对这些战略的贡献。

C.企业的现有资源和优势能得到最充分的利用。必须考虑自己进行工程的能力，特别是财务能力。当然，现在人们常常通过合作（如合资、合伙、国际融资等）进行大型的、特大型的、自己无法独立进行的工程，这是有重大战略意义的。

D.工程本身成就的可能性最大和风险最小，选择成就（如收益）期望值大的工程。

（3）工程建议书

工程建议是对工程目标系统和工程定义的说明和细化，同时作为后继的可行性研究、技术设计和计划依据，将目标转变成具体的实在的工程任务。这里要提出工程的总体方案或总的开发计划，同时对工程经济、安全、高效率运行的条件和运行过程作出说明。工程建议书是工程管理者与可行性研究和设计相关的专家沟通的文件，如果选择责任者，则这种要求即成为责任书。工程建议书必须包括工程可行性研究、设计和计划、实施所必需的总体信息、方针说明。工程建议书是国家选择工程的依据和可行性研究的依据，外资工程只有在工程建议书批准后，方可开展对外工作。

工程建议书是依据国家宏观社会、经济信息资料，工程所在地有关资料，已有类似工程的有关数据和市场预测及技术分析编制的，其基本内容包括：建设工程提出的必要性和依据；市场预测和市场需求分析；工程选址和建设条件；资源条件和外部协作条件；建设规模和产品方案设想；主要技术工艺和技术方案设想；工程进度安排；投资测算和资金筹措方案；经济效益和社会效益的初步评价。

工程建议书的深度要求有以下几个方面：

①关于投资建设必要性和依据

A.阐明拟建工程提出的背景、拟建地点，提出或出具与工程有关的长远规划或行业、地区规划资料，说明工程建设的必要性。

B.对改扩建工程要说明现有企业的情况。

C.对于引进技术和设备的工程，还要说明国内外技术的差距与概况以及进口的理由，工艺流程和生产条件的概要等。

②关于产品方案、拟建工程规模和建设地点的初步设想

A.产品的市场预测，包括国内外同类产品的生产能力、销售情况分析和预测、产品销售方向和销售价格的初步分析等。

B.说明（初步确定）产品的年产值，一次建成规模和分期建设的设想（改扩建工程还需说明原有生产情况的条件），以及对拟建工程规模经济合理性的评价。

C.产品方案设想，包括主要产品和副产品的规模、质量标准等。

D.建设地点论证，分析工程拟建地点的自然条件和社会条件，论证建设地点是否符合地区布局的要求。

③关于资源、交通运输以及其他建设条件和协作关系的初步分析

A.拟利用的资源供应的可行性和可靠性。

B.主要协作条件情况、工程拟建地点水电及其他公用设施、地方材料的供应情况分析。

C.对于技术引进和设备进口工程应说明主要原材料、电力、燃料、交通运输、协作配套等方面的近期和远期要求，以及目前已具备的条件和资源落实情况。

④关于主要工艺技术方案的设想

A.主要生产技术和工艺。如拟引进国外技术、应说明引进的国别以及国内技术与之相比存在的差距,技术来源、技术鉴定及转让等情况。

B.主要专用设备来源。如拟采用国外设备,应说明引进理由以及拟引进设备的国外厂商的概况。

⑤关于投资估算和资金筹措的设想

投资估算根据掌握数据的情况,可进行详细估算,也可按单位生产能力或类似企业情况进行估算或匡算。投资估算中应包括建设期利息和考虑一定时期内的涨价影响因素(即涨价预备金),流动资金可参考同类企业条件及利率,说明偿还方式、测算偿还能力。对于技术引进和设备进口工程应估算工程的外汇总用汇额及其用途,外汇的资金来源与偿还方式,以及国内费用的估算和来源。

⑥关于工程建设进度的安排

A.建设前期工作的安排,应包括涉外工程的询价、考察、谈判、设计等。

B.工程建设需要的时间和生产经营时间。

⑦关于经济效益和社会效益的初步估算(可能的话应含有初步的财务分析和国民经济分析的内容)

A.计算工程全部投资的内部收益率、贷款偿还期等指标以及其他必要的指标,进行盈利能力、偿还能力初步分析。

B.工程的社会效益和社会影响的初步分析。

⑧有关的初步结论和建议

对于技术引进和设备进口的工程建议书,还应有邀请外国厂商来华进行技术交流的计划、出国考察计划,以及可行性分析工作的计划(如聘请外国专家指导或委托咨询的计划)等附件。

2.4 建设工程的可行性研究

进行可行性研究的目的就是避免工程投资决策失误,减小工程的风险性,避免工程方案的多变,保证工程不超支、不延误,对工程因素的变化心中有数以及达到投资的最佳经济效果。可行性研究可作为工程投资决策、筹集资金、向银行申请贷款的依据,作为该工程的科研试验、机构设置、职工培训、生产组织的依据,作为向当地政府、规划部门、环境保护部门申请建设执照的依据,作为该工程建设的基础资料,作为对该工程考核的依据。

2.4.1 可行性研究报告分类

①用于企业融资、对外招商合作的可行性研究报告

此类研究报告通常要求市场分析准确、投资方案合理、并提供竞争分析、营销计划、管理方案、技术研发等实际运作方案。

②用于国家发展和改革委（以前的计委）立项的可行性研究报告

此文件是根据《中华人民共和国行政许可法》和《国务院对确需保留的行政审批工程设定行政许可的决定》而编写的，是大型基础设施工程立项的基础文件，发改委根据可行性研究报告进行核准、备案或批复，决定某个工程是否实施。另外，医药企业在申请相关证书时也需要编写可行性研究报告。

③用于银行贷款的可行性研究报告

商业银行在进行风险评估时，需要工程方出具详细的可行性研究报告，对于国家开发银行等国内银行，该报告由甲级资格单位出具，通常不需要再组织专家评审。部分银行的贷款可行性研究报告对资格没有要求，但要求融资方案合理，分析正确，信息全面。另外，在申请国家的相关政策支持资金、工商注册时往往也需要编写可行性研究报告，该文件类似用于银行贷款的可行性研究报告。

④用于申请进口设备免税

主要用于进口设备免税用的可行性研究报告，申请办理中外合资企业、内资企业工程确认书的工程需要提供工程可行性研究报告。

⑤用于境外投资工程核准的可行性研究报告

企业在实施走出去战略，对国外矿产资源和其他产业投资时，需要编写可行性研究报告报给国家发展和改革委或省发改委，需要申请中国进出口银行境外投资重点工程信贷支持时，也需要可行性研究报告。

在上述五种可行性研究报告中，②、③、④准入门槛最高，需要编写单位拥有工程咨询资格，该资格由国家发展和改革委员会颁发，分为甲级、乙级、丙级三个等级，其中甲级资质最高，全国具备工程咨询甲级资质的单位有几十家，且其资质分布在不同的行业当中，最有实力的机构能够同时承揽二十几个甚至更多行业的甲级资质工程。

2.4.2 可行性研究报告的编制及其内容

（1）可行性研究报告的编制

①编制依据

国民经济发展的中长远规划、国家经济建设的任务、方针和技术经济政策；工程建议书和投资建设方的要求；有关的基础资料；有关的技术经济方面的规范、标准、定额等指标；有关工程经济评价的基本参数和指标。

②深度要求

内容齐全、结论明确、数据准确、资料齐备和论据充分；选用主要的设备，参数应能满足预订货的要求；重大技术经济方案，应有两个以上方案的比选；确定的主要工程技术数据，应满足初步设计依据的要求性；投资估算深度应满足投资控制准确度要求；融资方案应能满足银行等金融机构信贷决策的需要；应针对可行性研究中或执行中可能的重大技术或经济难题，提出建设性结论和建议。

③研究方法

A.宏观经济环境信息。基于PEST（Political, Economic, Social, Technological,

PEST）分析模型从政治法律环境、经济环境、社会文化环境和技术环境四个方面分析行业的发展环境，帮助企业了解行业发展环境现状及发展趋势；行业主要上下游产业的供给与需求情况，主要原材料的价格变化及影响因素；行业的竞争格局、竞争趋势；与国外企业在技术研发方面的差距；跨国公司在中国市场的投资布局。

B.微观市场环境分析。行业当前的市场容量、市场规模、发展速度和竞争状况；主要企业规模、财务状况、技术研发、营销状况、投资与并购情况、产品种类及市场占有情况等；客户需求分析：消费者及下游产业对产品的购买需求规模、议价能力和需求特征；进出口市场：行业产品进出口市场现状与前景；产品市场情况：产品销售状况、需求状况、价格变化、技术研发状况、产品主要的销售渠道变化影响等；重点区域市场：主要企业的重点分布区域，客户聚集区域，产业集群，产业地区投资迁移变化。

C.行业发展关键因素和发展预测。分析影响行业发展的主要敏感因素及影响力；预测行业未来五年的发展趋势；该行业的进入机会及投资风险；为企业制订行业市场战略、预估行业风险提供参考。

④一般要求

可行性研究工作对于整个工程建设过程乃至整个国民经济都有非常重要的意义，为了保证可行性研究工作的科学性、客观性和公正性，有效地防止错误和遗漏，对可行性研究报告的写作要求主要包括以下四个方面：

A.首先必须站在客观公正的立场进行调查研究，做好基础资料的收集工作。对于收集的基础资料，要按照客观实际情况进行论证评价，如实地反映客观经济规律，从客观数据出发，通过科学分析，得出工程是否可行的结论。

B.可行性研究报告的内容深度必须达到国家规定的标准，基本内容要完整，应尽可能多地占有数据资料，避免粗制滥造，搞形式主义。在做法上要掌握好以下四个要点：

a.先论证，后决策。

b.处理好工程建议书、可行性研究、评估这三个阶段的关系，哪一个阶段发现不可行都应当停止研究。

c.要将调查研究贯彻始终。一定要掌握切实可靠的资料，以保证资料选取的全面性、重要性、客观性和连续性。

d.多方案比较，择优选取。对于涉外工程，或者在加入WTO等外在因素的压力下必须与国外接轨的工程，可行性研究的内容及深度还应尽可能与国际接轨。

C.为保证可行性研究的工作质量，应保证咨询设计单位足够的工作周期，防止因各种原因的不负责任草率行事。

（2）可行性研究报告的内容

工程可行性研究报告一般包括以下内容：

①总论。

②工程背景及必要性分析。

③市场分析（SWOT分析），包括优势（Strength）、劣势（Weakness）、机会（Opportunity）、威胁（Threat）分析。

④工程功能定位与建设规模。

⑤建设方案与实施。

⑥环境保护与劳动安全。

⑦投资估算与资金筹措。

⑧财务分析。

⑨国民经济与社会效益分析。

⑩风险与不确定性分析。

⑪结论与建议。

延伸阅读

建设工程前期策划与前期管理

在建设工程从最初设想到最终实施的过程中，策划——与业主共同确定方案的设计需求是首当其冲的，可能也是最为重要的阶段。无论是作为建筑专业服务的一个组成部分，或是作为一种附加服务，建设工程策划的过程都会使业主、用户和建设工程师之间进行某种程度上的交互作用。策划阶段之所以关键，是因为在这个阶段也许会产生许多严重的错误，也许会作出很多富有洞察力、逐渐成形的决定。

有效的建设工程策划可以提高建设工程设计的质量，反之，一些策划方法实际上也会制约建设工程设计的质量。那些仅将重点放在对实际情况的收集以及对业主、用户团体的需求确立假想数字的策划方法，很容易忽略对于设计来说最重要的信息：价值评估和策划目标。一方面，对于这个领域缺乏最基本的认识，很可能导致收集了很多无关的信息和数字，并对设计产生误导。策划者必须认识到价值评估和策划目标的重要性，以此为依据来收集那些策划过程中所需要的信息与数字。另一方面，设计师也需要了解价值评估和策划目标，以明确要将设计的重点放在哪里。设计师还可用价值评估和策划目标来判断多个设计方案的适宜程度。而行为学专家则需要用价值评估和策划目标来对一些建设工程投付使用后的效果进行评价。

　　国内外许多工程的成功经验和失败教训表明,建设工程前期策划是工程建设成功与否的一个重要前提,建设工程前期策划是通过环境调查研究和资料收集,在充分占有信息的基础上,针对工程的决策进行的科学分析和论证。本章针对建设工程前期策划的主要内容及策划程序进行了详细论述,包括工程构思、工程的目标设计、工程定义、工程建议书以及可行性研究报告等内容,旨在使读者在工作上有正确的方向和明确的目的,为工程建设的决策增值。

复习思考题

　　1.什么是建设工程前期策划,其主要作用是什么?
　　2.建设工程前期策划阶段的主要工作内容有哪些?
　　3.简述建设工程前期策划的程序。
　　4.什么是工程构思,工程构思应该注意哪些问题?
　　5.什么是目标设计,目标设计包括哪些内容?
　　6.简述工程目标系统的构成。
　　7.什么是工程定义,工程定义主要包括哪些内容?
　　8.简述工程建议书的主要内容。
　　9.何谓可行性研究报告,可行性研究报告的内容有哪些?

3 建设工程管理的组织

　　某公司属于电子类中小型制造企业，设有工程部、研发部、生产部、客服部、营销部、采购部以及其他部门，由于历史原因，该公司负责系统运营维护及售后服务工作一直由客服部完成，所以压力较大，人员流动非常大，因此效果并不理想。由于体制的原因，在该公司和建设工程或客户发生直接关系的工程部、研发部、客服部、营销部，在协作上出现脱节问题。研发部不直接和客户联系，而是由工程部项目经理组织人力进行前期的需求分析，由研发部负责软硬件开发，由工厂生产，客服部负责该系统软硬件的实施。所以，该公司的现状是研发部与市场、工程、实施等部门脱节，在产品研发上跟不上时代发展的动向，许多细节影响工程质量的设计，工程部按设计进行建设工程实施。该部的项目经理如何面对这样体制的公司？如何面对客户？项目经理在建设工程实施中扮演什么样的角色？应该具备什么样的素质？如何在建设工程实施前进行组织设计？进行组织设计有何意义？如何提高项目团队成员的协作效果？如何高质高效地完成建设工程？通过本章的学习，相信一定能得到明确的答案。

3.1 建设工程管理的组织设计

3.1.1 建设工程管理组织的基本概念

　　"组织"一词，其含义比较宽泛，人们通常所用的"组织"一词一般有两个意义：其一为"组织工作"，表示对一个过程的组织，对行为的筹划、安排、协调、控制和检查，如组织一次会议，组织一次活动；其二为结构性组织，是人们（单位、部门）为某种目的以某种规则形成的职务结构或职位结构，如建设工程组织、企业组织。

　　而本书中的组织是人们为了实现某种既定目标，根据一定的规则，通过明确分工协作关系，建立不同层次的权利、责任、利益制度而有意形成的职务结构或职位结构。组织是一种能够一体化运行的人、资源、信息的复合系统。

　　组织有两重含义：组织机构和组织行为。

　　组织机构是按一定的领导体制、部门设置、层次划分、职责分工、规章制度和信息系统而构成的有机整体。

　　组织行为又称组织活动，即为达到一定目标，运用组织所赋予的权利和影响力，对所需的资源进行合理配置，是指为实现项目的组织职能而进行的组织系统的设计、建立、运行和调整。

建设工程管理组织是指为完成特定的建设工程而建立起来的，从事建设工程具体工作的组织。

建设工程管理组织的基本结构一般分为建设工程所有者（战略层）、建设工程管理者（组织层）、建设工程承担者（操作层）。三个层次：

（1）建设工程所有者（或建设工程的上层领导者）

该层是建设工程的发起者，可能包括企业经理、对建设工程投资的财团、政府机构、社会团体领导。他居于建设工程组织的最高层，对整个建设工程负责，最关心的是建设工程整体经济效益。

建设工程所有者组织一般又分为两个层次，即战略决策层（投资者）和战略管理层（业主）。投资者通常委托一个建设工程管理主持人，即业主。由他承担建设工程实施全过程的主要责任和任务，通过确立目标、选择不同的战略方案、制订实现目标的计划，对建设工程进行宏观控制，保证建设工程目标的实现。例如：

①作出建设工程战略决策，如确定生产规模、选择工艺方案。

②作总体计划，确定建设工程组织战略。

③建设工程任务的委托，选择项目经理和承包单位。

④批准建设工程目标和设计，批准实施计划等。

⑤确定资源的使用，审定和选择建设工程所用材料、设备和工艺流程等，提供建设工程实施的物质条件和必要的官方批准。

⑥决定各子建设工程实施次序。

⑦对建设工程进行宏观控制，给建设工程组织持续的支持。

（2）建设工程管理者（即项目组织层）

建设工程管理者通常是一个由项目经理领导的项目经理部（或小组）。建设工程管理者由业主选定，为他提供有效的独立的管理服务，负责建设工程实施中的具体的事务性管理工作。他的主要责任是实现业主的投资意图，保护业主利益，保证建设工程整体目标的实现。

（3）建设工程承担者（即建设工程操作层）

建设工程操作层包括承担建设工程工作的专业设计单位、施工单位、供应商和技术咨询工程师等，构成建设工程的实施层，他们的主要任务和责任有：

①参与或进行建设工程设计、计划和实施控制。

②按合同规定的工期、成本、质量完成自己承担的建设工程任务，为完成自己的责任进行必要的管理工作，如质量管理、安全管理、成本控制、进度控制。

③向业主和建设工程管理者提供信息和报告。

④遵守建设工程管理规则。

当然，建设工程组织中还有可能包括上层系统（如企业部门）的组织，与建设工程有合作关系或与建设工程相关的政府、公共服务部门。

3.1.2　建设工程组织的特点

①建设工程组织是为了完成建设工程总目标和总任务，建设工程的目标和任务是决定建设工程组织结构和组织运行的重要因素。

由于建设工程各参与者来自不同企业或部门，各自有独立的经济利益和权力。它们各自承担一定范围的建设工程责任，按建设工程计划进行工作。所以在建设工程中存在尖锐的共同目标与不同利益群体目标之间的矛盾。要取得建设工程的成功，在建设工程目标设计、实施和运行过程中必须承认并顾及不同群体的利益；建设工程组织的建立应能考虑到，或能反映在建设工程实施过程中各参加者之间的合作，任务和职责的层次，工作流、决策流和信息流，上下之间的关系，代表关系，以及建设工程其他的特殊要求。给各参加者以决定权和一定范围内变动的自由。这样才能最有效地工作。

②建设工程组织的设置、建立应能够确保完成建设工程的所有工作，即建设工程组织应确保通过建设工程结构分解得到的所有工作单元，都应落实到具体的完成者。

建设工程的组织设置应能完成建设工程的所有工作（工作包）和任务，即通过建设工程结构分解得到的所有单元，都应无一遗漏地落实完成责任者。所以建设工程系统结构对建设工程的组织结构有很大的影响，它决定了建设工程组织工作的基本分工，决定组织结构的基本形态。同时，建设工程组织又应追求结构最简和最少组成。增加不必要的机构，不仅会增加建设工程管理费用，而且常常会降低组织运行效率。每个参加者在建设工程组织中的地位是由他所承担的任务决定的，而不是由他的规模、级别或所属关系决定的。

③由于建设工程的一次性，建设工程组织也是一次性的、暂时的，具有临时组合的特点。

建设工程组织的寿命与它在建设工程中所承担的任务（由合同规定）的时间长短有关。建设工程结束或相应建设工程任务完成后，建设工程组织就会解散或重新构成其他建设工程组织。即使一些经常从事相近建设工程任务或建设工程管理任务的机构（如建设工程管理公司、施工企业），尽管建设工程管理班子或队伍人员未变，但由于不同的建设工程有不同的目的性、不同的对象、不同的合作者（如业主、分包单位等），则也应该认为这个组织是一次性的。

建设工程组织的一次性和暂时性，是它区别于企业组织的一大特点，它对建设工程组织的运行和沟通，参加者的组织行为，组织控制有很大的影响。

④建设工程组织与企业组织之间存在复杂关系。

这里的企业组织不仅包括业主的企业组织（建设工程上层系统组织），而且包括承包商的企业组织。建设工程组织成员通常都有两个角色，即是本建设工程组织成员，又是原所属企业中的一个成员。研究和解决企业对建设工程的影响，以及它们之间的关系，在企业管理和建设工程管理中都具有十分重要的地位。企业组织与建设工程组织之间的障碍是导致建设工程失败的主要原因之一。

无论是企业内的建设工程（如研究开发建设工程），还是由多企业合作进行的建设工程（如建设工程、合资建设工程），企业和建设工程之间存在如下复杂的关系：

A.由于企业组织是现存的，是长期的稳定的组织，建设工程组织常常依附于企业组织，建设工程的人员常常由企业提供，有些建设工程任务直接由企业部门完成。一般建设工程组织必须适应而不能修改企业组织。企业的运行方式、企业文化、责任体系、运行机制、分配形式、管理机制直接影响建设工程的组织行为。

B.建设工程和企业之间存在一定的责、权、利关系，这种关系决定着建设工程的独立程度。既要保证企业对建设工程的控制，使建设工程实施和运行符合企业战略和总计划，又要保证建设工程的自主权，这是建设工程顺利成功的前提条件。企业对建设工程的控制，即建设工程的实施和运行符合企业战略，防止失控。所以企业战略对建设工程的影响很大，建设工程运行常常受到上层系统的干预。

C.由于企业资源有限，则在企业与建设工程之间及企业同时进行的多建设工程之间存在十分复杂的资源优化分配问题。

D.企业管理系统和建设工程管理系统之间存在十分复杂的信息交往。

E.建设工程参加者和部门通常都有建设工程的和自己原部门工作的双重任务，甚至同时承担多建设工程任务，则不仅存在建设工程和原工作之间资源分配的优先次序问题，而且工作中常常要改变思维方式。

⑤建设工程组织还受环境的制约，例如，政府行政部门、质检部门等按照法律对建设工程的干预。建设工程组织受建设工程所处环境的制约和影响较大。

建设工程组织结构的内部是根据各要素之间对差异性资源（物质、能量、信息）的需求，而资源又受到外部环境的影响和制约，从而使建设工程组织受建设工程所处环境的制约和影响大。

⑥建设工程具有自身的组织结构，建设工程内的组织关系存在多种形式。最主要的关系有：

A.专业和行政方面的关系。这与企业内的组织关系相同，上下之间为专业和行政的领导和被领导的关系，在企业内部（如承包商、供应商、分包商、建设工程管理公司内部）的建设工程组织中，主要存在这种组织关系。

B.合同关系或由合同定义的管理关系。建设工程组织是许多不同隶属关系（不同法人）、不同经济利益、不同组织文化、不同区域、地域的单位构成的，他们之间以合同作为组织关系的纽带。合同签订和解除（结束）表示组织关系的建立和脱离。所以，一个建设工程的合同体系与建设工程的组织结构有很大程度的一致性。如业主与承包商之间的关系，主要由合同确立。签订了合同，则该承包商为建设工程组织成员之一，未签订合同，则不作为建设工程组织成员。建设工程参加者的任务，工作范围，经济责权利关系，行为准则均由合同规定。

虽然承包商与建设工程管理者（如监理工程师）没有合同关系，但他们的责任和权力的划分，行为准则仍由管理合同和承包合同限定。

所以在建设工程组织的运行和管理中合同十分重要。建设工程管理者必须通过合同手段运作建设工程，遇到问题通常不能通过行政手段来解决，而必须通过合同、法律、经济手段解决问题。

除了合同关系外，建设工程参加者在建设工程实施前通常还订立该建设工程管理规则,使各建设工程参加者在建设工程实施过程中能更好地协调、沟通,使建设工程管理者能更有效地控制建设工程。

⑦建设工程组织具有高度的弹性和可变性。它不仅表现为许多组织成员随建设工程任务的承接和完成,以及建设工程的实施过程而进入或退出建设工程组织,或承担不同的角色,而且采用不同的建设工程组织策略,不同的建设工程实施计划,则有不同的建设工程组织形式。对一个建设工程而言,早期组织比较简单,在实施阶段会十分复杂。

⑧由于建设工程的一次性和建设工程组织的可变性,难以建立自己的企业文化。由于建设工程组织是一次性的,所以建设工程组织很难建立自己的组织文化。因为文化的建设需要一个比较长的过程,需要一个文化沉淀和创新,而短暂的建设工程组织并不具备这个条件。在这里,建设工程组织的建立是为完成某一建设工程任务而存在的,建设工程的目标是很明确的,时间是紧迫的,很难有经历和资源建立组织文化。

3.1.3 建设工程组织的基本原则

(1)目标统一原则

建设工程有总目标,但建设工程的参加者隶属于不同的单位(企业),则有不同的目标,所以建设工程运行的组织障碍较大。为了使建设工程能顺利实施,达到建设工程的总目标,必须做到以下几点:

①建设工程参加者应就总目标达成一致。

②在建设工程的设计、合同、计划、组织管理规则等文件中贯彻总目标。

③在建设工程的全过程中顾及各方面的利益,使建设工程参加者各方满意。

为了达到统一的目标,则建设工程的实施过程必须有统一的指挥、统一的方针和政策。

(2)责权利平衡原则

①权责对等。参加者各方责任和权力互相制约关系,互为前提条件。

②权力的制约。组织成员有一项权力,如果他不确当地行使该权力就应承担相应的责任。

③一组织成员有一项责任或工作任务,则他又应有为完成这个责任所必需的,或由这个责任引申的相应的权力。

④应该通过合同、组织规则、奖励政策保护建设工程参加者各方的权益,特别是承包商、供应商。

⑤按照责任、工作量、工作难度、风险程度和最终的工作成果给予相应的报酬或奖励。

⑥公平地分配风险。

(3)适用性和灵活性原则

①选择与建设工程的范围、建设工程的大小、环境条件及业主的建设工程战略相应的建设工程组织结构和管理模式。

②建设工程组织结构应考虑与原组织（企业）的适应性。

③顾及建设工程管理者过去的建设工程管理经验，应充分利用这些经验，选择最合适的组织结构。

④建设工程组织结构应有利于建设工程的所有的参与者的交流和合作，便于领导。

⑤组织机构简单、人员精简，建设工程组要保持最小规模，并最大可能地使用现有部门中的职能人员。

（4）组织制衡原则

由于建设工程和建设工程组织的特殊性要求组织设置和运作中必须有严密的制衡，它包括：

①权职分明，任何权力须有相应的责任和制约。

②设置责任制衡和工作过程制衡。

③加强过程的监督。

④通过组织结构、责任矩阵、建设工程管理规则、管理信息系统设计保持组织界面的清晰。

⑤通过其他手段达到制衡，如保险和担保。

（5）保证组织人员和责任的连续性和统一性

在过去的建设工程中，建设单位、承包商和项目经理对建设工程的最终成果不负责，工程建成后移交运营单位，这就带来了许多问题。由于建设工程存在阶段性，而组织任务和组织人员的投入又是分阶段的且是不连续的，容易造成责任体系的中断，责任盲区和人们不负责任，短期行为，所以，必须保持建设工程管理的连续性、一致性、同一性（人员、组织、过程、信息系统）。

①许多建设工程工作最好由一个单位或部门全过程、全面负责。

②建设工程的主要承担者应对工程的最终效果负责，让他与建设工程的最终效益挂钩。现代建设工程中业主希望承包商能提供全面的（包括设计、施工、供应）、全过程的（包括前期策划、可行性研究、设计和计划、工程施工、物业管理等）的服务，甚至希望承包商参与建设工程融资。采用目标合同，使他的工作与建设工程的最终效益相关。

③防止责任盲区。即出现无人负责的情况和问题，无人承担的工作任务。对业主来说，会出现非业主自身责任的原因造成损失，而最终由业主承担。例如，在设计、施工分标太细的工程中，由于设计拖延造成施工现场停工，业主必须赔偿施工承包商的工期和费用，而设计单位却没有或仅有很少的赔偿责任。

④减少责任连环。在建设工程中过多的责任连环会损害组织责任的连续性和统一性。例如，在一个工程中，业主将土建施工发包给一个承包商，而其中商品混凝土的供应仍由业主与供应商签订合同；对商品混凝土供应商，所用的水泥仍由业主与水泥供应商签订合同供应。

在这种工程中如果出现问题，责任的分析是极为困难的，而且计划和组织协调十分困难。

⑤保证建设工程组织的稳定性,包括建设工程组织结构、人员、组织规则、程序的稳定性。包括建设工程组织结构、人员、组织规则、程序的稳定性。

（6）建立适度的管理跨度与管理层次

管理跨度是指建设工程成员或项目经理,某个人,或某个机构,在一段时期内,成熟地运用其综合控制能力的能力。管理跨度。在一段时期内,具有限定性,拥有一定的弹性扩张潜力,但弹性扩张潜力也有限定性。许多建设工程失败,是由于项目经理既不了解自己的管理跨度,也不了解团队成员的管理跨度,一意孤行造成的。长期超负荷运转只能造成项目经理乃至团队成员都成为被动的消防队员,四处救火,而不是主动地、游刃有余地控制建设工程,品味工作也品味生活。事实上,许多人都在积极主动地成为工作的奴隶,迷失其间。有的项目经理,不了解自己的管理跨度,设立过高或过低的建设工程目标;管理跨度窄造成组织层次多,反之,管理跨度宽造成组织层次少,有的项目经理,不了解建设工程成员的管理跨度,错位用才;有的建设工程成员,不了解自己的管理跨度,在事务中迷失自己,不能有效地完成任务。

现代企业要想建立适合自己的组织结构形式,必须综合考虑管理跨度和管理层次两个方面。大跨度组织和多层次组织各有其优缺点,其各自特点如图3.1所示。

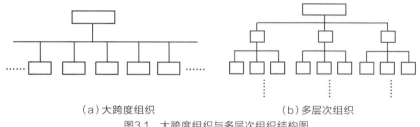

（a）大跨度组织　　　　　　　　（b）多层次组织

图3.1　大跨度组织与多层次组织结构图

①采用窄跨度,多层次的组织结构的优点及问题。

A.严密的监督和控制,一般不会出现失控现象。但建设工程组织层次多,则决策慢。当建设工程比较多时计划和控制复杂化。

B.上下级之间联络迅速,但上级往往过多地干预下级的工作,容易影响下级人员的积极性和创造性。

C.层次多则管理费用多,信息处理量大,用于管理的精力多,设施费用增加,管理人员增加,协调各部门活动也增加。

D.联络复杂化,最低层与最高层之间的距离过长。当信息按直线向下传达时便发生遗漏和曲解现象,信息沟通复杂化。

E.造成建设工程的低效率,工期延长,实施过程延缓,例如,需要多层次的检查验收,多层次的报告,多层次的分配和下达任务等。

F.当采用多层次分包时会出现多层次的建设工程组织,常常会造成指挥失灵,尾大不掉;会导致管理费用增加,组织联系复杂,控制困难;会造成信息处理量大,容易发生信息遗漏、曲解、流通慢;会失去协调作用,失去组织总目标的明确性和一惯性。

②采用宽跨度,少层次的组织结构,组织变得扁平化。现代大型、特大型的建设

工程,以及多建设工程的组织一般都是扁平化的。这种组织灵活、结构层次少,有许多优点。

矩阵式的建设工程组织形式和现代信息沟通技术的应用可大大地增加管理跨度,一个组织可以同时同步管理几十个建设工程或子建设工程。实质上,在这里已不使用传统的"管理跨度"概念了,而是称为"沟通跨度"或"协调跨度"。

当然,宽跨度组织也有如下缺点:

A.高层负担过重,容易成为决策的"瓶颈",在这种组织中上级必须有较多的授权。

B.高层有失控的危险。

C.必须谨慎地选择下级管理人员,他们必须经过训练,有较高的素质。

D.跨度大,协调困难,必须制订明确的组织运作规则和政策。现代建设工程组织向扁平化方向发展,在矩阵式组织中,管理跨度转化为"协调跨度"。

(7)合理授权

①授权原则

A.依据为完成的任务,预期要取得结果进行授权,构成目标、任务、职权之间的逻辑关系,并订立完成程度考核的指标。

B.根据要完成的工作任务选择人员,分配职位和职务。分权需要强有力的下层管理人员。

C.采用适当的控制手段,确保下层恰当的使用权力,以防止失控。不能由于分权导致独立王国。

D.在组织中保持信息渠道的开放和畅通,使整个组织运作透明。

E.对有效的授权和有工作成效的下层单位给予奖励。

F.谨慎地进行授权。分权的有效性与组织文化有关。人们的价值观念,行为准则对分权有很大的影响。

a.上层比较专制,对下层缺乏信任(包括道德和能力),则不可能有真正的授权;

b.作为下层人员应有信用,讲究诚实,敬业,有健康向上的个人价值观。否则,容易导致混乱,失去整体目标和失控。

上述两点的缺陷正是我国长期以来建设工程中存在的许多问题的根本原因。

②授予项目经理的权力

对项目经理应授予他必要的顺利完成他的职责的权力,例如:

A.参与建设工程目标设计和建设工程定义的权力,建设工程任务委托的参与权。

B.取得信息的权力。

C.相应的指令权和决策权。

D.设置建设工程管理小组的权力等。

但是,通常新产品的开发,发展战略,销售策略和政策,投资,融资,人事等权力不能下放。

3.2 建设工程管理的组织结构

3.2.1 建设工程管理组织的概念、作用及构成

（1）建设工程管理组织的概念

建设工程管理组织是在整个建设工程中从事各种管理工作的人员的组合。

建设工程的业主、承包商、设计单位、材料设备供应单位都有自己的建设工程管理组织，这些组织之间存在各种联系，有各种管理工作、责任和任务的划分，形成建设工程总体的管理组织系统。这种组织系统和建设工程组织存在一致性，故一般情况下并不明确区分建设工程组织和建设工程管理组织，而将其视为同一个系统。

在建设工程中，业主建立的或委托的项目经理部居于整个建设工程组织的中心位置，在整个建设工程实施过程中起决定性作用。项目经理部以项目经理为核心，有自己的组织结构和组织规则。

（2）建设工程管理组织的作用

从组织与建设工程目标关系的角度看，建设工程管理组织的根本作用是保证建设工程目标的实现。主要体现在以下几点。

①合理的管理组织可以提高项目团队的工作效率

建设工程管理组织可以采用不同的形式，对于同一建设工程来说，在某一特定的建设工程环境采取不同的管理组织结构形式，项目团队的工作效率会有不同的结果。积极、有效的管理组织结构形式将更有利于提高和调动项目团队成员的积极性，减少不必要的决策层次，从而提高项目团队的工作效率。

②管理组织的合理确定，有利于建设工程目标的分解与完成

任何一个建设工程的目标都是由不同的子目标构成的。合理的管理组织将会使建设工程目标得到合理地分解，使各组织单元的目标与建设工程总体目标之间相互有机协调，保障建设工程最终目标的实现。

③合理的建设工程组织可以优化资源配置，避免资源浪费

建设工程组织是考虑建设工程自身特点、建设工程承担单位的情况等各方面因素后确定的。它要在保证承担单位总体效益和保证委托方利益之间作出平衡。合理的建设工程管理组织将有利于各种资源的优化配置与利用，有利于建设工程目标的完成。

④有利于建设工程工作的管理

组织结构形式确定后，项目团队成员可以在建设工程组织结构图中找到自身的位置与工作责任，使项目团队成员对建设工程有一种依赖与归属感，这为建设工程组织带来相对的稳定，这种相对稳定是完成建设工程目标所必需的。随着建设工程工作的持续开展，原有的组织结构形式可能不能完全适应需要，原来的稳定需要打破，需要进行组织调整或组织再造，使建设工程的组织结构更加适合建设工程、资源和工作环境。例如，可行性研究阶段的组织结构形式就不适合设计阶段的组织结构形式，同样，设计阶段的组织结构形式也不适合施工阶段的组织结构形式。良好的建设工程组织工作在建设工程组织的稳定与调整中会发挥重要的平衡作用。

建设工程组织和建设工程管理组织视为同一系统。

建设工程组织的核心——项目经理部。项目经理部的核心——项目经理。

战略层又分为战略决策层和战略管理层两个层次。

⑤有利于建设工程内外关系的协调

科学合理的建设工程组织工作有利于建设工程内外关系的协调。建设工程组织工作要求对建设工程的组织结构形式、权力机构、组织层次等方面进行深入的研究，对相互的责任、权利与义务进行合理的分配与衔接，为项目经理在指挥、协调等各方面工作都创造良好的组织条件，使建设工程保持高效的内外部信息交流，有利于建设工程在积极、和谐的环境中开展，保障建设工程目标的顺利实现。

（3）建设工程的组织构成

按照组织效率原则，应建立一个规模适度、组织结构层次较少、结构简单，能高效率运作的建设工程组织。由于现代建设工程规模大，参加单位多，造成组织结构非常复杂。组织结构设置常常在管理跨度与管理层次之间进行权衡。

在建设工程的组织构成方面，要注意把握两个关系：

①管理层次与管理跨度的关系

所谓管理层次，就是在职权等级链上所设置的管理职位的级数。

A.管理层次。

a.根据建设工程目标的层次性，任何一个建设工程的管理都可分为多个不同的管理层次。

b.管理层次是指从公司最高管理者到最下层实际工作人员之间的不同管理阶层。

c.管理层次按从上到下的顺序通常分为决策层、协调层、执行层和操作层：

● 决策层是指管理目标与计划的制订者，对建设工程进行重大决策，为建设工程负责。

● 协调层是决策层的重要参谋、咨询层，是协调建设工程内外事务和矛盾的技术与管理核心，是建设工程质量、进度、成本的主要控制监督者。

● 执行层是指直接调动和安排建设工程活动、组织落实建设工程计划的阶层，是建设工程具体工作任务的分配监督和执行者。

● 操作层是指从事和完成具体任务的阶层。

不同的层次所负责的不同建设工程目标，如图3.2所示。

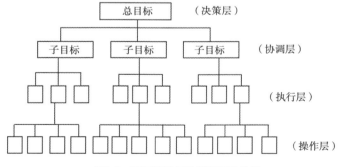

图3.2 不同管理层的建设工程目标

一个建设工程管理层次的多少不是绝对的，但管理层次过多将产生信息流通的障碍和决策效率与工作效率的低下。

B.管理跨度。

管理跨度是指一名管理人员所直接管理下级的人数。

C.管理层次与管理跨度的关系。

一般来说,管理层次与管理跨度是相互矛盾的,管理层次过多势必要减少管理跨度,同样管理跨度增加,也会减少管理层次。

D.影响组织管理幅度与管理层次的因素。

a.工作能力:管理者深得人心又能激励部属努力工作应该有较大的管理幅度。如果按照职位要求进行员工培训,提高员工素质,使所有员工都知道该干的工作,尽力执行、妥善完成任务,不需要管理者过多的指正,管理幅度可以非常大。

b.工作内容和性质:如果员工从事的工作相似性高,常规性或者不太重要的工作,管理者需要运用的管理控制工作就较少。许多专业人员工作时不需要太多的控制,管理幅度可以非常大,如医生、律师、教授、工程师等。

c.工作条件:管理幅度还受到人员的位置,以及管理和信息距离的限制,管理者在稳定的状况下比在动态环境下更能对较宽的管理幅度的组织进行更有效的管理。

E.管理跨度大小与管理层次多少的利弊。

管理幅度小的主要优点在于上级能严密地监督、控制下级工作。管理幅度小的群体其凝聚力较高,比大的群体更易于产生更大的个人满足感,主要是因为有更多的参与机会,能更好地理解群体目标,与更大的群体相比决策速度要快些。它的缺点在于上级太多地介入下级的工作;过多的管理层次会导致管理费用的增加以及最低层距离最高层太远。管理者和相关辅助人员的增加,就需要增加办公空间,管理者与部属之间费时沟通的频度和强度增加,这些都明显的增加了组织的管理成本。由于分工太细,存在的部门太多,造成了各部门内工作效率虽然可以很高,但部门之间工作效率低下,部门间的合作也日益困难,要完成一件工作必须经过许多部门,如果协调不好,就会导致误会;重要的无形成本包括信息经多个管理层传递发生的失真,信息过滤经常导致时间和金钱的损失。有些有形和无形的成本都与管理幅度狭窄有关。随着管理幅度的增大,员工受到上级的指导和监督减少,员工承担更大的责任,得到上级的信任、提高士气,能够激发员工潜能和发挥员工的创造性从而使工作完成得更圆满,为员工发展提供了机会,使员工产生充分的信心。在扁平化组织中,通过减少中间层次,缩短上下层间的距离,扩大业务部门的权力,可以提高信息传递的速度,促进上下级间的有效沟通,使组织更加快速的适应外部变化、抓住机会,快速作出合理的决策,大大提高行政效率。一般来说,管理幅度大的不利之处在于上级工作负担过重,易造成决策瓶颈,上级对下级有失控的危险,因而需要特别素质的管理者。

②组织活动原理

在研究建设工程组织活动的问题时要注意四个方面的问题:组织要素的有用性、要素相关性、要素的能动性和运动规律性。

A.组织要素的有用性:一个组织中基本要素是人、财、物、信息、时间等,这些要素都是有用的。只有具体分析发现各要素的特殊性,充分利用其优点或长处,才能更好地发挥每一要素的作用。

B.要素相关性：组织内部各要素之间存在着既互相联系，又互相制约的关系。

C.要素的能动性：组织中最活跃、最重要的要素是人。应当采取各种手段和方式，调动组织内所有人的积极性，使其主观能动性充分发挥出来。

D.规律效应性：客观世界是不以人的意志而存在和运动着的。

当组织规模相当有限时，一个管理者可以直接管理每一位人员的活动，这时组织就只存在一个管理层次。而当规模的扩大导致管理工作量超出了一个人所能承担的范围时，为了保证组织的正常运转，管理者就必须委托他人来分担自己的一部分管理工作，这使管理层次增加到两个层次。随着组织规模的进一步扩大，受托者又不得不进而委托其他的人来分担自己的工作，以此类推，而形成了组织的等级制或层次性管理结构。

从一定意义上来讲，管理层次是一种不得已的产物，其存在本身带有一定的副作用。首先，层次多意味着费用也多。层次的增加势必要配备更多的管理者，管理者又需要一定的设施和设备的支持，而管理人员的增加又加大了协调和控制的工作量，所有这些都意味着费用的不断增加。其次，随着管理层次的增加，沟通的难度和复杂性也将加大。一道命令在经由层次自上而下传达时，不可避免地会产生曲解、遗漏和失真。由下往上的信息流动同样也困难，也存在扭曲和速度慢等问题。此外，众多的部门和层次也使得计划和控制活动更为复杂。一个在高层显得清晰完整的计划方案会因为逐层分解而变得模糊不清失去协调。随着层次和管理者人数的增多，控制活动会更加困难，但也更为重要。显然，当组织规模一定时，管理层次和管理幅度之间存在着一种反比例的关系。管理幅度越大，管理层次就越少；反之，管理幅度越小，则管理层次就越多。这两种情况相应地对应着两种类型的组织结构形态，前者称为扁平型结构，后者则称为高耸型结构。

3.2.2 建设工程管理组织结构形式

（1）直线型组织结构

直线型组织结构是出现最早、最简单的一种组织形式，也称"军队式组织"。

①直线型组织结构的特点

组织中上下级呈直线型的权责关系，各级均有主管，主管在其所辖范围内具有指挥权，组织中每一个人只接受上级的指示。

②直线型组织结构的优点

结构简单，责权分明、命令统一，反应迅速，联系、沟通简捷，工作效率高。

③直线型组织结构的缺点

分工欠合理、横向联系差，对主管的知识及能力要求高。这种组织结构形式适用于建设工程的现场作业管理。

常见的直线型组织结构图，如图3.3所示。

（2）职能型组织

职能式组织形式是最基本的，是目前使用比较广泛的建设工程组织形式。

职能式建设工程管理组织模式有两种表现形式：

将一个大的建设工程按照公司行政、人力资源、财务、各专业技术、营销等职能部门的特点与职责，分成若干个子建设工程，由相应的各职能单元完成各方面的工作。

对于一些中小建设工程，在人力资源、专业等方面要求不宽的情况下，根据建设工程专业特点，直接将建设工程安排在公司某一职能部门内部进行，在这

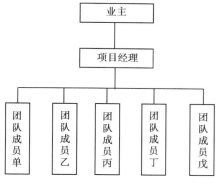

图3.3　直线型组织结构图

种情况下项目团队成员主要包括该职能部门的相关人员，这种形式目前在国内各咨询公司中经常见到。

①职能型组织结构的特点

各级直线主管都配有通晓所涉及业务的各种专门人员，直接向下级做出指示。即组织内除直线主管外还应相应地设立一些职能部门，分担某些职能管理的业务，这些职能部门有权向下级部门下达命令和指示。

下级部门除接受上级直线主管的领导外，还必须接受上级各职能部门的领导和指示。

②职能型组织结构的适用范围

A.适合于生产、销售标准产品的企业。

B.采用职能型组织结构的公司有时也进行建设工程工作，但主要是公司内部建设工程，而不是为外部客户服务，如新产品开发、公司管理信息系统开发、新办公室装修、公司规章制度完善等。

③职能型组织结构的优点

A.项目团队中各成员无后顾之忧。由于各建设工程成员来自各职能部门，在建设工程工作期间所属关系没有发生变化，建设工程成员不会为将来建设工程结束时的去向担忧，因而在工作中能客观地为建设工程考虑。

B.各职能部门可以在本部门工作与建设工程工作任务的平衡中去安排力量，当项目团队中的某一成员因故不能参加时，其所在的职能部门可以重新安排人员予以补充。

C.当建设工程全部由某一职能部门负责时，建设工程的人员管理与使用上变得更为简单，使之具有更大的灵活性。

D.项目团队的成员有同一部门的专业人员作技术支撑，有利于建设工程的专业技术问题的解决。

E.有利于公司建设工程发展与管理的连续性。由于是以各职能部门为基础，所以建设工程的管理与发展不会因项目团队成员的流失而有过大的影响。

④职能型组织结构的缺点

A.项目经理没有正式的权威性。由于项目团队成员分散于各职能部门，团队成

员受职能部门与项目经理的双重领导,而相对于职能部门来说,项目经理的约束显得更为无力。

B.项目团队中的成员不易产生事业感与成就感。团队中的成员普遍会将建设工程的工作视为额外工作,对建设工程中工作没有更多的热情。这对建设工程的质量与进度都会产生较大的影响。

C.对于参与多个建设工程的职能部门,特别是对于某个人来说,不利于建设工程之间的投入力量安排。

D.不利于不同职能部门团队成员之间的交流。

E.建设工程的发展空间容易受到限制。

常见的职能式组织结构,如图3.4所示。

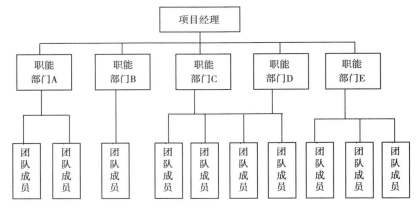

图3.4 职能型组织形式图

（3）项目型组织

①项目型组织适用范围

A.适合于经营业务是建设工程,不生产标准产品的企业。

B.广泛应用于建筑业、航空航天业等价值高、周期长的大型建设工程。

C.也能应用到非营利机构,如募捐活动的组织、小镇百年庆祝活动、大型聚会等。

②项目型组织优点

A.项目经理是真正意义上的建设工程负责人。项目经理对建设工程及公司负责,团队成员对项目经理负责,项目经理可以调动团队内外各种有利因素,因而是真正意义上的建设工程负责人。

B.团队成员工作目标比较单一。独立于原职能部门之外,不受原各自工作的干扰,团队成员可以全身心地投入到项目工作中去,也有利于团队精神的形成和发挥。

C.项目管理层次相对简单,使建设工程管理的决策速度、响应速度变得快捷起来。

D.建设工程管理指令一致。命令主要来自于项目经理,团队成员避免了多头领导、无所适从的情况。

E.建设工程管理相对简单,使建设工程费用、质量及进度等控制更加容易进行。

F.项目团队内部容易沟通。

G.建设工程需要长期工作时，在项目团队的基础上容易形成一个新的职能部门。

③项目型组织缺点

A.容易出现配置重复，资源浪费的问题。如果一个公司多个建设工程都按项目式进行管理组织，那么在资源的安排上很可能出现建设工程内部利用率不高，而建设工程之间则是重复与浪费的现象。

B.项目组织成为一个相对封闭的组织，公司的管理与对策在建设工程管理组织中贯彻可能遇到阻碍。

C.项目团队与公司之间的沟通基本上依靠项目经理，容易出现沟通不够和交流不充分的问题。

D.项目团队成员在建设工程后期没有归属感。团队成员不得不投入相当的精力来考虑建设工程结束后的工作，影响建设工程的后期工作。

E.由于建设工程管理组织的独立性，使建设工程组织产生小团体的观念，在人力资源与物资资源上出现"囤积"的思想，造成资源浪费；同时，各职能部门考虑其独立性，对其资源的支持会有所保留，影响建设工程的最后完成。

常见的项目型组织形式结构图，如图3.5所示。

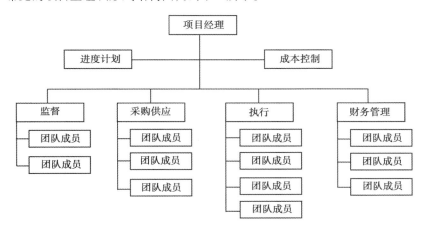

图3.5　项目型组织结构图

（4）矩阵型组织

矩阵型组织结构中，参加建设工程的人员由各职能部门负责人安排，而这些人员的工作，在建设工程工作期间，建设工程工作内容上服从项目团队的安排，人员不独立于职能部门之外，是一种暂时的、半松散的组织形式，项目团队成员之间的沟通不需通过其职能部门领导，项目经理往往直接向公司领导汇报工作。建设工程组织机构与职能部门共同采用矩阵的形式来设置建设工程管理的组织机构，对建设工程进行管理，既发挥职能部门的纵向优势，又发挥建设工程组织的横向优势。

①矩阵型组织的适用范围

A.适合于需要同时承担多个规模及复杂程度不同的建设工程管理的企业。

B.项目经理对建设工程的结果负责,职能经理负责提供所需资源。

C.在矩阵型组织结构中,明确项目经理和职能经理任务和管理职能分工很重要。建设工程矩阵型组织结构是职能型组织结构和建设工程型组织结构的混合。它既有建设工程型组织结构注重建设工程和客户的特点,也保留了职能型组织结构的职能特点。

D.经理是公司与客户之间的媒介,确定做什么(工作内容、何时完成、进度计划)、费用(预算)等问题。职能经理的职责是决定如何完成分配的任务,每项任务由谁负责。

②矩阵型组织的优点

A.团队的工作目标与任务比较明确,有专人负责建设工程的工作。

B.团队成员无后顾之忧。建设工程工作结束时,不必为将来的工作分心。

C.各职能部门可根据自己部门的资源与任务情况来调整、安排资源力量,提高资源利用率。

D.提高了工作效率与反应速度,相对职能式结构来说,减少了工作层次与决策环节。

E.相对项目式组织结构来说,可在一定程度上避免资源的囤积与浪费。

③矩阵型组织的缺点

A.建设工程管理权力平衡困难。矩阵型组织结构中建设工程管理的权力需要在项目经理与职能部门之间平衡,这种平衡在实际工作中是不易实现的。

B.信息回路比较复杂。在这种模式下,信息回路比较多,既要在项目团队中进行,还要在相应的部门中进行,必要时在部门之间还要进行,所以易出现交流、沟通不够的问题。

C.建设工程成员处于多头领导状态。建设工程成员正常情况下至少要接受两个方向的领导,即项目经理和所在部门的负责人,容易造成指令矛盾、行动无所适从的问题。

常见的矩阵型组织结构图,如图3.6所示。

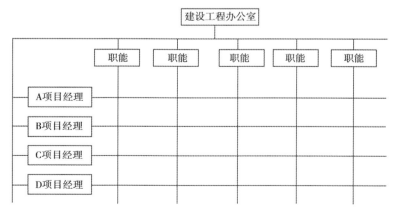

图3.6 矩阵型组织结构图

根据项目经理与部门经理之间的权力分配，矩阵型组织结构又可分为弱矩阵、平衡矩阵和强矩阵。

④弱矩阵型组织形式

弱矩阵型组织保留了职能型组织的许多特征，子项目经理的角色更类似于协调人或督促人，而不是一位经理，如图3.7所示。

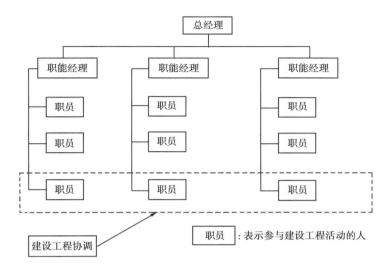

图3.7　弱矩阵型组织结构图

⑤平衡矩阵型组织形式

平衡矩阵型组织承认设置项目经理的必要性，但项目经理对于工程建设工程无完全支配权，其组织结构图如图3.8所示。

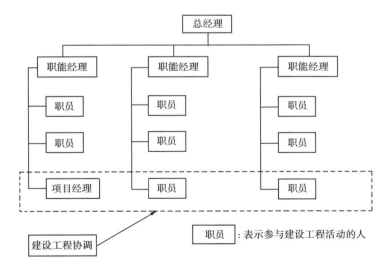

图3.8　平衡矩阵型组织结构图

⑥强矩阵型组织形式

强矩阵型组织则具有项目式组织的许多特征,全职项目经理和全职的建设工程行政人员拥有相当大的权限,其组织结构图如图3.9所示。

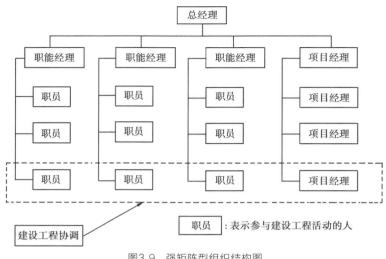

图3.9 强矩阵型组织结构图

上述四种组织结构形式的特点概述见表3.1。

表3.1 各种组织结构形式的特点

组织形式特征	直线型	职能型	矩阵型			项目型
			弱矩阵型	平衡矩阵型	强矩阵型	
项目经理的权限	很大	很少或没有	有限	小到中等	中等到大	很高甚至全权
全职工作人员比率	80%~100%	几乎没有	0~25%	15%~60%	50%~95%	85%~100%
项目经理任务	全职	兼职	兼职	全职	全职	全职
项目经理常用头衔	项目经理建设工程负责人	建设工程协调员建设工程领导人	建设工程协调员建设工程负责人	项目经理建设工程主任	项目经理计划经理	项目经理计划经理
建设工程行政管理人员	全职	兼职	兼职	兼职	全职	全职

3.2.3 影响组织结构选择的因素

（1）建设工程的规模

建设工程的规模直接影响专业化程度（即部门设置的多少）、管理层次、集权程度、规范化以及人员结构等。一般而言,建设工程的整体规模大,组织结构就越复杂,管理层级就越多,分权程度就越高。如果建设工程规模较小,建设工程实施采用较为简单的组织结构即可达到目的。

建设工程的规模对组织结构的影响，见表3.2。

表3.2　建设工程规模对组织结构的影响

组织结构特征因素	小型建设工程	中型建设工程	大型建设工程
管理层次	少	较多	多
管理跨度	员工较少，管理人员管理幅度较大	员工较多，工作不规范，管理人员管理幅度较小	工作内容清晰明确，管理人员管理幅度较大
专业化程度	专业化程度低，一名员工可能担任多种职务	专业化程度较高，分工较细，但职责有一定交叉	专业化程度高，分工细致
集权程度	集权程度高，权力在最高领导层	权力集中在高层领导	权力分散给中下层管理人员
制度化程度	没有标准的作业流程，书面规章作业较少	作业流程逐步完善，具备基本的书面规章制度	作业流程标准化，具备完善的书面规章制度

（2）环境因素

环境包括一般环境和特定环境。一般环境是指对组织管理目标产生间接影响的那些经济、文化以及技术等环境条件。特定环境是指对组织管理目标产生直接影响的那些因素，如政府、顾客、竞争对手、供应商等。

（3）战略因素

高层管理人员的战略选择会影响组织结构的设计。

所谓战略，是指决定和影响组织活动性质及根本方向的总目标，以及实现这一目标的途径和方法。

（4）技术因素

任何组织都需要通过技术将投入转化为产品，因而组织结构就要随着技术的变化而变化。

（5）组织规模

组织规模是影响组织结构的重要因素之一，研究表明，组织规模的扩大，会提高组织的复杂化程度。

（6）人的行为

有证据表明，人可以适应不同的组织结构，可以在不同的组织结构中高效率地工作并获得较高的满足感。但是，由于个人之间的差异，使得不同的人在不同的组织结构和氛围中的工作效率各不相同。

组织结构还受组织内的生产技术活动和组织所处的周围环境的影响。“技术”在这里主要是指组织中投入到产出的过程，组织中技术活动的确定性程度决定了对组织结构有不同的管理和协调要求，确定性程度高，可以加强组织结构的正规化和集中化；反之，则需要组织结构具有较大的灵活性。环境因素包括外部的竞争、购销状况与市场需求，也包括整个社会文化背景的要求与影响。

各种因素对各种组织形式的影响见表3.3。

表3.3　各种因素对组织结构形式的影响

组织结构 影响因素	职能型组织	矩阵型组织	直线型组织	项目型组织
不确定性	低	高	高	高
技术	标准	复杂	复杂	新
复杂程度	低	中等	高	高
周期	短	中等	长	长
规模	小	中等	大	大
重要性	低	中等	高	高
用户	各种各样	中等	单一	单一
依赖性（内）	低	中等	高	高
依赖性（外）	高	中等	低	低
时间紧迫性	低	中等	高	高
差别	小	大	中等	中等

3.2.4　组织工具

组织工具是组织论基本理论应用的手段，如图3.10所示，基本的组织工具有组织结构图、任务分工表、管理职能分工表和工作流程图等。

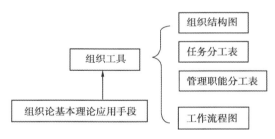

图3.10　基本组织工具

控制建设工程目标的主要措施包括组织措施、管理措施、经济措施和技术措施，其中组织措施是最重要的措施。如果对一个建设工程的建设工程管理进行诊断，应先分析其组织方面存在的问题。建设工程管理诊断主要针对组织问题。影响一个系统目标实现的主要因素除了组织以外，还有人的因素，以及生产和管理的方法与工具等。图3.11描述了控制建设工程目标的主要措施。

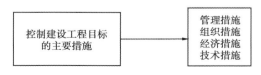

图3.11　控制建设工程目标的主要措施

（1）组织结构图

对一个建设工程的组织结构进行分解，并用图的方式表示，就形成建设工程组织结构图（Diagram of Organizational Breakdown Structure，OBS图），或称建设工程管理组织结构图。建设工程组织结构图反映一个组织系统（如建设工程管理班子）中各子系统之间和各元素（如各工作部门）之间的组织关系，反映的是各工作单位、各工作部门和各工作人员之间的组织关系。建设工程组织结构图的基本内容如图3.12所示。

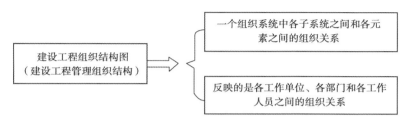

图3.12　建设工程组织结构图的基本内容

一个建设工程的实施除了业主方外，还有许多单位参加，如设计单位、施工单位、供货单位和工程管理咨询单位以及有关的政府行政管理部门等，如图3.13所示。建设工程组织结构图应注意表达业主方以及建设工程的参与单位有关的各工作部门之间的组织关系。

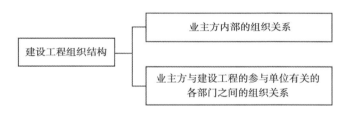

图3.13　建设工程组织结构图中应包括的主体

建设工程组织结构图应反映项目经理和费用（投资或成本）控制、进度控制、质量控制、合同管理、信息管理和组织与协调等主管工作部门或主管人员之间的组织关系，如图3.14所示。

（2）任务分工表

建设工程管理职能分工表是用表的形式反映建设工程管理班子内部项目经理、各工作部门和各工作岗位对各项工作任务的建设工程管理职能分工。为了区分业主方和代表业主利益的建设工程管理方和工程建设监管方等的管理职能，也可以用管理职能分工表表示。任务分工表的构成如图3.15所示。

（3）工作流程图

工作流程图服务于工作流程组织，它用图的形式反映一个组织系统中各项工作之间的逻辑关系。

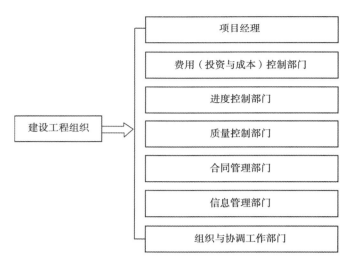

图3.14 建设工程组织结构图应反映的组织关系

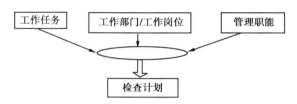

图3.15 任务分工表的基本构成

如图3.16所示,工作流程图可视需要逐层细化,如初步设计阶段投资控制工作流程图、施工图阶段投资控制工作流程图、施工阶段投资控制工作流程图等。

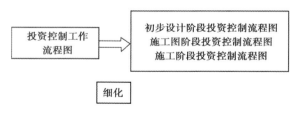

图3.16 工作流程图的细化

合同结构图反映业主方和建设工程各参与方之间,以及建设工程各参与方之间的合同关系。通过合同结构图可以非常清晰地了解一个建设工程有哪些,或者有哪些合同,以及了解建设工程各参与方的合同组织关系。合同结构图,如图3.17所示。

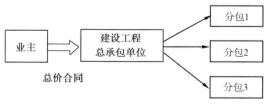

图3.17 合同结构图

3.3 建设工程的项目经理

3.3.1 项目经理的地位和职责
（1）项目经理的地位

①项目经理就是建设工程负责人，负责建设工程的组织、计划、执行和控制工作，以保证建设工程目标的成功实现。

②项目经理是一个项目团队的核心人物，他的能力、素质和工作绩效直接关系建设工程的成败。

③建设工程管理的主要责任是由项目经理承担的，项目经理的根本职责是确保建设工程的全部工作在建设工程预算的范围内，按时、优质地完成，从而使建设工程业主/客户满意。

（2）项目经理的职责

①确保建设工程全部工作在预算范围内按时优质地完成。

②保证建设工程的目标符合上级组织目标。

③充分利用和保管上级分配给建设工程的资源。

④及时与上级就建设工程进展进行沟通。

⑤对项目团队成员负责。需求得到满足，人力资源增值。

⑥客户满意，客户关系改善。

⑦其他利益相关者满意。

3.3.2 项目经理的角色与任务
（1）项目经理的角色

现代项目组织中越来越强调对职员的授权，这是因为项目的环境更加动荡不定，满足客户需求变得更加重要，以至于需要给职员授予更多的权力，使他们能迅速决策，同时让他们能更多地接触客户，了解客户的要求。传统组织中领导命令下级的方式已成为过去，取而代之的是项目经理处于顾问、协调者、老师、支持者的位置上。项目经理的作用是帮助职员有效地完成任务，展现他们的才华。项目经理从传统组织的"金字塔"塔尖走到了"金字塔"的塔底，成了支持成员发展的力量。

现代项目管理中，项目经理作用的转变，使得他们在团队中扮演的角色也发生了变化，他们要努力使自己成为指导者、支持者、协调者和激励者。

①指导者

项目经理应当指导项目资源合理的使用，达到项目目标；帮助工作有困难的员工，发现他们存在的问题；经常与员工讨论解决问题的方法。这意味着项目经理不像一个经理，更像一个授业解惑的老师。

②支持者

项目经理应当通过运用权力支持有困难的员工，使他们走出困境；鼓励员工为项目献计献策，对创造性的思维给予积极的回应。给予支持会让员工感到备受重视，他们会作出更好地反映。

③协调者

项目经理应当化解矛盾，解决冲突，理顺资源和进度上的关系，使团队成员的主要精力转向自己的工作；及时发现可能存在的问题，通过良好的沟通渠道化解矛盾。

④激励者

为了保证团队成员对工作尽心尽责，确保良好的工作业绩，就需要项目经理明白什么能激励员工，了解他们真正的需要，提高团队成员的工作积极性。对工作努力的员工给予赞赏，就好比在给他们加油。告诉员工他们的重要性，试着满足他们的需要，很快就会发现他们个个都是"千里马"。

（2）项目经理的任务

①确定建设工程组织的构成并配备人员，制定规章制度，明确有关人员的职责，组织项目经理部开展工作。

②确定建设工程目标和阶段目标，进行目标分解。

③及时、适时地作出决策，包括投标报价决策、人员任免决策、重大技术组织措施决策、财务工作决策、资源调配决策、进度决策、合同签订及变更决策等。

④协调组织内外的协作配合及经济、技术关系，在授权范围内代理（企业法人）进行有关签证，并进行相互监督、检查，确保质量、工期、成本控制。

⑤建立和完善建设工程信息管理系统。

⑥实施合同，处理好合同变更、洽商纠纷和索赔，处理好总分包关系，搞好有关单位的协作配合。

项目经理与职能主管的角色比较见表3.4。

表3.4　项目经理与职能主管角色比较

比较建设工程	项目经理	职能主管
扮演角色	"帅"/为工作找到适当的人去完成	"将"/直接指导他人完成工作
知识结构	通才/具有丰富经验及知识	专才/技术专业领域专家
管理方式	目标管理	过程管理
工作方法	系统的方法	分析的方法
工作手段	个人实力/责大权小	职位实力/权责对等
主要任务	规定建设工程任务，何时开始、何时达到最终目标，整个过程经费	规定谁负责任务，技术工作如何完成，完成任务的经费

3.3.3 项目经理的素质和能力

由于建设工程具有唯一性、复杂性，在其实施过程中始终面临着各种各样的冲突和问题，这就给项目经理带来了巨大的挑战。要想高效地完成工作，项目经理必须具备勇于承担责任的精神、积极创新的精神、实事求是的作风、任劳任怨积极肯干的作风和很强的自信心。除了上述素质之外，项目经理还应该具备以下八种能力。

（1）获得充分资源的能力

项目经理在建设工程开始之初，要先确定建设工程所需的资源，由于企业的资源是有限的，项目经理要获得充分的资源首先要有合适的预算。通常情况下，由于建设工程实施过程中的不确定性，以及建设工程发起人的过分乐观，建设工程初始的预算经常是不足的。如果建设工程的支出超出建设工程本身的预算，项目经理就需要借助关系，依靠其谈判技巧去向上级部门积极争取完成建设工程所需资源。因此，制定适当的预算，并在需要的时候及时获得所需资源是项目经理所必须具备的能力。

（2）组织及组建团队的能力

项目经理必须了解组织是如何运作的，应该如何与上级组织打交道。组织能力在建设工程的形成及起始阶段非常重要，因为在这一阶段，项目经理需要从组织内部的各职能部门集合人才组成一个有效的团队，这不是简单地画一个建设工程组织图的问题，需要定义建设工程组织内部的报告关系、定义各个成员所需要承担的责任、权力关系以及信息需求及信息流动关系。组织能力需要与计划、沟通、解决冲突的能力相互支持，此外，还需要清楚地定义建设工程目标，构建开放的沟通渠道，获取高层管理人员的支持。

组建团队是项目经理的首要责任，一个建设工程要取得好的效绩，一个关键的要素就是项目经理应该具备把各方人才聚集在一起，组建一个有效的团队。团队建设包括确定建设工程所需人才，从有关职能部门获得人才，向建设工程成员分配相关任务，把成员按任务组织起来，最终形成一个有效的建设工程小组。

要建立这样一个有效的团队，项目经理需要起关键的作用。首先，要在建设工程小组内部建立一个有效的沟通机制。其次，不但自己要以最大的热情投身于建设工程，也要教育建设工程组其他成员建立投身于建设工程的热情。第三，项目经理要关心建设工程成员的成长，对建设工程组成员进行激励。

（3）权衡建设工程目标的能力

建设工程目标具有多重性，如建设工程具有时间目标、成本目标及技术性能目标，这三者之间往往存在着权衡关系，而且在建设工程生命期的不同阶段，建设工程目标的相对重要性也不同。如在建设工程的初期，技术性能目标最重要，每个建设工程组成员都应明确本建设工程最终要达到的技术目标；而到建设工程中期，成本目标往往被优先考虑，此时项目经理的一项重要任务就是要控制成本；到了建设工程后期，时间目标则最为重要，此时项目经理所关注的是，在预算范围内，在实现技术目标的前提下，如何保证建设工程按期完成。另外，建设工程目标与企业目标及个人目标之间也存在着权衡关系。如果项目经理同时负责几个建设工程，则项目经理就需要在不同建设工程之间进行权衡。总之，在建设工程实施过程中，处处存在这种权衡关系，项目经理应该具备这种权衡的能力。

（4）应对危机及解决冲突的能力

建设工程的唯一性意味着建设工程常常会面临各种风险和不确定性，会遇到各种各样的危机，如资源的危机、人员的危机等。项目经理应该具有对风险和不确定性进行评价的能力，同时通过经验的积累及学习过程提高果断应对危机的能力。另外，项目经理还应通过与建设工程成员之间的密切沟通及早发现问题，预防危机的出现。

建设工程的特征之一就是冲突性。在建设工程管理过程中存在着建设工程组成员之间、建设工程组与公司之间、建设工程组与职能部门之间、建设工程与顾客之间的各种各样的冲突。冲突的产生会造成混乱，如果不同有效地解决或解决问题的时间延长，就会影响团队成员的凝聚力，最终会影响建设工程实施的结果。然而，冲突又是不可避免的，唯一可行的就是如何去解决它。

冲突得到有效解决的同时还可以体现出它有益的一面，它可以增强建设工程组成员的参与性，促进信息的交流，提高人们的竞争意识。了解这些冲突发生的关键并有效地解决它是项目经理所应具备的一项重要能力。

项目经理要学会在建设工程冲突的旋涡中进行斡旋，而不是激化，求得利益的平衡，努力实现建设工程的和谐管理。

（5）谈判及广泛沟通的能力

由于建设工程在整个生命期中存在各种各样的冲突，项目经理的谈判能力就成为能否顺利解决冲突的关键。上述几个方面的能力都需要项目经理具备谈判的技巧，只有这样，才能获得充分的资源，解决建设工程实施中存在的问题，最终保证建设工程的成功实施。

项目经理是建设工程的协调者，其大部分精力都应花费在沟通管理上，这包括与企业高层管理人员的沟通，与外部顾客的沟通，与职能部门经理的沟通以及与建设工程组织成员的沟通。项目经理必须充分理解建设工程的目标，对建设工程的成功与失败有一个清楚的定义，在必要的时候做必要的权衡。衡量建设工程是否成功的一个重要方面就是顾客是否接受建设工程结果，项目经理要明确这一点，就必须保持与顾客的持续不断的沟通，时刻了解顾客的需求及其变化。

（6）领导才能及管理技能

由于项目经理权力有限，却又不得不面对复杂的组织环境，肩负保证建设工程成功的责任，因此，项目经理需要具有很强的领导才能。具体而言，他要有快速决策的能力，即能够在动态的环境中收集并处理相关信息，制定有效的决策。

由于建设工程有其一定的生命期，通常只持续一段时间，因此，有关决策的制定必须快速而有效，这就要求项目经理应该能够及时发现对建设工程结果产生影响的问题，并迅速决策，予以解决。

项目经理的领导才能取决于个人的经验及其在组织内部所获得的信任度。作为项目经理，有效的领导风格应该具备如下特征：

①有清楚的领导意识和清楚的行动方向。

②能辅助建设工程成员解决问题。

③能使新成员尽快地融入团队中来。

④具有较强的沟通能力。

⑤能够权衡方案的技术性、经济性及其与人力因素之间的关系。

项目经理在具备领导才能的基础上，还应掌握一定的管理技能，如计划、人力资源管理、预算、进度安排及其他控制技术。其中，计划能力是对项目经理的一项最基本的管理技能要求，特别是当项目经理在管理一个大型的、复杂的建设工程时。在建设工程开始之前，项目经理有必要制订一个建设工程的总体计划，计划应该作为一个蓝本，是建设工程整个生命期中的指导性文件。

项目经理应该意识到，在建设工程的实施过程中，变化是不可避免的，应该允许在计划的基础上做必要的改变，此外，太过具体的计划有可能抑制创造力，因此，项目经理在计划方面应具有一定的灵活性。制订有效的建设工程计划，同时需要项目经理具备如下能力：信息处理能力、沟通能力、渐进计划能力、确定里程碑事件的能力、争取高层领导的参与与支持的能力。

对于一个非常大型的建设工程，项目经理不可能掌握所有的管理技术，但项目经理应该了解公司的运作程序及有关的管理工具，在必要的时候，项目经理应该懂得授权，从管理的细节中摆脱出来。建设工程的行政管理工具有：会议、报告、总结、预算和进度安排、控制。项目经理应该对这些管理工具十分熟悉，以便知道如何有效地运用它们。

（7）技术能力

对项目经理的另一个最基本的要求就是他应该懂技术，具有较强的技术背景，而且要了解市场，对建设工程及企业所处的环境有充分的理解，这样有助于有效地寻找建设工程的技术解决方案并进行技术创新。项目经理不必是该领域的技术带头人，但要求他对有关技术比较精通，这样有助于项目经理对建设工程的技术问题有一个全面的了解，并及时作出有关的技术决策。

项目经理的技术能力应该包括：技术的参与能力；能够运用有关的技术工具；能够理解顾客对建设工程的技术要求；了解产品（建设工程）的技术应用价值；了解技术的演变趋势；懂得各项支持技术之间的关系。

（8）自我管理的能力

自我管理不是指使用某种特定的时间管理系统；它是指了解自己如何工作，然后充分利用自己的优势，同时弥补自己的弱点。自我管理的重点是分辨轻重缓急。自我管理不但要使自己在目前的工作中向成功迈进，更要使自己能够决定自己几年之后的状态，不断充实自己、不断完善自己、不断推销自己。良好的自我管理能使人顺利完成自己的工作，处理好意外事件等所有自身要做的事情。可根据表3.5的处理法则进行自我管理。

表 3.5　自我管理的处理法则

	紧　急	不紧急
重要	危机Ⅰ 紧迫的事情 有期限压力的计划	防患于未然Ⅱ 改进产能 建立人际关系 发掘新机会 规划、休闲
不重要	不速之客Ⅲ 某些电话 某些信件与报告 某些会议 必要而不重要的问题 受欢迎的活动	烦琐的工作Ⅳ 某些信件 某些电话 浪费时间之事 有趣的活动

项目经理如何组织项目团队和实施

通常,体制较好的公司,都会有比较健全的人力资源计划,有的公司甚至为自己未来10年的人力计划都已经规划出来了,在一个建设工程里,也应该计划我们的人力计划。

在以强矩阵式(即公司在建设工程经营上,以部门为主导,项目团队人员来自各部门,其部门经理有实际的管理权限,项目团队临时组建,团队成员同时参与几个不同的建设工程)的工程公司,各部门均会有能力不同层次的员工,解决问题的能力或工作能力各有不同。

(1)分析好该公司现有的人力结构和资源情况

①列出问题所在,可能的问题有:

a.前期分析可指派的人较少,对于小建设工程,公司上层不够重视;

b.产品稳定性不好,可能需要更换的产品较多,需要更多的调试时间;

c.负责实施的人员(客服部)解决问题和执行力有待加强,需要加强新手指导,或需要更多的时间;

d.该公司还缺乏工程观念,实行工程类管理方式有点困难,且各部门大多无法找得到工程经验较足的人员,缺乏指导,需要项目经理更加细化到每个角落,以弥补缺少经验造成问题考虑的不周全;

e.需要加强沟通;

②项目经理的做法。

a.得到公司上层的支持,得到一定的权限;

b.组织营销、研发部人员和客户约谈,作好需求分析;

c.出具需求分析报告,由客户确认,召集客服部、研发部进行工作结构分解,了解公司研发能力和实施能力,并据此编制工程进度计划和建设工程组织计划;

d.着重考虑产品的不稳定性和建设工程执行力,在进度计划和建设工程组织中,应该预留更多的时间应对产品更换、调试和实施。在进度计划表中标识里程碑,亲自参与产品调试的各个环节,协调人员尽量对产品测试进行系统全面的检验,以期产品性能更加稳定。根据测试结果,结合工程,召集研发、客服、营销部进行初步结果确认。更新建设工程进度计划和建设工程组织计划;

e.组织生产实施,在这个过程中,留意生产过程中产生的问题,需要立即解决问题。

f.产品生产完成后或进行中,进行系统的预演,确保实施前能够尽量发现所有的问题。

g.召集研发、客服进行实施前的工作分解,要求客服部较有经验的员工对新员工进行该建设工程的指导,进行实施前的动员;

h.跟踪实施过程,进行强有力的指导;

i.组织客户对成果进行验收;

j.竣工建设工程管理培训。

（2）出现的问题并考虑规避的办法

项目经理面对的经常是工作上的推诿，事情找不到明确的自然人来负责，这一方面是由于各部门经理对该小型建设工程的不重视，部门内部对人员和新手的管理和指导也不完善。一方面产品的不稳定在建设工程中又一次得到验证，稳定性极差。

在建设工程进行过程中，一些员工缺少必要的责任心，也许下一步应该以强有力的硬性规定来解决这些问题，但需要得到公司上层的支持。

简短回顾

建设工程的特点决定了建设工程组织结构的特点，也决定了项目经理必须具备的与公司经理不同的能力。我们在充分了解各种组织结构的特点的基础上选择与之相适应的组织结构形式，保证建设工程目标的顺利完成。

复习思考题

1.简述组织设计的主要内容。

2.简述建设工程组织结构的构成要素和设计原则。

3.什么是职能式组织结构，职能式组织结构有哪些优缺点？

4.什么是项目式组织结构，项目式组织结构有哪些优缺点？

5.什么是矩阵式组织结构，矩阵式组织结构有哪些优缺点？

6.项目经理应具备哪些能力和素质？

4 建设工程实施控制与管理

本章导读

建设工程的实施控制与管理是一个系统工程,系统工程作为一门科学技术虽然形成于20世纪中叶,但系统工程的思想方法和实际应用可追溯到远古时代。在水利建设方面,战国时期,秦国太守李冰父子主持修建了四川都江堰工程。这一伟大的水利工程巧妙地将分洪、引水和排沙结合起来,使各部分组成一个整体,实现了防洪、灌溉、行舟、漂木等多种功能,至今,该工程仍发挥着重大的经济效益,是我国古代水利建设的一大杰出成就。近代科学技术的发展,特别是计算机的出现和广泛使用,使系统工程在世界范围内迅速发展起来,许多国家有不少成功的重大研究成果。通过本章内容的学习,相信大家可以更好地理解如何从系统工程的角度进行建设工程的实施控制与管理。

4.1 建设工程实施控制与管理要素、任务

4.1.1 建设工程实施控制与管理要素

(1)建设工程实施控制的对象

现代工程项目要求系统的、综合的控制,形成一个由总体到细节,包括各个方面、各种职能的严密的多维的控制体系。

工程项目控制的对象主要包括:

A.工程项目结构的各层次的单元,包括工作包和各个工程活动,它们是控制最主要的对象。

B.项目的各个生产要素,包括劳动力、材料、设备、现场、费用等。

C.项目管理任务的各个方面如成本、质量、工期、合同等。

D.工程项目的实施过程的秩序、安全、稳定性等。项目控制的深度和广度完全依赖于设计和计划的深度和广度以及计划的适用性。一般来说,计划越详细,越严密,则控制就必须越严密。

为了便于有效地控制和检查,对控制对象要设置一些控制点。控制点通常都是关键点,能最佳地反映目标。控制点一般设置在:

a.重要的里程碑事件上;

b.对工程质量有重大影响的工程活动或措施上;

c.对成本有重大影响的措施上;

d.标的（合同额、工程范围）大，持续时间长的主要合同上；

e.主要的工程设备、主体工程上。

（2）建设工程实施控制的内容

项目实施控制包括极其丰富的内容，以前人们将它归纳为三大控制，即进度（工期）控制、成本（投资、费用）控制、质量控制，这是由项目管理的三大目标引导出的。这三个方面包括了工程实施控制最主要的工作，此外还有一些重要的控制工作，例如，合同控制、风险控制、项目变更管理及项目的形象管理。控制经常要采取调控措施，而这些措施必然会造成项目目标、对象系统、实施过程和计划的变更，造成项目形象的变化。

尽管按照结构分解方法，控制系统可以分解为几个子系统，本章也是分别介绍各种控制工作内容，但要注意，在实际工程中，这几个方面是互相影响、互相联系的，所以强调综合控制。在分析问题，作项目实施状况诊断时必须综合分析成本、进度、质量、工作效率状况并作出评价。在考虑调整方案时也要综合地采取技术、经济、合同、组织、管理等措施，对进度、成本、质量进行综合调整。如果仅控制一两个参数会容易造成误导。

4.1.2 建设工程实施控制与管理的任务

在现代管理理论和实践中，控制有着十分重要的地位。在管理学中，控制包括提出问题、研究问题、计划、控制、监督、反馈等工作内容。实质上它已包括了一个完整的管理全过程，是广义的控制。而本书中的控制指在计划阶段后对项目实施阶段的控制工作，即实施控制，它与计划一起形成一个有机的项目管理过程。

工程项目控制的主要任务有两个方面：一是把计划执行情况与计划目标进行比较，找出差异，对比较的结果进行分析，排除产生差异的原因，使总体目标得以实现。这个过程可归纳为：出现偏差—纠偏—再偏—再纠偏……称为被动控制。二是预先找出项目目标的干扰因素，预先控制中间结果对计划目标的偏离，以保证目标的实现，称为主动控制。项目实施控制的总任务是保证按预定的计划实施项目，保证项目总目标的圆满实现。

4.2 建设工程的进度控制

建设工程项目管理有多种类型，代表不同利益方的项目管理（业主方和项目参与各方）都有进度控制的任务，但是，其控制的目标和时间范畴是不相同的。

建设工程是在动态条件下实施的，因此，进度控制也就必须是一个动态的管理过程。主要包括以下内容：

①进度目标的分析和论证，其目的是论证进度目标是否合理，进度目标是否可能实现。如果经过科学的论证，目标不可能实现的，则必须调整目标。

②在收集资料和调查研究的基础上编制进度计划。

③进度计划的跟踪检查与调整。包括定期跟踪检查所编制的进度计划执行情

况，若其执行有偏差，则采取纠偏措施，并视必要调整进度计划。如只重视进度计划的编制，而不重视进度计划必要的调整，则进度无法得到控制。为了实现进度目标，进度控制的过程也就是随着项目的进展，进度计划不断调整的过程。

4.2.1 建设工程进度计划

（1）建设工程进度计划系统的概念

进度通常是指工程项目实施结果的进展情况，在工程项目实施过程中要消耗时间（工期）、劳动力、材料、成本等才能完成项目的任务。当然建设工程项目实施结果应该以项目任务的完成情况，如工程的数量来表达。但由于工程项目对象系统（技术系统）的复杂性，常常很难选定一个恰当的、统一的指标来全面反映工程的进度。有时时间和费用与计划都吻合，但工程实物进度（工作量）未达到目标，则后期就必须投入更多的时间和费用。

在现代建设工程项目管理中，进度有两层含义：进度用来表示进展的速度，如"加快进度"；进度也表示进行工作的先后快慢的计划，如"我们已按照进度完成了这道工序"。

建设工程项目进度计划系统是由多个相互关联的进度计划组成的系统，是项目进度控制的依据。由于各种进度计划编制所需要的必要资料是在项目进展过程中逐步形成的，因此，项目进度计划系统的建立和完善也有一个过程，是逐步形成的。

（2）进度计划的表达方式

进度计划的表达方式包括关键日期表、甘特图、关键路线法（Critical Path Method，CPM）、计划评审技术（Program Evaluation and Review Technique，PERT）。

①关键日期表

关键日期表是最简单的一种进度计划表，它只列出一些关键活动和进行的日期。

②甘特图

甘特图也称为线条图或横道图。它是以横线来表示每项活动的起止时间。甘特图的优点是简单、明了、直观，易于编制。因此，到目前为止仍然是小型项目中常用的工具。即使在大型工程项目中，它也是高级管理层了解全局、基层安排进度时十分有效的工具。在甘特图上，可以看出各项活动的开始和终止时间。在绘制各项活动的起止时间时，也考虑它们的先后顺序。但各项活动之间的关系却没有表示出来，同时也没有指出影响项目寿命周期的关键所在。因此，甘特图不足以适应复杂的项目。

③关键路线法（Critical Path Method，CPM）

关键线路法又称关键路线法。它是通过分析项目过程中哪个活动序列进度安排的总时差最少来预测项目工期的网络分析。它用网络图表示各项工作之间的相互关系，找出控制工期的关键路线，在一定工期、成本、资源条件下获得最佳的计划安排，以达到缩短工期、提高工效、降低成本的目的。CPM中工序时间是确定的，这种方法多用于建筑施工和大修工程的计划安排，适用于有很多作业而且必须按时完成的项目。关键路线法是一个动态系统，它会随着项目的进展不断更新，该方法采用单一时间估计法，其中时间被视为一定的或确定的。

④计划评审技术（Program Evaluation and Review Technique，PERT）

CPM和PERT是20世纪50年代后期几乎同时出现的两种计划方法。随着科学技术和生产的迅速发展，出现了许多庞大而复杂的科研和工程项目，CPM和PERT就是在这种背景下出现的。这两种计划方法是分别独立发展起来的，但其基本原理是一致的，即用网络图来表达项目中各项活动的进度和它们之间的相互关系，并在此基础上，进行网络分析，计算网络中各项时间多数，确定关键活动与关键路线，利用时差不断地调整与优化网络，以求得最短周期。然后，还可将成本与资源问题考虑进去，以求得综合优化的项目计划方案。因这两种方法都是通过网络图和相应的计算来反映整个项目的全貌，所以又叫作网络计划技术。

此外，后来还陆续提出了一些新的网络技术，如图示评审技术（Graphical Evaluation and Review Technique，GERT），风险评审技术（Venture Evaluation and Review Technique，VERT）等。

4.2.2　建设工程网络计划技术

（1）网络计划概述

①网络计划技术的特点

网络计划有广泛的适用性。除极少数情况外，它是最理想的工期计划方法和工期控制方法。与横道图相比，它具有以下特点：

A.将项目中的各工作组成了一个有机整体，能全面而明确的反映各工作之间相互制约和依赖的关系；

B.能进行各种时间参数的计算；

C.可抓住项目中的关键工作重点控制，确保项目目标的实现；

D.可以综合反映进度、投资（成本）、资源之间的关系，统筹全局进行计划管理；

E.便于进行优化、调整、取得好、快、省的全面效果；

F.能够利用计算机绘图、计算和动态管理；

G.不如线条图直观明了（时标网络可弥补其不足）。

由于网络计划方法有普遍的适应性，特别是对复杂的大型项目更显示出它的优越性。它是现代项目管理中被人们普遍采用的计划方法。当然，网络的绘制、分析和使用比较复杂，需要计算机作为分析工具。

②网络计划的形式

A.工程网络计划按工作持续时间的特点划分为：肯定型问题的网络计划；非肯定型问题的网络计划；随机网络计划等。

B.工程网络计划按工作和事件在网络图中的表示方法划分为：事件网络——以节点表示事件的网络计划；工作网络：以箭线表示工作的网络计划（双代号网络计划）、以节点表示工作的网络计划（单代号网络计划）。

C.工程网络计划按计划平面的个数划分为：单平面网络计划；多平面网络计划（多阶网络计划、分级网络计划）。

我国《工程网络计划技术规程》推荐的常用工程网络计划类型包括：双代号网络计划；单代号网络计划；双代号时标网络计划；单代号搭接网络计划。

（2）双代号网络计划

双代号网络图是以箭线及其两端节点的编号表示工作的网络图，如图4.1所示。

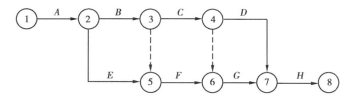

图4.1　双代号网络图

①基本符号

A.箭线（arrow）：工作。

a.在双代号网络图中，每一条箭线表示一项工作。箭线的箭尾节点表示该工作的开始，箭头节点表示该工作的结束。工作的名称标注在箭线的上方，完成该项工作所需要的持续时间标注在箭线的下方，如图4.2（a）所示。由于一项工作需用一条箭线及其箭尾和箭头处两个圆圈中的代号来表示，故称为双代号网络图。

b.在双代号网络图中，任意一条实箭线都要占用时间、消耗资源（有时，只占时间，不消耗资源，如混凝土的养护）。在建筑工程中，一条箭线表示项目中的一个施工过程，它可以是一道工序、一个分项工程、一个分部工程或一个单位工程，其粗细程度、大小范围的划分根据计划任务的需要来确定。

c.虚箭线的作用。在双代号网络图中，为了正确地表达工作之间的逻辑关系，往往需要用虚箭线，其表示方法如图4.2（b）所示。虚箭线是实际工作中并不存在的一项虚拟工作，故其既不占用时间也不消耗资源，一般起着工作之间的联系、区分和断路作用。

（a）　　　　　　　　（b）

图4.2　双代号网络图工作的表示法

联系作用是指运用虚箭线正确表达工作之间相互依存的联系。如A、B、C、D四项工作的相互关系是：A完成后进行B，A、C均完成后进行D，则图形如图4.3所示，图中必须用虚箭线把A和D的前后关系连接起来。

区分作用是指双代号网络图中每一项工作都必须用一条箭线和两个代号表示，若有两项工作同时开始又同时完成，绘图时应使用虚箭线才能区分两项工作的代号，如图4.4所示。

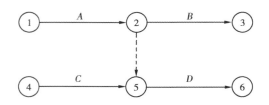

图4.3 虚箭线的联系作用

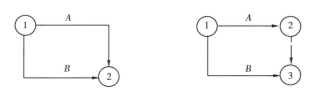

（a）错误画法　　　　　　　（b）正确画法

图4.4 虚箭线的区分作用

断路作用是用虚箭线把没有关系的工作隔开,如图4.5所示。三层墙面抹灰与一层立门窗两种工作本来不应有关系,但在这里却拉上了关系,故而产生了错误。在图4.6中,将二层的立门窗口墙面抹灰两项工作之间加上一条虚箭线,则上述的错误联系就断开了。

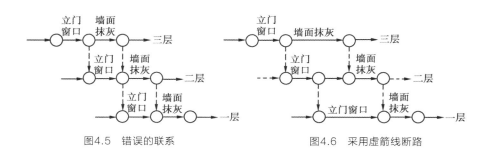

图4.5 错误的联系　　　　　　　图4.6 采用虚箭线断路

在双代号网络图中,各项工作之间的关系如图4.7所示,通常将被研究的对象称为本工作,用i-j表示;紧排在本工作之前的工作称为紧前工作,用h-i表示;紧跟在本工作之后的工作称为紧后工作,用j-k表示,与之平行进行的工作称为平行工作。

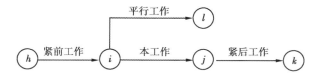

图4.7 工作间的关系

B.节点（nodal point）:事件。

在网络图中,节点就是箭线之间的连接点。在双代号网络图中,节点既不占用时间也不消耗资源，是个瞬间值。即节点只表示工作的开始或结束的瞬间，起承上启下的衔接作用。网络图中有三种类型的节点：

a.起点节点。网络图中的第一个节点称为"起点节点"，它只有外向箭线，一般表示一项任务或一个项目的开始，如图4.8（a）所示。

b.终点节点。网络图中的最后一个节点称为"终点节点"，它只有内向箭线，一般表示一项任务或一个项目的完成，如图4.8（b）所示。

c.中间节点。网络图中既有内向箭线又有外向箭线的节点称为中间节点，如图4.8（c）所示。

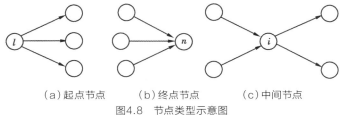

（a）起点节点　　　（b）终点节点　　　（c）中间节点

图4.8　节点类型示意图

在双代号网络图中，节点应用圆圈表示，并在圆圈内编号。一项工作应只有唯一的一条箭线和相应的一对节点，且要求箭尾节点的编号小于其箭头节点的编号。网络图节点编号顺序应从小到大，可不连续，但严禁重复。

C.线路（path）。

a.线路。网络图中从起点节点开始，沿箭头方向顺序通过一系列箭线与节点，最后到达终点节点的通路称为线路。线路上各项工作持续时间的总和称为该线路的计算工期。线路既可依次用该线路上的节点编号来表示，也可依次用该线路上的工作名称来表示。一般网络图有多条线路，可依次用该线路上的节点代号来记述，其中最长的一条线路被称为关键线路，位于关键线路上的工作称为关键工作。

b.关键线路和关键工作。在关键线路法（Critical Path Method，CPM）中，线路上所有工作的持续时间总和称为该线路的总持续时间。总持续时间最长的线路称为关键线路，关键线路的长度就是网络计划的总工期。

在网络计划中，关键线路可能不止一条。而且在网络计划执行过程中，关键线路还会发生转移。

关键线路上的工作称为关键工作。在网络计划的实施过程中，关键工作的实际进度提前或拖后，均会对总工期产生影响。因此，关键工作的实际进度是建设工程进度控制工作中的重点。

②逻辑关系

网络图中工作之间相互制约或相互依赖的关系称为逻辑关系，它包括工艺关系和组织关系，在网络图中应表现为工作之间的先后关系。

A.工艺关系。生产性工作之间由工艺过程决定的、非生产性工作之间由工作程序决定的先后顺序称为工艺关系。

B.组织关系。工作之间由于组织安排需要或资源（人力、材料、机械设备和资金等）调配需要而规定的先后顺序关系称为组织关系。

③双代号网络图的绘制规则

网络图的绘制应正确地表达整个工程或任务的工艺流程和各工作开展的先后顺序及它们之间相互依赖、相互制约的逻辑关系，因此，绘图时必须遵循一定的基本规则和要求。

在绘制双代号网络图时，一般应遵循以下基本规则：

A.网络图必须按照已定的逻辑关系绘制。由于网络图是有向、有序网状图形，所以，必须严格按照工作之间的逻辑关系绘制，这同时也是为了保证工程质量和资源优化配置及合理使用所必需的。例如，已知工作之间的逻辑关系见表4.1，若绘出网络图4.9（a）则是错误的，因为工作A不是工作D的紧前工作。此时，可用虚箭线将工作A和工作D的联系断开，如图4.9（b）所示。

表4.1 工作之间的逻辑关系

工作	A	B	C	D
紧前工作	—	—	A, B	B

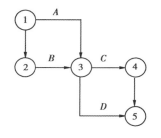

（a）错误画法　　　　　　　　（b）正确画法
图4.9 按表4.1绘制的网络图

B.网络图中严禁出现从一个节点出发，顺箭头方向又回到原出发点的循环回路。如果出现循环回路，会造成逻辑关系混乱，使工作无法按顺序进行。当然，此时节点编号也会发生错误。

C.网络图中的箭线（包括虚箭线，以下同）应保持自左向右的方向，不应出现箭头就不会出现循环回路。

D.严禁出现指向左方的水平箭线和箭头偏向左方的斜向箭线。若遵循该规则绘制网络图，网络图中严禁出现双向箭头和无箭头的连线。因为工作进行的方向不明确，不能达到网络图有向的要求。

E.网络图中严禁出现没有箭尾节点的箭线和没有箭头节点的箭线。图4.10为错误的画法。

F.严禁在箭线上引入或引出箭线，图4.11为错误的画法。

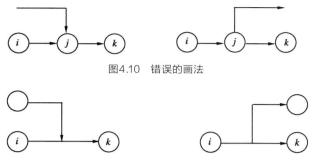

图4.10　错误的画法

图4.11　错误的画法

但当网络图的起点节点有多条箭线引出（外向箭线）或终点节点有多条箭线引入（内向箭线）时，为使图形简洁，可用母线法绘图。即将多条箭线经一条共用的垂直线段从起点节点引出，或将多条箭线经一条共用的垂直线段引入终点节点，如图4.12所示。对于特殊线型的箭线，如粗箭线、双箭线、虚箭线、彩色箭线等，可在从母线上引出的支线上标出。

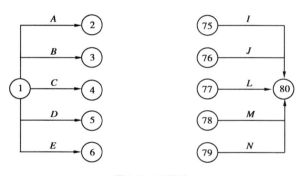

图4.12　母线法

G.尽量避免网络图中工作箭线的交叉。当交叉不可避免时，可采用过桥法或指向法处理，如图4.13所示。

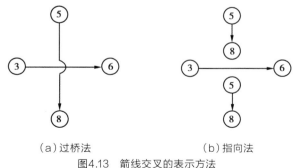

（a）过桥法　　　　　　（b）指向法

图4.13　箭线交叉的表示方法

网络图中应只有一个起点节点和一个终点节点（任务中部分工作需要分期完成的网络计划除外）。除网络图的起点节点和终点节点外，不允许出现没有外向箭线的节点和没有内向箭线的节点。

④绘图示例

现举例说明前述双代号网络图的绘制方法。

【例4.1】 已知各工作之间的逻辑关系见表4.2，则可按下述步骤绘制其双代号网络图。

表4.2　各工作逻辑关系

工　作	A	B	C	D	E
紧前工作	—	—	A	A,B	B

a.绘制工作箭线A和工作箭线B，如图4.14（a）所示。

b.按前述绘图规则中的情况a分别绘制工作箭线C和工作箭线E，如图4.14（b）所示。

c.按前述绘图原则中的情况a绘制工作箭线D，并将工作箭线C、工作箭线D和工作箭线正的箭头节点合并，以保证网络图的终点节点只有一个。当确认给定的逻辑关系表达正确后，再进行节点编号。表4.2给定逻辑关系所对应的双代号网络图，如图4.14（c）所示。

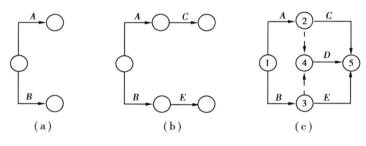

图4.14　例4.1绘制过程

⑤双代号网络计划时间参数的计算

A.双代号网络计划的时间参数概念及其符号，见表4.3。

B.双代号网络计划时间参数的计算。

双代号网络计划时间参数计算的目的在于计算各项工作的时间参数，确定网络计划的关键工作、关键线路和计算工期等，为网络计划的优化、调整和执行提供明确的时间参数和依据。双代号网络计划时间参数的计算方法很多，一般常用的有：工作计算法和节点计算法；在计算方式上又有分析计算法、表上作业法、图上计算法、矩阵计算法和计算机计算法等（本节只介绍工作计算法和节点计算法）。

按工作计算法计算时间参数应在确定各项工作的持续时间之后进行。虚工作必须视同工作进行计算，其持续时间为零。各项工作时间参数的计算结果应标注在箭线之上，如图4.15所示。

表4.3　双代号网络计划的时间参数的概念及符号

序号	参数名称		知识要点	表示方法
				双代号网络图
1	持续时间		指一项工作从开始到完成的时间	$D_{i\text{-}j}$
2	工期	计算工期	根据网络计划时间参数计算而得到的工期	T_c
3		要求工期	是任务委托人所提出的指令性工期	T_r
4		计划工期	指根据要求工期和计算工期所确定的作为实施目标的工期	T_p
5	最早开始时间		指在其所有紧前工作全部完成后，本工作有可能开始的最早时刻	$ES_{i\text{-}j}$
6	最早完成时间		指在其所有紧前工作全部完成后，本工作有可能完成的最早时刻	$EF_{i\text{-}j}$
7	最迟完成时间		在不影响整个任务按期完成的前提下，本工作必须完成的最迟时刻	$LF_{i\text{-}j}$
8	最迟开始时间		在不影响整个任务按期完成的前提下，工作必须开始的最迟时刻	$LS_{i\text{-}j}$
9	总时差		在不影响总工期的前提下，本工作可以利用的机动时间	$TF_{i\text{-}j}$
10	自由时差		在不影响其紧后工作最早开始时间的前提下，本工作可以利用的机动时间	$FF_{i\text{-}j}$
11	节点的最早时间		在双代号网络计划中，以该节点为开始节点的各项工作的最早开始时间	ET_i
12	节点的最迟时间		在双代号网络计划中，以该节点为完成节点的各项工作的最迟完成时间	LT_j
13	时间间隔		指本工作的最早完成时间与其紧后工作最早开始时间之间可能存在的差值	$LAG_{i\text{-}j}$

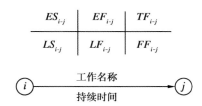

图4.15　工作时间参数标注形式

（注：当为虚工作时，图中的箭线为虚箭线）

a.工作计算法

所谓按工作计算法,就是以网络计划中的工作为对象,直接计算各项工作的时间参数。这些时间参数包括工作的最早开始时间和最早完成时间、工作的最迟开始时间和最迟完成时间、工作的总时差和自由时差。此外,还应计算网络计划的计算工期。

为了简化计算,网络计划时间参数中的开始时间和完成时间都应以时间单位的终了时刻为标准。如第3天开始即是指第3天终了(下班)时刻开始,实际上是第4天上班时刻才开始;第5天完成即是指第5天终了(下班)时刻完成。

下面是按工作计算法计算时间参数的过程。

计算工作的最早开始时间和最早完成时间,应从网络计划的起点节点开始,顺着箭线方向依次进行。其计算步骤如下:

以网络计划起点节点为开始节点的工作,当未规定其最早开始时间时,其最早开始时间为零。

● 工作的最早完成时间可利用式(4.1)进行计算:

$$EF_{i\text{-}j}=ES_{i\text{-}j}+D_{i\text{-}j} \tag{4.1}$$

● 其他工作的最早开始时间应等于其紧前工作最早完成时间的最大值。

● 网络计划的计算工期应等于以网络计划终点节点为完成节点的工作的最早完成时间的最大值。

确定网络计划的计划工期,应按式(4.2)或式(4.3)确定。

● 当已规定了要求工期时,计划工期不应超过要求工期,即:

$$T_p \leqslant T_r \tag{4.2}$$

● 当未规定要求工期时,可令计划工期等于计算工期,即:

$$T_p=T_c \tag{4.3}$$

计算工作的最迟完成时间和最迟开始时间,应从网络计划的终点节点开始,逆着箭线方向依次进行。其计算步骤如下:

● 以网络计划终点节点为完成节点的工作,其最迟完成时间等于网络计划的计划工期,即:

$$LF_{i\text{-}n}=T_p \tag{4.4}$$

● 工作的最迟开始时间可利用式(4.5)进行计算:

$$LS_{i\text{-}j}=LF_{i\text{-}j}-D_{i\text{-}j} \tag{4.5}$$

● 其他工作的最迟完成时间应等于其紧后工作最迟开始时间的最小值。

计算工作的总时差,总时差等于该工作最迟完成时间与最早完成时间之差,或该工作最迟开始时间与最早开始时间之差。

计算工作的自由时差,应按以下两种情况分别考虑:

● 对于有紧后工作的工作,其自由时差等于本工作之紧后工作最早开始时间减本工作最早完成时间所得之差的最小值。

● 对于无紧后工作的工作,也就是以网络计划终点节点为完成节点的工作,其自由时差等于计划工期与本工作最早完成时间之差。

需要指出的是,对于网络计划中以终点节点为完成节点的工作,其自由时差与总

自由时差小于等于总时差。

时差相等。此外，由于工作的自由时差是其总时差的构成部分。所以，当工作的总时差为零时，其自由时差必然为零，可不必进行专门计算。

确定关键工作和关键线路。在网络计划中，总时差最小的工作为关键工作。特别地，当网络计划的计划工期等于计算工期时，总时差为零的工作就是关键工作。

● 找出关键工作之后，将这些关键工作首尾相连，便构成从起点节点到终点节点的通路，位于该通路上各项工作的持续时间总和最大，这条通路就是关键线路。在关键线路上可能有虚工作存在。

● 关键线路上各项工作的持续时间总和应等于网络计划的计算工期，这一特点也是判别关键线路是否正确的准则。

● 在上述计算过程中，是将每项工作的六个时间参数均标注在图中，故称为六时标注法。

● 为使网络计划的图面更加简洁，在双代号网络计划中，除各项工作的持续时间以外，通常只需标注两个最基本的时间参数——各项工作的最早开始时间和最迟开始时间即可，而工作的其他四个时间参数均可根据工作的最早开始时间、最迟开始时间及持续时间推导出。这种方法称为二时标注法。

b.节点计算法

所谓按节点计算法，就是先计算网络计划中各个节点的最早时间和最迟时间，然后再据此计算各项工作的时间参数和网络计划的计算工期。

下面是按节点计算法计算时间参数的过程。

● 计算节点的最早时间，应从网络计划的起点节点开始，顺着箭线方向依次进行。其计算步骤如下：

网络计划起点节点，如未规定最早时间时，其值等于零。

其他节点的最早时间应按式（4.6）进行计算：

$$ET_j=\max\{ET_i+D_{i\text{-}j}\} \tag{4.6}$$

网络计划的计算工期等于网络计划终点节点的最早时间，即：

$$T_c=ET_n \tag{4.7}$$

式中　ET_n——网络计划终点节点 n 的最早时间。

● 网络计划的计划工期，应按式（4.2）或式（4.3）确定。

● 节点的最迟时间。应从网络计划的终点节点开始，逆着箭线方向依次进行。其计算步骤如下：

网络计划终点节点的最迟时间等于网络计划的计划工期，即：

$$LT_n=T_p \tag{4.8}$$

其他节点的最迟时间应按式（4.9）进行计算：

$$LT_j=\min\{LT_i-D_{i\text{-}j}\} \tag{4.9}$$

根据节点的最早时间和最迟时间判定工作的六个时间参数。

● 工作的最早开始时间等于该工作开始节点的最早时间。

● 工作的最早完成时间等于该工作开始节点的最早时间与其持续时间之和。

● 工作的最迟完成时间等于该工作完成节点的最迟时间。即：

$$LF_{i-j}=LT_j \tag{4.10}$$

● 工作的最迟开始时间等于该工作完成节点的最迟时间与其持续时间之差，即：

$$LS_{i-j}=LT_j-D_{i-j} \tag{4.11}$$

● 工作的总时差可根据式（4.1）、式（4.10）和式（4.6）得：

$$TF_{i-j}=LF_{i-j}-EF_{i-j}=LT_j-(ET_i+D_{i-j})=LT_j-ET_i-D_{i-j} \tag{4.12}$$

由式（4.12）可知，工作的总时差等于该工作完成节点的最迟时间减去该工作开始节点的最早时间所得差值再减其持续时间。

● 工作的自由时差等于该工作完成节点的最早时间减去该工作开始节点的最早时间所得差值再减其持续时间。

特别需要注意的是，如果本工作与其各紧后工作之间存在虚工作时，其中的ET_j应为本工作紧后工作开始节点的最早时间，而不是本工作完成节点的最早时间。

在双代号网络计划中，关键线路上的节点称为关键节点。关键工作两端的节点必为关键节点，但两端为关键节点的工作不一定是关键工作。关键节点的最迟时间与最早时间的差值最小。特别地，当网络计划的计划工期等于计算工期时，关键节点的最早时间与最迟时间必然相等。关键节点必然处在关键线路上，但由关键节点组成的线路不一定是关键线路。

当利用关键节点判别关键线路和关键工作时，还须满足下列判别式：

$$ET_i+D_{i-j}=ET_j \quad \text{或} \quad LT_i+D_{i-j}=LT_j$$

如果两个关键节点之间的工作符合上述判别式，则该工作必然为关键工作，它应该在关键线路上。否则，该工作就不是关键工作，关键线路也就不会从此处通过。

在双代号网络计划中，当计划工期等于计算工期时，关键节点具有以下一些特性，掌握好这些特性，有助于确定工作的时间参数。

开始节点和完成节点均为关键节点的工作，不一定是关键工作。

以关键节点为完成节点的工作，其总时差和自由时差必然相等。

当两个关键节点间有多项工作，且工作间的非关键节点无其他内向箭线和外向箭线时，则两个关键节点间各项工作的总时差均相等。在这些工作中，除以关键节点为完成的节点的工作自由时差等于总时差外，其余工作的自由时差均为零。

当两个关键节点间有多项工作，且工作间的非关键节点有外向箭线而无其他内向箭线时，则两个关键节点间各项工作的总时差不一定相等。在这些工作中，除以关键节点为完成的节点的工作自由时差等于总时差外，其余工作的自由时差均为零。

【例4.2】 已知网络计划的资料见表4.4，试绘制双代号网络计划；若计划工期等于计算工期，试计算各项工作的六个时间参数并确定关键线路，并将时间参数标注在网络计划上。

【解】 根据表4.4中网络计划的有关资料，按照网络图的绘图规则，绘制双代号网络图，如图4.16所示。

表4.4 工作逻辑关系图

工作名称	A	B	C	D	E	F	H	G
紧前工作	—	—	B	B	A, C	A, C	D, F	D, E, F
持续时间/d	4	2	3	3	5	6	5	3

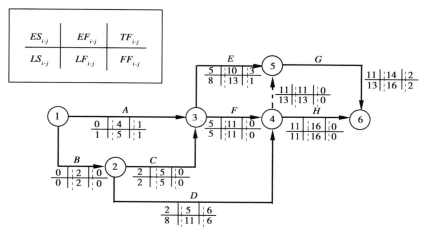

图4.16 双代号网络计划计算实例

计算各项工作的时间参数,并将计算结果标注在箭线上方相应的位置。

①计算各项工作的最早开始时间和最早完成时间

从起始节点(①节点)开始顺着箭线方向依次逐渐计算到终点节点(⑥节点)。

A.以网络计划起点节点为开始节点的各工作的最早开始时间为零:

$$ET_{1-2}=ES_{1-3}=0$$

B.计算各项工作的最早开始时间和最早完成时间:

$$EF_{1-2}=ES_{1-2}+D_{1-2}=0+2=2$$

$$EF_{1-3}=ES_{1-3}+D_{1-3}=0+4=4$$

$$ES_{2-3}=ES_{2-4}=EF_{1-2}=2$$

$$EF_{2-3}=ES_{2-3}+D_{2-3}=2+3=5$$

$$EF_{2-4}=ES_{2-4}+D_{2-4}=2+3=5$$

$$ES_{3-4}=ES_{3-5}=\max\{EF_{1-3}, EF_{2-3}\}=\max\{4, 5\}=5$$

$$EF_{3-4}=ES_{3-4}+D_{3-4}=5+6=11$$

$$EF_{3-5}=ES_{3-5}+D_{3-5}=5+5=10$$

$$ES_{4-6}=ES_{4-5}=\max\{EF_{3-4}, EF_{2-4}\}=\max\{11, 5\}=11$$

$$EF_{4-6}=ES_{4-6}+D_{4-6}=11+5=16$$

$$EF_{4-5}=11+0=11$$

$$ES_{5-6}=\max\{EF_{3-5}, EF_{4-5}\}=\max\{10, 11\}=11$$

$$EF_{5-6}=11+3=14$$

将以上结果标注在图4.16中的相应位置。

②确定计算工期T_c及计划工期T_p计算工期

$$T_c=\max\{EF_{5\text{-}6}, EF_{4\text{-}6}\}=\max\{14, 16\}=16$$

由于没有要求工期，取计划工期等于计算工期，即计划工期：

$$T_p=T_c=16$$

③计算各项工作的最迟开始时间和最迟完成时间

从终点节点（⑥节点）开始逆着箭线方向依次逐项计算到起点节点（①节点）。

A.以网络计划终点节点为箭线节点的工作的最迟完成时间等于计划工期。

$$LF_{4\text{-}6}=LF_{5\text{-}6}=16$$

B.计算各项工作的最迟开始时间和最迟完成时间。

$$LS_{4\text{-}6}=LF_{4\text{-}6}-D_{4\text{-}6}=16-5=11$$

$$LS_{5\text{-}6}=LF_{5\text{-}6}-D_{5\text{-}6}=16-3=13$$

$$LF_{3\text{-}5}=LF_{4\text{-}5}=LS_{5\text{-}6}=13$$

$$LS_{3\text{-}5}=LF_{3\text{-}5}-D_{3\text{-}5}=13-5=8$$

$$LS_{4\text{-}5}=LF_{4\text{-}5}-D_{4\text{-}5}=13-0=13$$

$$LF_{2\text{-}4}=LF_{3\text{-}4}=\min\{LS, LS\}=\min\{13, 11\}=11$$

$$LS_{2\text{-}4}=LF_{2\text{-}4}-D_{2\text{-}4}=11-3=8$$

$$LS_{3\text{-}4}=LF_{3\text{-}4}-D_{3\text{-}4}=11-6=5$$

$$LF_{1\text{-}3}=LF_{1\text{-}3}=\min\{LS_{3\text{-}4}, LS_{3\text{-}5}\}=\min\{5, 8\}=5$$

$$LS_{1\text{-}3}=LF_{1\text{-}3}-D_{1\text{-}3}=5-4=1$$

$$LS_{2\text{-}3}=LF_{2\text{-}3}-D_{2\text{-}3}=5-3=2$$

$$LF_{1\text{-}2}=\min\{LS_{2\text{-}3}, LS_{2\text{-}4}\}=\min\{2, 8\}=2$$

$$LS_{1\text{-}2}=LF_{1\text{-}2}-D_{1\text{-}2}=2-2=0$$

④计算各项工作的总时差

$TF_{i\text{-}j}$可以用工作的最迟开始时间减去最早开始时间或用工作的最迟完成时间减去最早完成时间。

$$TF_{1\text{-}2}=LS_{1\text{-}2}-ES_{1\text{-}2}=0-0=0$$

$$TF_{1\text{-}2}=LF_{1\text{-}2}-EF_{1\text{-}2}=2-2=0$$

$$TF_{1\text{-}3}=LS_{1\text{-}3}-ES_{1\text{-}3}=1-0=1$$

$$TF_{2\text{-}3}=LS_{2\text{-}3}-ES_{2\text{-}3}=2-2=0$$

$$TF_{2\text{-}4}=LS_{2\text{-}4}-ES_{2\text{-}4}=8-2=6$$

$$TF_{3\text{-}4}=LS_{3\text{-}4}-ES_{3\text{-}4}=5-5=0$$

$$TF_{3\text{-}5}=LS_{3\text{-}5}-ES_{3\text{-}5}=8-5=3$$

$$TF_{4\text{-}6}=LS_{4\text{-}6}-ES_{4\text{-}6}=11-11=0$$

$$TF_{5\text{-}6}=LS_{5\text{-}6}-ES_{5\text{-}6}=13-11=2$$

将以上结果标注在图4.16中的相应位置。

⑤计算各项工作的自由时差

$FF_{i\text{-}j}$等于今后工作的最早开始时间减去本工作的最早完成时间：

$$FF_{1-2}=ES_{2-3}-EF_{1-2}=2-2=0$$

$$FF_{1-3}=ES_{3-4}-EF_{1-3}=5-4=1$$

$$FF_{2-3}=ES_{3-5}-EF_{2-3}=5-5=0$$

$$FF_{2-4}=ES_{4-6}-EF_{2-4}=11-5=6$$

$$FF_{3-4}=ES_{4-6}-EF_{3-4}=11-11=0$$

$$FF_{3-5}=ES_{5-6}-EF_{3-5}=11-10=1$$

$$FF_{4-6}=T_p-EF_{4-6}=16-16=0$$

$$FF_{5-6}=T_p-EF_{5-6}=16-14=2$$

将以上计算结果标注在图4.16中的相应位置。

⑥确定关键工作及关键线路

在图4.16中,最小的总时差为0。因此,凡是总时差为0的工作均为关键工作。该例中的关键工作是:①—②、②—③、③—④、④—⑥(或关键工作B、C、F、H)。

在图4.16中,时间最长的线路为关键线路,即①—②—③—④—⑥。关键线路用双箭线标注,如图4.16所示。

(3)单代号网络计划

单代号网络图是以节点及其编号表示工作,以箭线表示工作之间逻辑关系的网络图。在单代号网络图中加注工作的持续时间,便形成单代号网络计划,如图4.17所示。

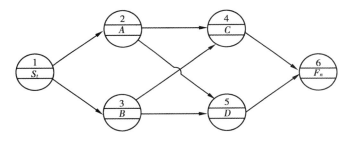

图4.17　单代号网络图

①单代号网络图的特点

单代号网络图与双代号网络图相比,具有以下特点:

a.工作之间的逻辑关系易于表达,且不需用虚箭线,故绘图较简单。

b.便于网络图检查与修改。

c.由于工作的持续时间表示在节点之中,没有长度,故不够形象直观。

d.表示工作之间逻辑关系的箭线可能产生较多的纵横交叉现象。

②单代号网络图的基本符号

A.节点。单代号网络图中的每一个节点表示一项工作,节点宜用圆圈或矩形表示。节点所表示的工作名称、持续时间和工作代号等应标注在节点内,如图4.18所示。

单代号网络图中的节点必须编号。编号标注在节点内,其号码可间断,但严禁重复。箭线的箭尾节点号应小于箭头节点的编号。一项工作必须有唯一的一个节点及相应的一个编号。

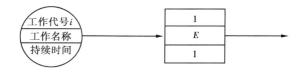

图4.18 单代号网络图中工作的表示方法

B.箭线。单代号网络图中的箭线表示紧邻工作之间的逻辑关系,既不占用时间也不消耗资源。箭线应画成水平直线、折线或斜线。箭线水平投影的方向应自左向右,表示工作的行进方向。工作之间的逻辑关系包括工艺关系与组织关系,在网络图中表现为工作之间的先后顺序。

C.线路。单代号网络图中,各条线路应用该线路上的节点编号从小到大依次表述。

③单代号网络图的绘图规则

a.单代号网络图必须正确表达已定的逻辑关系。

b.单代号网络图中,严禁出现循环回路。

c.单代号网络图中,严禁出现双箭头或无箭头的连线。

d.单代号网络图中,严禁出现没有箭尾节点的箭线和没有箭头节点的箭线。

e.绘制网络图时,箭线不宜交叉,当交叉不可避免时,可采用过桥法或指向法绘制。

f.单代号网络图只应有一个起点节点和一个终点节点;当网络图中有多项起点节点或多项终点节点时,应在网络图的两端分别设置一项虚工作,作为该网络图的起点节点(S_t)和终点节点(F_n)。

注:单代号网络图的绘图规则大部分与双代号网络图的绘图规则相同,故此处不再赘述。

④单代号网络计划时间参数的计算

单代号网络计划时间参数的计算应在确定各项工作的持续时间之后进行。时间参数的计算顺序和计算方法基本上与双代号网络计划时间参数的计算相同。单代号网络计划时间参数的标注形式,如图4.19所示。

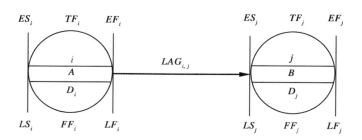

图4.19 单代号网络计划时间参数的标注形式

单代号网络计划的时间参数的概念及其符号见表4.5。

表4.5　单代号网络计划的时间参数的概念及符号

序号	参数名称		知识要点	表示方法
				单代号网络计划
1	持续时间		指一项工作从开始到完成的时间	D_i
2	工期	计算工期	根据网络计划时间参数计算而得到的工期	T_c
3		要求工期	是任务委托人所提出的指令性工期	T_r
4		计划工期	指根据要求工期和计算工期所确定的作为实施目标的工期	T_p
5	最早开始时间		指在其所有紧前工作全部完成后，本工作有可能开始的最早时刻	ES_i
6	最早完成时间		指在其所有紧前工作全部完成后，本工作有可能完成的最早时刻	EF_i
7	最迟完成时间		在不影响整个任务按期完成的前提下，本工作必须完成的最迟时刻	LF_i
8	最迟开始时间		在不影响整个任务按期完成的前提下，工作必须开始的最迟时刻	LS_i
9	总时差		在不影响总工期的前提下，本工作可以利用的机动时间	TF_i
10	自由时差		在不影响其紧后工作最早开始时间的前提下，本工作可以利用的机动时间	FF_i
11	节点的最早时间		在双代号网络计划中，以该节点为开始节点的各项工作的最早开始时间	ET_i
12	节点的最迟时间		在双代号网络计划中，以该节点为完成节点的各项工作的最迟完成时间	LT_j
13	时间间隔		指本工作的最早完成时间与其紧后工作最早开始时间之间可能存在的差值	LAG_{i-j}

单代号网络计划时间参数的计算步骤如下：

A.计算最早开始时间和最早完成时间，应从网络计划的起点节点开始，顺着箭线方向依次逐项计算。

a.网络计划的起点节点的最早开始时间为零。如起点节点的编号为1，则：

$$ES_i = 0 \quad (i=1)$$

b.工作的最早完成时间等于该工作的最早开始时间加上其持续时间。

$$EF_i = ES_i + D_i$$

c.工作的最早开始时间等于该工作的各个紧前工作的最早完成时间的最大值。如工作j的紧前工作的代号为i，则：

$$ES_j=\max\{EF_i\}$$

或
$$ES_i=\max\{ES_i+D_i\}$$

式中　ES_i——工作i的各项紧前工作的最早开始时间。

d.网络计划的计算工期T_c，T_c等于网络计划的终点节点n的最早完成时间EF_n，即：

$$T_c=EF_n$$

B.计算相邻两项工作之间的时间间隔$LAG_{i,j}$。相邻两项工作i和j之间的时间间隔$LAG_{i,j}$等于紧后工作j的最早开始时间ES_j和本工作的最早完成时间EF_i之差，即：

$$LAG_{i,j}=ES_j-EF_i$$

C.计算工作总时差。工作i的总时差TF_i应从网络计划的终点节点开始，逆着箭线方向依次逐项计算。

a.网络计划终点节点的总时差TF_n，如计划工期等于计算工期其值为零，即：

$$TF_n=0$$

b.其他工作i的总时差TF_i等于该工作的各个紧后工作j的总时差TF_j加该工作与其紧后工作之间的时间间隔$LAG_{i,j}$之和的最小值，即：

$$TF_i=\min\{LAG_{i,j}+TF_j\}$$

D.计算工作自由时差FF_i。

a.工作i若无紧后工作，其自由时差FF_i等于计划工期T_p减该工作的最早完成时间EF_n，即：

$$FF_i=T_p-EF_n$$

b.当工作i有紧后工作j时，其自由时差FF_i等于该工作与其紧后工作j之间的时间间隔$LAG_{i,j}$的最小值，即：

$$FF_i=\min\{LAG_{i,j}\}$$

E.计算工作的最迟开始时间和最迟完成时间。

a.工作i的最迟开始时间LS_i等于该工作的最早开始时间ES_i加上其总时差TF_i之和，即：

$$LS_i=ES_i+TF_i$$

b.工作i的最迟完成时间LF_i等于该工作的最早完成时间EF_i加上其总时差TF_i之和，即：

$$FF_i=EF_i+TF_i$$

F.关键工作和关键线路的确定。

a.关键工作：总时差最小的工作是关键工作。

b.关键线路的确定按以下规定：从起点节点开始到终点节点均为关键工作，且所有工作的时间间隔为零的线路为关键线路。

【例4.3】　已知单代号网络计划如图4.20所示，若计划工期等于计算工期，试计算单代号网络计划的时间参数，将其标注在网络计划上，并用双箭线标示出关键线路。

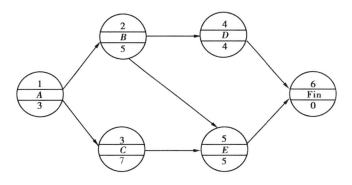

图4.20 （a）单代号网络计划示例

【解】 ①计算工作最早开始时间ES_i和最早完成时间EF_i

$ES_1=0$

$EF_1=ES_1+D_1=0+3=3$

$ES_2=EF_1=3$

$EF_2=ES_2+D_2=3+5=8$

$ES_3=EF_1=3$

$EF_3=ES_3+D_3=3+7=10$

$ES_4=EF_2=8$

$EF_4=ES_4+D_4=8+4=12$

$ES_5=\max\{EF_2, EF_3\}=\max\{8, 10\}=10$

$EF_5=ES_5+D_5=10+5=15$

$ES_6=\max\{EF_4, EF_5\}=\max\{12, 15\}=15$

$EF_6=ES_6+D_6=15+0=15$

已知计划工期等于计算工期，故有$T_p=T_c=EF_6=15$。

②计算相邻两项工作之间的间隔时间$LAG_{i,j}$

$LAG_{1,2}=ES_2-EF_1=3-3=0$

$LAG_{1,3}=ES_3-EF_1=3-3=0$

$LAG_{2,4}=ES_4-EF_2=8-8=0$

$LAG_{2,5}=ES_5-EF_2=10-8=2$

$LAG_{3,5}=ES_5-EF_3=10-10=0$

$LAG_{4,6}=ES_6-EF_4=15-12=3$

$LAG_{5,6}=ES_6-EF_5=15-15=0$

$LAG_{1,2}=ES_2-EF_1=3-3=0$

$LAG_{1,3}=ES_3-EF_1=3-3=0$

$LAG_{2,4}=ES_4-EF_2=8-8=0$

$LAG_{2,5}=ES_5-EF_2=10-8=2$

$LAG_{3,5}=ES_5-EF_3=10-10=0$

$$LAG_{4,6}=ES_6-EF_4=15-12=3$$

$$LAG_{5,6}=ES_6-EF_5=15-15=0$$

③计算工作的总时差TF_i

已知计划工期等于计算工期：$T_p=T_c=15$，故终节点⑥的总时差为0，即：$TF_6=0$，其他工作的总时差为：

$$TF_5=TF_6+LAG_{5,6}=0+0=0$$

$$TF_4=TF_6+LAG_{4,6}=0+3=3$$

$$TF_3=TF_5+LAG_{3,5}=0+0=0$$

$$TF_2=\min\{(TF_4+LAG_{2,4}),(TF_5+LAG_{2,5})\}=\min\{(3+0),(0+2)\}=2$$

$$TF_1=\min\{(TF_2+LAG_{1,2}),(TF_3+LAG_{1,3})\}=\min\{(2+0),(0+0)\}=0$$

④计算工作的自由时差FF_i

已知计划工期等于计算工期：$T_p=T_c=15$，故终节点⑥的自由时差为：$FF_6=T_p-EF_6=15-15=0$，其他工作的自由时差为：

$$FF_5=LAG_{5,6}=0$$

$$FF_4=LAG_{4,6}=3$$

$$FF_3=LAG_{3,5}=0$$

$$FF_2=\min\{LAG_{2,4},LAG_{2,5}\}=\min\{0,2\}=0$$

$$FF_1=\min\{LAG_{1,2},LAG_{1,3}\}=\min\{0,0\}=0$$

⑤计算工作的最迟开始时间LS_i和最迟完成时间LF_i

$$LS_1=ES_1+TF_1=0+0=0$$

$$LF_1=EF_1+TF_1=3+0=3$$

$$LS_2=ES_2+TF_2=3+2=5$$

$$LF_2=EF_2+TF_2=8+2=10$$

$$LS_3=ES_3+TF_3=3+0=3$$

$$LF_3=EF_3+TF_3=10+0=10$$

$$LS_4=ES_4+TF_4=8+3=11$$

$$LF_4=EF_4+TF_4=12+3=15$$

$$LS_5=ES_5+TF_5=10+0=10$$

$$LF_5=EF_5+TF_5=15+0=15$$

$$LS_6=EF_6+TF_6=15+0=15$$

将以上计算结果标注在图4.20（b）中的相应位置。

⑥关键工作和关键线路的确定

根据计算结果，总时差为零的工作为关键工作，包括A，C，E，F。

从起点节点开始到终点节点均为关键工作，且所有关键工作之间的间隔时间均为零的线路为关键线路，即①—③—⑤—⑥为关键线路，用双箭线表示在图4.20（b）中。

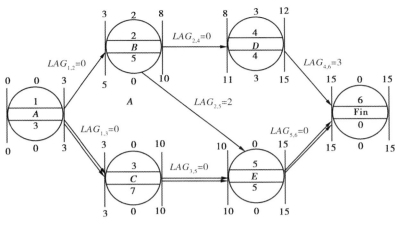

图4.20（b）　单代号网络计划时间参数计算

（4）建设工程网络计划的编制和应用

①一般网络计划的编制与应用

A.施工网络计划的分类。在建筑工程施工的网络图上加注上各工作的作业持续时间，就成为一个建筑施工网络计划。在这个基础上就可以进行时间参数计算，从而为改变计划和加强施工管理提供各种有用的信息。实践证明，网络计划的确是表现施工进度的一种较好形式，它能明确表示出各道工作之间的逻辑关系，把计划变成一个有机的整体，成为整个施工组织与管理工作的中心。

为了适应不同用途的需要，建筑施工网络计划的内容和形式是颇为不同的，一般分类如下：

a.按应用范围划分，可分为局部网络计划、单位工程网络计划和总网络计划。

b.按详略程度划分，可分为详图和简图两种。详图是按工作划分较细并把所有详细地反映到网络计划中而形成的，这种计划多在施工现场使用，以便直接指导施工。简图是用于讨论方案或供领导使用的计划。它把某些工作组合成较大的工作，从而把工艺上复杂的、工程量较大的工作及主要工种之间的逻辑关系突出出来。

c.按最终目标的多少划分，可分为单目标网络计划和多目标网络计划。

d.按时间表示方法划分，可分为无时标的一般网络计划和时标网络计划。

B.施工网络计划的排列方法。为了使网络计划更条理化和形象化，在绘图时应根据不同的工程情况，不同的施工组织方法及使用要求等，灵活选用排列方法，以便简化层次，使各工作之间在工艺上及组织上的逻辑关系准确而清晰，便于施工组织者和施工人员掌握，也便于计算和调整。

施工网络计划的排列方法如下：

a.混合排列。这种排列方法可以使图形看起来对称美观，但在同一水平方向既有不同工种作业，也有不同施工段作业。一般用于画较简单的网络图。

b.按施工段排列。这种排列方法把同一施工段的作业排在同一条水平线上，能够反映出工程分段施工的特点，突出表示工作面的利用情况。这是建筑工地习惯使用的一种表达方式。

c.按工种排列。这种排列方法把相同工种的工作排在同一条水平线上,能够突出不同工种的工作情况,也是建筑工地上常用的一种表达方式。

d.按楼层排列。这是一个一般内装修工程的三道工作按楼层由上到下进行施工的网络计划。在分段施工中,当若干道工作沿着建筑物的楼层展开时,其网络计划一般都可以按楼层排列。

e.按施工专业或单位工程排列。有许多施工单位参与完成一项单位工程的施工任务时,为了便于各施工单位对自己负责的部分有更直观的了解,网络计划就可以按施工单位来排列。

f.按工程栋号(房屋类别、区域)排列。这种排列方法一般用于群体施工中,各单位工程之间可能还有某些具体的联系。比如,机械设备需要共用,或劳动力需要统一安排,这样每个单位工程的网络计划安排都是相互有关系的,为了使总的网络计划清楚明了,可以把同一单位工程的工作画在同一水平线上。

g.按室内外工程排列。在某些工程中,有时也按建筑物的室内工程和室外工程来排列网络计划,即室内外工程或地上地下工程分别排列在不同的水平线上。

实际工作中可以按需要灵活选用以上几种网络计划的某一种排列方法,或把几种方法结合起来使用。

C.单项(单位)工程施工网络计划。

单位工程施工网络计划有两种逻辑关系处理方法。网络计划的逻辑关系,即是网络计划中所表示的各工作在进行施工时客观上存在的先后顺序关系。这种关系可归纳为两大类:一类是工艺上的关系,称为工艺关系;另一类是组织上的关系,称为组织关系。

a.工艺关系,是由施工工艺所决定的各工作之间的先后顺序关系。这种关系是受客观规律支配的,一般是不可改变的。一项工程,当它的施工方法被确定之后,工艺关系也就随之被确定下来。如果违背这种关系,将阻碍施工进行,或会造成质量、安全事故,导致返工和浪费。

b.组织关系:在施工过程中,由于劳动力、机械、材料和构件等资源的组织与安排需要而形成的各工序之间的先后顺序关系。

②双代号时标网络计划的编制与应用

A.双代号时标网络计划的特点。双代号网络计划是以水平时间坐标为尺度编制的双代号网络计划,其主要特点有:

a.时标网络计划兼有网络计划与横道计划的优点,它能够清楚地表明计划的时间进程,使用方便,所以在施工中较受欢迎。

b.时标网络计划能在图上直接显示各项工作的开始与完成时间、工作的自由时差及关键线路。

c.在时标网络计划中可以统计每一个单位时间对资源的需要量,以便进行资源优化和调整。

d.由于箭线受到时间坐标的限制,当情况发生变化时,对网络计划的修改比较麻烦,往往要重新绘图。但在使用计算机以后,这一问题已较容易解决。

B.双代号时标网络计划的应用范围。目前时标网络计划多用于以下几种情况:

时标网络计划图清楚描述计划的时间进程,适用于大型较复杂的工程项目中的阶段性绘制。

a.编制工作项目较少,并且工艺过程较简单的项目进度计划,能迅速地进行绘制、计算、调整。

b.对于大型较复杂的工程项目,可以先使用时标网络图的形式绘制各分部分项工程的网络计划,然后再综合起来绘制出较简明的总网络计划。也可以先编制一个总的工程项目进度计划,以后每隔一段时间,对下段时间应进行的工作区段绘制详细的时标网络计划。时间间隔的长短要根据工作的性质、所需的详细程度和工程的复杂性决定。在计划执行过程中,如果时间有变化,则不必改动整个网络计划,而只对这一阶段的时标网络计划进行修改。

C.双代号时标网络计划的一般规定,具体如下:

a.时间坐标的时间单位应根据需要在编制网络计划之前确定,可为:季、月、周、天等。

b.时标网络计划应以实箭线表示工作,以虚箭线表示虚工作,以波形线表示工作的自由时差。

c.时标网络计划中所有符号在时间坐标上的水平投影位置,都必须与其时间参数相对应。节点中心必须对准相应的时间位置。

d.虚工作必须以垂直方向的虚箭线表示,有自由时差时加波形线表示。

D.双代号时标网络计划的编制。时标网络计划宜按各个工作的最早开始时间编制。在编制时标网络计划之前,应先按已确定的时间单位绘制出时标计划表。

双代号时标网络计划的编制方法有间接法绘制和直接法绘制两种。

a.间接法绘制。先绘制出无时标网络计划,计算各工作的最早时间参数,再根据最早时间参数在时标计划表上确定接节点的位置,连线完成,某些工作箭线长度不足以到达该工作的完成节点时,用波形线补足。

b.直接法绘制。根据网络计划中工作之间的逻辑关系及各工作的持续时间,直接在时标计划表上绘制时标网络计划。绘制步骤如下:

● 将起点节点定位在时标表的起始刻度线上。

● 按工作持续时间在时标计划表上绘制起点节点的外向箭线。

● 其他工作的开始节点必须在其所有紧前工作都绘出以后,定位在这些紧前工作最早完成时间最大值的时间刻度上,某些工作的箭线长度不足以到达该节点时,用波形线补足,箭头画在波形线与节点连接处。

● 用上述方法从左至右依次确定其他节点位置,直至网络计划终点节点定位,绘图完成。

③单代号搭接网络计划的编制与应用

搭接网络计划的特点和表达方法:

a.搭接网络计划的特点。在建设工程工作实践中,搭接关系是大量存在的,要求控制进度的计划图形能够表达和处理好这种关系。然而,传统的单代号和双代号网络计划却只能表示两项工作首尾相接的关系,即前一项工作结束,后一项工作立即开始,而不能表示搭接关系,遇到搭接关系,不得不将前一项工作进行分段处理,以符合前面工作不完成后面工作不能开始的要求,这就使得网络计划变得复杂起来,绘制、调整都不方便。针对这一重大问题和普遍需要,各国陆续出现了许多表示搭接关系的网络计划,我们统称为"搭接网络计划法",其共同特点是当前一项工作没有结束时,后一项工作即可插入进行,将前后工作搭接起来,其主要有以下特点:

- 一般采用单代号网络图表示。
- 以箭线和时距共同表示逻辑关系。
- 计划工期不一定决定于与终点节点相联系的工作的完成时间,而可能取决于中间工作的完成时间。
- 要求每项工作创造工作面的速度大致是均匀的,或稳定地递增或递减。如,A、B两项工作,A工作开始4 d后,B工作即可开始,不必等A全部完成后开始。

搭接网络计划图与单代号网络图的区别:

- 搭接网络计划的计算要考虑搭接关系。
- 处理在计算最早开始时间的过程中出现的负值时,将该节点与虚拟的起点节点用虚线相连,令$FTS_{i-j}=0$,该节点的最早开始时间升值为0。
- 处理在计算最迟完成时间的过程中出现最迟完成时间大于计算工期时间,将该节点用虚线与虚拟的终点节点相连,令$FTS_{i-n}=0$,并将该节点的最迟完成时间降值为计算工期。
- 计算间隔时间LAG_{i-j}时要考虑时距并在多个结果中取小值。

b.搭接网络计划的表达方法。搭接关系有两种,用以处理这两种搭接关系而设的时距有4种。

- STS(开始到开始):时距S_iTS_j表示前项工作i开始一定的时距后,后项工作j就可以开始。例如,挖管沟与铺设管道分段组织流水施工,每段挖管沟需要2 d时间,那么,铺设管理的班组在挖管沟开始的2 d后就可开始铺设管道。

- FTF(结束到结束):时距F_iTF_j表示前项工作i结束后,经过一定的时距,后项工作j也应该结束。

例如,在道路工程中,如果路基铺设工作的进展速度小于路面浇筑工作的进展速度时,须考虑为路面浇筑工作留有充分的工作面。否则,路面浇筑工作就将因没有工作面而无法进行。路基铺设工作的完成时间与路面浇筑工作的完成时间之间的差值就是FTF时距。

- STF(开始到结束):时距S_iTF_j表示前项工作i开始后一定的时距内,后项工作j就应该结束。

例如,挖掘带有部分地下水的基础,地下水位以上的部分基础可以在降低地下水位开始之前就进行开挖,而在地下水位以下的部分基础则必须在降低地下水位以后才能开始。也就是说,降低地下水位的完成与何时挖地下水位以下的部分基础有关,而降低地下水位何时开始则与挖土的开始无直接关系。

- FTS(结束到开始):时距F_iTS_j表示前项工作结束后,后项工作在规定的时距内开始。例如,在修堤坝时,一定要等土堤自然沉降后才能修护坡,筑土堤与修护坡之间的等待时间就是FTS时距。

4.2.3 建设工程项目的进度控制与调整

（1）进度控制的概念与理论

①进度控制的概念

建设工程进度控制是指根据进度总目标及资源优化配置的原则对工程项目建设各阶段的工作内容、工作程序、持续时间和衔接关系编制计划并按计划付诸实施，然后在进度计划的实施过程中经常检查实际进度是否按计划要求进行，对出现的偏差情况进行分析，采取补救措施或调整、修改原计划后再付诸实施，如此循环，直到建设工程竣工验收交付使用。建设工程进度控制的最终目的是确保建设项目按计划的时间交付使用或提前交付使用。

②进度控制的基本原理

A.动态控制原理。当实际进度按照计划进度进行时，两者相吻合；反之，便产生超前或落后的偏差。分析偏差的原因，采取相应的措施，调整原来计划，使两者在新的起点上重合，使实际工作按计划进行。所以施工进度计划控制就是采用这种动态循环的控制方法。

B.系统原理。主要包括施工项目计划系统、施工项目进度实施组织系统、施工项目进度控制组织系统。

C.信息反馈原理。施工的实际进度通过信息逐级向上反馈，经比较分析作出决策，调整进度计划，使其符合预定工期目标。

D.弹性原理。施工项目进度计划工期长、影响进度的原因多，根据经验分析，编制施工项目进度计划时就会留有余地，使计划具有弹性，缩短有关工作的时间或者改变它们之间的搭接关系，从而达到预期的计划目标。

E.封闭循环原理。项目的进度计划控制的全过程是计划、实施、检查、比较分析、确定调整措施、再计划。从编制项目施工进度计划开始，经过实施过程中的跟踪检查，收集有关实际进度的信息，比较和分析实际进度与施工计划进度之间的偏差，找出产生原因和解决办法，确定调整措施，再修改原进度计划，形成一个封闭的循环系统。

F.网络计划技术原理。在施工项目进度的控制中利用网络计划技术原理编制进度计划，根据收集的实际进度信息，比较和分析进度计划，又利于网络计划的工期优化，工期与成本优化和资源优化的理论资源优化的理论调整计划。网络计划技术原理是施工项目进度控制的完整的计划管理和分析计算理论基础。

（2）建设工程项目的进度控制措施

建设工程进度控制的措施包括组织措施、技术措施、合同措施、经济措施及信息管理措施等。

①组织措施

组织是目标能否实现的决定性因素，为实现项目的进度目标，应充分重视健全项目管理的组织体系。在项目组织结构中应有专门的工作部门和符合进度控制岗位资格的专人负责进度控制工作。

进度控制的组织措施主要包括以下几种：

A.按照施工项目的结构、进展的阶段或合同结构等进行项目分解，确定其进度目标，建立进度控制的组织体系，明确建设工程现场监理组织机构中各层次的进度控制人员及其职责分工。

B.建立进度控制工作制度。如工程进度报告制度及进度信息沟通网络，进度计划审核制度和进度计划实施中的检查分析制度，图纸审查、工程变更和设计变更管理制度。进度协调会议制度，包括协调会议举行的时间、地点、方法、协调会议的参加人员等。

C.对影响进度的因素分析和预测。

②技术措施

建设工程项目进度控制的技术措施涉及对实现进度目标有利的设计技术和施工技术的选用。不同的设计理念、设计技术路线、设计方案会对工程进度产生不同的影响，在设计工作的前期，特别是在设计方案评审和选用时，应对设计技术与工程进度的关系作分析比较。在工程进度受阻时，应分析是否存在设计技术的影响因素，为实现进度目标有无设计变更的可能。

施工方案对工程进度有直接的影响，在决策其选用时，不仅应分析技术的先进性和经济合理性，还应考虑其对进度的影响。在工程进度受阻时，应分析是否存在施工技术的影响因素，为实现进度目标有无改变施工技术、施工方法和施工机械的可能性。

进度控制的技术措施主要包括以下几种：

A.审查承包商提交的进度计划，使承包商能在合理的状态下施工。

B.编制进度控制工作细则，指导监理人员实施进度控制。

C.采用网络计划技术及其他科学适用的计划方法，并结合计算机的应用，对建设工程进度实施动态控制。

③合同措施

进度控制的合同措施是指必须按照合同规定的进度控制目标，采用合同规定的进度控制方法，对设备工程进度进行控制的措施，如在合同中规定的开工时间，设备工程应开始实施。建设工程项目进度控制的合同措施涉及对分包单位签订施工合同的合同工期与有关进度计划目标相协调。

进度控制的合同措施主要包括以下几种：

A.推行CM承发包模式，对建设工程实行分段设计、分段发包和分段施工。

B.加强合同管理，协调合同工期与进度计划之间的关系，保证合同中进度目标的实现。

C.严格控制合同变更，对各方提出的工程变更和设计变更，监理工程师应严格审查后再补入合同文件之中。

④经济措施

建设工程项目进度控制的经济措施涉及资金需求计划、资金供应的条件和经济激励措施等。为确保进度目标的实现，应编制与进度计划相适应的资源需求计划

（资源进度计划），包括资金需求计划和其他资源（人力和物力资源）需求计划，以反映工程实施的各时段所需要的资源。通过资源需求的分析，可发现所编制的进度计划实现的可能性，若资源条件不具备，则应调整进度计划。资金需求计划也是工程融资的重要依据。

资金供应条件包括可能的资金总供应量、资金来源（自由资金和外来资金）以及资金供应的时间。在工程预算中应考虑加快工程进度所需要的资金，其中包括为实现进度目标将要采取的经济激励措施所需要的费用。

进度控制的经济措施主要包括以下几种：

A.及时办理工程预付款及工程进度款支付手续。

B.对应急赶工给予优厚的赶工费用。

C.对工期提前给予奖励。

⑤信息管理措施

建设工程项目进度控制的信息管理措施是指在设备工程进度控制过程中，对设备工程进度信息进行有效管理，不断地收集施工实际进度的有关资料进行整理统计与计划进度比较，定期向建设单位提供比较报告，以掌握最新的信息，确保决策正确性的方法。

进度控制的信息管理措施主要包括以下几种：

A.建立进度文档管理系统，事先设计好各类进度报告的内容、格式及上报时间等。

B.建立进度信息沟通制度，保证信息渠道畅通。

C.规定信息传递的方式和方法。进度信息传递方式是指书面或口头方式、电子方式等传递进度信息；信息传递方法是指采用纸质打印或手写文档、电子文档、电报或其他类型的文档。

D.建立信息管理组织。信息管理包括人工管理信息系统和计算机管理信息系统两种。人工管理信息系统包括信息人员的配备、会议制度的建立、各项基础工作的健全化、信息的鉴定、签证和归档制度等。计算机管理信息系统包括人员配备、计算机硬件和软件配置等。

（3）进度计划的调整

根据实际进度与计划进度比较分析结果，以保持项目工期不变、保证项目质量和所耗费用最少为目标，作出有效对策，进行进度调整，这是进度控制的宗旨。项目调整主要包括两个方面的工作，即分析进度偏差的影响和进行项目进度计划的调整。

①分析进度偏差的影响

通过前述进度比较方法，当出现进度偏差时，应分析偏差对后续工作及总工期的影响，主要从以下三个方面进行分析：

A.分析产生进度偏差的工作是否为关键工作。若出现偏差的工作是关键工作，则无论其偏差大小，对后续工作及总工期都会产生影响，必须进行进度计划调整；若出现偏差的工作是非关键工作，则需根据偏差值与总时差和自由时差的大小关系，确定其对后续工作和总工期的影响程度。

B.分析进度偏差是否大于总时差。如果工作的进度偏差大于总时差，则必将影響后续工作和总工期，应采取相应的调整措施；若工作的进度偏差小于或等于该工作的总时差，表明对总工期无影响，但其对后续工作的影响需要将其偏差与其自由时差相比较才能作出判断。

C.分析进度偏差是否大于自由时差。如果工作的进度偏差大于该工作的自由时差，则会对后续工作产生影响，应根据后续工作允许影响的程度进行调整；若工作的进度偏差小于或等于该工作的自由时差，则对后续工作无影响，进度计划可不调整。

②项目进度计划的调整

项目进度计划的调整，一般有以下几种方法：

A.关键工作的调整。关键工作无机动时间，其中任一工作持续时间的缩短或延长都会对整个项目工期产生影响。因此，关键工作的调整是项目进度调整的重点。主要有以下两种情况：

a.关键工作的实际进度较计划进度提前时的调整方法。若仅要求按计划工期执行，则可利用该机会降低资源强度及费用。实现的方法是，选择后续关键工作中资源消耗量大或直接费用高的予以适当延长，延长的时间不应超过已完成的关键工作提前的量；若要求缩短工期，则应将计划的未完成部分作为一个新的计划，重新计算与调整，按新的计划执行，并保证新的关键工作按新计算的时间完成。

b.关键工作的实际进度较计划进度落后的调整方法。调整的目标就是采取措施将耽误的时间补回来，保证项目按期完成。调整的方法主要是缩短后续关键工作的持续时间。有增加工作面、延长每天的施工时间、增加劳动力及施工机械的数量的组织措施；有改进施工工艺和施工技术以缩短工艺技术间歇时间、采取更先进的施工方法以减少施工过程或时间、采用更先进的施工机械的技术措施；有实行包干奖励、提高资金数额、对所采取的技术措施给予相应补偿的经济措施；还有改善外部配合条件、改善劳动条件等其他配套措施。在采取相应措施调整进度计划的同时，还应考虑费用优化问题，从而选择费用增加较少的关键工作为压缩的对象。

B.改变某些工作的逻辑关系。若实际进度产生的偏差影响了总工期，则在工作之间的逻辑关系允许改变的条件下，改变关键线路和超过计划工期的非关键线路上有关工作之间的逻辑关系，达到缩短工期的目的。这种方法调整的效果是显著的。例如，可以将依次进行的工作变为平行或相互搭接的关系，以缩短工期。但这种调整应以不影响原定计划工期和其他工作之间的顺序为前提，调整的结果不能形成对原计划的否定。

C.重新编制计划。当采用其他方法仍不能奏效时，则应根据工期的要求，将剩余工作重新编制网络计划，使其满足工期要求。

D.非关键工作的调整。当非关键线路上某些工作的持续时间延长，但不超过其时差范围时，则不会影响项目工期，进度计划不必调整。为了更充分利用资源，降低成本，必要时可对非关键工作的时差作适当调整，但不得超过总时差，且每次调整均需进行时间参数计算，以观察每次调整对计划的影响。非关键工作的调整方法有三种：一是在总时差范围内延长非关键工作的持续时间；二是缩短工作的持续时间；三是调整工作的开始或完成时间。当非关键线路上某些工作的持续时间延长而超过总时差范围时，则必然影响整个项目工期，关键线路就会转移。这时，其调整方法与关键线路的调整方法相同。

E.增减工作。由于编制计划时考虑不周，或因某些原因需要增减或取消某些工作，则需重新调整网络计划，计算网络参数，增减工作不应影响原计划总的逻辑关系，以便使原计划得以实施。增减工作只能改变局部的逻辑关系。增加工作，只是对原遗漏或不具体的逻辑关系进行补充：减少工作，只是对提前完成的工作或原不应设置的工作予以删除。增减工作后，应重新计算网络时间参数，以分析此项调整是否对原计划工期产生影响。若有影响，应采取措施使之保持不变。

F.资源调整。若资源供应发生异常，应进行资源调整。资源供应发生异常是指因供应满足不了需要，如资源强度降低或中断，影响计划工期的实现。资源调整的前提是保证工期不变或使工期更加合理。

4.3 建设工程成本管理

4.3.1 建设工程成本构成与成本管理

建设工程成本管理是工程的三大控制目标之一，对于绝大多数的普通建设工程而言，投资控制是其中最为重要的一个目标。建设工程经营管理的目的在于持续营利。为了提高建设工程的盈利能力，最直接有效的方法就在于加强成本管理。

（1）建设工程成本构成

建设工程成本是指进行一个工程项目的建造所需要花费的全部费用，即从工程确定建设意向直至建成、竣工验收为止的整个建设期间所指出的总费用。从工程的角度来讲，建设工程成本等同于一般所说的工程造价，如图4.21所示。建设工程成本包括建筑安装工程费、设备及工器具购置费、工程建设其他费用、预备费和建设期贷款利息等。

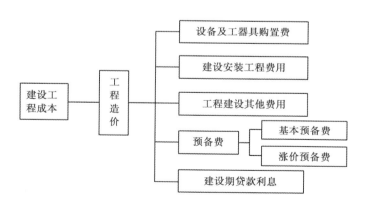

图4.21　建设工程成本构成

①设备及工器具购置费

设备及工器具购置费是由设备购置费和工具、器具及生产家具购置费组成的，它是固定资产投资中的积极部分。在生产性工程建设中，设备及工器具购置费占工程造价比重的增大，意味着生产技术的进步和资本有机构成的提高。

其中，设备购置费是指为建设项目购置或自制的达到固定资产标准的各种国产或进口设备、工具、器具的购置费用，它由设备原价和设备运杂费构成。工具、器具及生产家具购置费，是指新建或扩建项目初步设计规定的，保证初期正常生产必须购置的没有达到固定资产标准的设备、仪器、工卡磨具、器具、生产家具和备品备件等的购置费用，一般以设备购置费为计算基数，按照部门或行业规定的费率计算。

②建筑安装工程费用

根据建设部"关于印发《建筑安装工程费用项目组成》的通知"（建标[2003]206号），我国现行建筑安装工程费用项目主要由直接费、间接费、利润和税金四部分组成，其具体构成如图4.22所示。

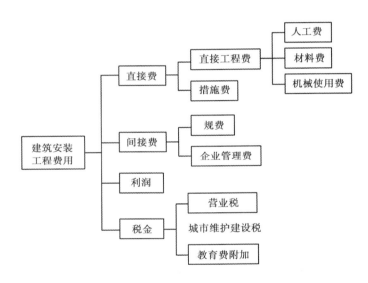

图4.22　建筑安装工程费用的组成

A.人工费。建筑安装工程费中的人工费，是指直接从事建筑安装工程施工作业的生产工人开支的各项费用。构成人工费的基本要素是人工工日消耗量和人工日工资单价。

人工费的基本计算公式：
$$人工费 = \sum（工日消耗量 \times 日工资单价）$$

B.材料费。建筑安装工程费中的材料费，是指施工过程中耗费的构成工程实体的原材料、辅助材料、构配件、零件、半成品的费用。

材料费的基本计算公式：
$$材料费 = \sum（材料消耗量 \times 材料基价）+ 试验检验费$$

C.机械使用费。建筑安装工程费中的机械使用费，是指施工机械作业所发生的机械使用费以及机械安拆费和场外运费。

机械使用费的基本计算公式：

$$机械使用费=\sum（机械台班消耗量\times 机械台班单价）$$

D.措施费。是指实际施工中必须发生的施工准备和施工过程中技术、生活、安全、环境保护等方面的不构成工程实体的费用。主要包括以下几项：安全文明施工费；夜间施工增加费；二次搬运费；冬雨季施工增加费；大型机械设备进出场及安拆费；施工排水费；施工降水费；地上地下设施、建筑物的临时保护设施费；已完工程及设备保护费；专业措施项目，如混凝土、钢筋混凝土模板及支架费，脚手架费等。

E.间接费。按现行规定，建筑安装工程间接费由规费和企业管理费组成。其中，规费是指政府和有关权力部门规定必须缴纳的费用，企业管理费是指建筑安装企业组织施工生产和经营管理所需费用。

间接费的计算方法：

$$间接费=取费基数\times 间接费费率$$

其中，取费基数可根据各地行业规定取人工费或直接工程费。

③工程建设其他费用

工程建设其他费用是指应在建设工程的建设投资中开支的，为保证工程建设顺利完成和交付使用后能够正常发挥效用而发生的固定资产其他费用、无形资产费用和其他资产费用。

④基本预备费

基本预备费是指针对在项目实施过程中可能发生难以预料的支出，需要事先预留的费用，又称工程建设不可预见费。主要指设计变更及施工过程中可能增加工程量的费用。

⑤涨价预备费

涨价预备费是指针对建设工程在建设期间内由于材料、人工、设备等价格可能发生变化引起建设工程成本变化而事先预留的费用。涨价预备费的内容包括人工、设备、材料、施工机械的价差费，建筑安装工程费及工程建设其他费用调整，利率、汇率调整等增加的费用。

⑥建设期间贷款利息

建设期间贷款利息包括向国内银行和其他非银行金融机构贷款、出口信贷、外国政府贷款、国际商业银行贷款以及境内外发行的债券等在建设期间应计的借款利息。

（2）建设工程成本管理

建设工程成本管理一般包括成本预测、成本决策、成本计划、成本控制、成本核算、成本分析、成本考核七个环节。这七个环节关系密切，互为条件，相互促进，构成了现代化成本控制的全部过程。

①成本预测

成本预测是成本管理中事前科学控制的重要手段。项目经理部要根据企业的成本目标，认真研究本身的实际情况，制订降低成本技术措施，对成本目标进行测算，选择成本低、效益好的最佳成本方案，并能在施工项目成本形成过程中，针对薄弱环节，加强成本管理，克服盲目性，提高预见性。

②成本决策

成本决策是对未来成本进行计划和控制的一个重要步骤。成本决策是根据成本预测情况，由参与决策人员认真细致地分析研究而作出的决策。正确决策能够指导人们正确的行动，顺利完成预定的成本目标，可以起到避免盲目性和减少风险性的导航作用。

③成本计划

成本计划是对成本实行计划管理的重要环节，是以货币形式编制施工项目在计划期内的生产费用、成本水平、降低成本率和降低成本额所采取的主要措施和规划方案，它是建立施工项目成本管理责任制、开展成本控制和成本核算的基础。成本计划的编制，要根据国家的方针、政策对成本管理的要求进行编制。项目经理部在具体确定计划指标时，应实事求是，从实际出发，要留有余地。

④成本控制

成本控制是加强管理，实现成本计划的重要手段。有科学、合理的成本计划，再加大控制力度，就可保证成本目标实现；否则，只有成本计划，过程控制不力，不能及时消除施工中的损失浪费，成本目标就无法实现。项目经理部要狠抓成本控制，对影响施工项目成本的各种因素实行有效的控制，并采取各种有效的措施，随时发现和制止施工中发生的损失和浪费，严格审查各项费用是否符合标准，计算实际成本和计划成本之间的差异，并及时总结经验，推广节约施工费用的先进技术、先进方法和先进工作经验，促使实现和超过预期的成本目标。

应当指出的是，建设工程成本控制，应贯穿于建设工程从招标投标阶段开始，直到建设工程竣工验收的全过程，它是成本管理的重要环节。因此，必须明确成本控制是整个企业管理的重要环节，项目经理部是控制的关键，务必紧紧抓住成本控制这一环节，争取最大的经济效益。

⑤成本核算

成本核算是对施工项目所发生的施工费用支出和工程成本形成的核算，是项目部成本管理的一个十分重要的环节。项目经理部的重要任务之一，就是要正确组织施工项目成本核算工作。它是施工项目控制中的一个极其重要的子系统，也是项目成本管理最根本标志和主要内容。成本核算一方面为成本管理各环节提供必要的资料，便于成本预测、决策、计划、分析和检查工作的进行。另一方面，通过成本核算还可以及时计算出偏离成本目标的差距，使成本偏差得到及时纠正。

⑥成本分析

成本分析是对工程实际成本进行分析、评价，为未来的成本管理工作和降低成本途径指明努力方向，它是加强成本管理的重要环节。

项目成本需要经常进行分析，分析工作要贯穿于施工项目成本管理的全过程，要认真分析成本升降的主观因素和客观因素、内部因素和外部因素以及有利因素和不利因素，把成本计划执行情况的各项不利因素都揭示出来，以便抓住主要矛盾，采取有效措施，提高成本管理水平。

⑦成本考核

成本考核是对成本计划执行情况的总结和评价。建筑企业应根据国家的要求和成本管理的需要，建立和健全成本考核制度，定期对企业各部门、项目经理部、班队组完成成本计划指标的情况进行考核、评比，把成本管理经济责任制和物质奖惩结合起来。通过成本考核，做到全面完成施工项目各项经济指标，实行有奖有罚，赏罚分明，有效调动每一职工在各自的岗位上努力完成成本目标的积极性，为降低施工项目成本，提高经济效益作出贡献。

在成本管理中，以上七个环节形成了工程成本管理的循环。在成本形成之前，要进行成本预测、决策和计划，可以说是成本管理的设计阶段；在成本形成过程中，要进行核算和控制，可以说是成本管理的执行阶段；在成本形成之后，要进行分析和考核，可以说是成本的考核阶段。这七个环节有机循环，紧密衔接，前一个环节为后一个环节奠定基础，后一个环节对前一个环节进行检验，前后配合，互为条件，互相交错，关系密切。通过成本管理，推动项目成本管理水平不断提高，使工程成本不断降低。这些活动相互联系、相互重叠，又各有侧重，其中，成本计划与成本控制是最为核心的两个方面，是成本管理的主要职能。

4.3.2 建设工程成本计划

（1）建设工程成本计划的概念

建设工程成本计划是指规定一定时期内为完成一定生产任务所需的生产费用和实现既定的产品成本水平的一种计划。成本计划是建立建设工程成本管理责任制、开支成本控制和成本核算的基础，是建设工程成本管理的重要环节，是实现降低建设工程成本任务的指导性文件。

建设工程成本计划内容涉及建设工程范围内的人、财、物和建设工程管理职能部门等方方面面，是工程成本管理的基础性工作，估算工程成本是成本计划的一项主要工作。建筑工程计量、工程定额原理及应用、工程造价构成等是进行建设工程成本估算的基本知识。

（2）建设工程成本计划的主要阶段

建设工程成本计划就是在成本预测与决策的基础上，计算或确定工程成本费用及相应实施方案的过程。它是一个持续的、循环的、渐进的过程，由粗略到详细，不断地修改和调整，贯穿于工程项目整个建设期。建设工程成本计划的主要阶段及内容如下：

A.在项目建议书及可行性研究阶段，编制投资估算（成本估算）。

B.在初步设计阶段，编制初步设计总概算。

C.在技术设计阶段，编制修正概算。

D.在施工图设计阶段，编制施工图预算。

E.在招投标及承发包阶段，编制招标工程标底，确定合同价格。

F.在施工阶段，进行工程计量与价款调整。

G.在竣工验收阶段，进行竣工决算。

可以看出，建设工程成本管理贯穿建设工程的全过程，其中，对建设工程成本影响程度最大的是项目决策阶段，对投资的影响程度达到85%~95%。建设过程各阶段对投资的影响程度如图4.23所示。

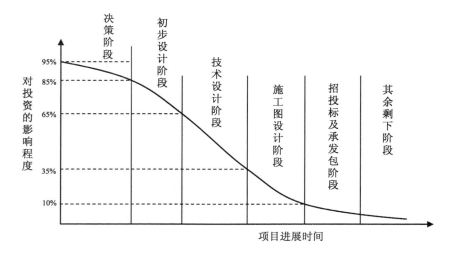

图4.23　建设过程各阶段对投资的影响程度

（3）建设工程成本管理过程

建设工程成本管理过程，如图4.24所示。

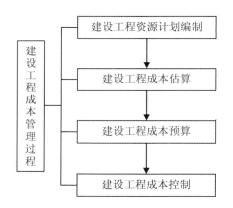

图4.24　建设工程成本管理过程

①建设工程资源计划编制

建设工程实施过程是消耗各项资源的过程，工程成本则是因建设而发生的各种资源耗费的货币体现，被称为工程费用。建设工程资源计划是指要确定完成工程建设活动所需资源种类、数量和价格，包括资金、材料、人工及设备机械等，还包括无形资产,如企业品牌、专利技术、管理方法、土地使用权等。

建设工程资源计划编制的主要依据是工程项目任务结构分解技术（Work Breakdown Structure, WBS）。任务结构分解是自上而下逐层进行分析,而各类资源的需要量则是自下而上逐级累积。

编制计划的工具主要是资源统计和说明的图表,在此列举如下:

A.资源计划矩阵形式。它是建设工程任务分解结构的直接产品,见表4.6。该表的缺陷是无法包括信息类的资源。

依据WBS进行建设工程资源计划的编制。

表4.6 某建设工程所需材料计划表

工程任务	材料需求量					相关说明
	材料1	材料2	…	材料$m-1$	材料m	
任务1						
任务2						
⋮						
任务$n-1$						
任务n						
合 计						

B.资源数据表形式。资源数据表是表示建设工程进度各个阶段的资源使用和安排情况的表格,见表4.7。

表4.7 某建设工程所需材料计划表

资源需求种类	资源需求总计	工程进度安排				相关说明
		1（周/月）	2（周/月）	T_{t-1}	T	
资源1						
资源2						
⋮						
资源$n-1$						
资源n						
合计						

C.甘特图表示形式。甘特图表示形式直观、简洁,但缺点是无法显示资源配置效率的信息,见表4.8。

表4.8　某建设工程所需材料计划表

资源需求种类	工程进度安排（周/月）										相关说明
	1	2	3	4	5	6	7	8	…	m	
资源1											
资源2											
⋮											
资源n–1											
资源n											
合　计											

②建设工程成本估算

建设工程成本估算是指对完成工程各项任务所需资源的近似估算。与工程成本预算相比，其意义是不同的：第一，应用范围不同，一般建设工程成本估算主要用于投资项目或小型建设工程，如房地产开发的可行性研究报告，或初步设计时需要对投入资金进行估算，小型建设工程由于规模较小，资源相对较少，因而通过估算就能完成；第二，建设工程成本估算属于近似值，而预算是精确值；第三，建设工程成本通常不需要专业财务人员完成，仅通过工程技术人员或营销人员、咨询人员就能完成。建设工程成本估算的编制方法与资源计划编制相似。

③建设工程成本预算

建设工程成本预算，简称成本预算，是成本管理的重要环节，它是对整个工程建设进行计划、控制、分析和考核的标准，是建设工程成功的关键。下面通过一个案例来说明建设工程成本预算的编制方法。

【例4.4】　某企业建造一厂房，成本估算的结果投资为120万元，要求编制成本预算。

【解】　建设工程成本预算首先要在成本估算的基础上，进一步细分并按工程结构分解工程各组织部分到具体活动分部分项工程上，以最终确定预算成本；其次，还要将预算成本按建设工程进度计划分解到项目的各个阶段，建立每一阶段的建设工程预算成本，以便在工程事件期间进行实际的控制。因此，成本预算的编制包括两个步骤：一是确定并分摊预算总成本；二是制定累计预算成本。具体进程如下：

（1）分摊预算总成本

分摊预算总成本就是将预算总成本分摊到各个成本要素中去，并为每一个阶段建立预算总成本。其方法有两种：一种是从上而下；另一种是从下而上。两种方法无论哪种都是分解结构的过程，如图4.25所示。

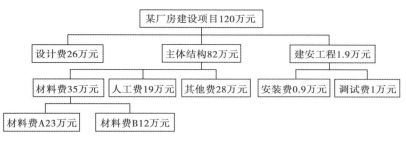

图4.25 某厂房工程预算总成本分解图

将预算总成本分解到设计、主体工程、建安工程三个分项工程中。

（2）编制累计预算成本

在已建立每项活动的预算总成本后，将各个预算成本分解到各自阶段的进度中，每阶段的成本预算确定后，就能进行成本控制了。根据项目的工程进度表或甘特图，编制预算成本表，见表4.9。

表4.9 某厂房工程按进度成本预算表　　　　单位：万元

序号	项目名称	预算总成本	进度期/周											
			1	2	3	4	5	6	7	8	9	10	11	12
1	设计	26	5	5	8	8								
2	建造	75					9	9	15	15	14	13		
	主体结构													
2.1	材料费A													
2.2	材料费B													
3	建安工程费	19											10	9
3.1	安装费													
3.2	调试费													
	合计	120	5	5	8	8	9	9	15	15	14	13	10	9
	累计		4	10	18	26	35	44	59	74	88	102	111	120

通过表4.9就可以编制预算成本曲线和预算成本累计曲线，并通过预算成本曲线对实际成本曲线进行对比、分析及控制，如图4.26（a）和图4.26（b）所示。

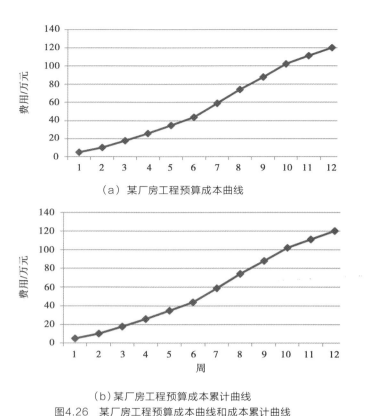

（a）某厂房工程预算成本曲线

（b）某厂房工程预算成本累计曲线

图4.26　某厂房工程预算成本曲线和成本累计曲线

通过编制好的预算成本曲线和累计曲线图，就可以对实际发生成本进行比较，如果实际成本低于预算成本，则实现了控制目标；同时表4.11中还能对材料、人工、安装费用、调试费用等其他发生的费用编制预算成本表或图，进行准确控制。

4.3.3　建设工程成本控制

（1）建设工程成本控制的概念

建设工程成本控制是指在工程建设的各个阶段，采取一定的方法和措施把工程成本的发生控制在合理的范围和预先核定的成本限额以内，随时纠正发生的偏差，以保证建设工程成本管理目标的实现。

（2）建设工程成本控制的内容和原理

①优化施工方案

制订先进的、经济合理的施工方案，以达到缩短工期、提高质量、降低成本的目的；正确选择施工方案是降低成本的关键所在。重点要组织连续、均衡有节奏的施工，合理使用资源，降低工期成本。

②完善项目成本管理责任体系

建立一个完善的项目成本管理责任体系，确定项目经理是项目成本管理的第一责任人，各职能部门分工负责，齐抓共管，全员参与；精简项目机构、合理配置项目部成员、降低间接成本。

建设工程成本控制包括施工方案的优化、成本管理责任体系的完善等。

③实行全过程的成本控制

从降低成本,增加收入两方面着手,重点抓好在投资决策阶段、设计阶段、建设实施阶段的合同造价控制,并随时纠正发生的偏差,确保项目成本目标的实现。

④建立合理的奖罚分明机制

利用激励机制对各部门和责任人实施成本考核,奖优罚劣,调动每一位职工完成目标成本的积极性。

⑤加强质量管理,控制返工率

严把工程质量关,采取相关防范措施,消除质理通病,杜绝返工现象的发生,避免因返工而导致工程成本增加。

建设工程成本的控制原理,如图4.27所示。

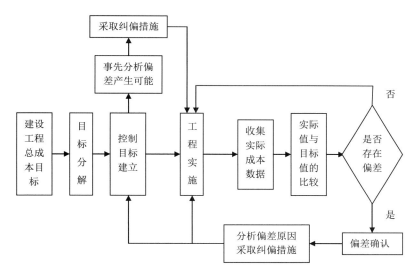

图4.27　建设工程成本控制原理

（3）建设工程成本控制的措施

①组织措施

组织措施,如:

A.在项目管理班子中落实造价控制组织、人员,确定任务分工和职能分工。

B.编制各阶段的造价控制工作计划和详细的工作流程图。

C.外聘专家等。

②技术措施

技术措施,如:

A.技术经济比较（各控制阶段）。

B.设计变更控制。

C.组织专家技术论证,科学实践等。

③经济措施

经济措施,如:

从组织措施、技术措施、经济措施和合同措施角度进行成本控制。

A.编制投资计划。

B.确定分解投资控制目标。

C.工程计量与支付。

D.投资偏差分析。

E.实施动态控制。

F.奖惩措施等。

④合同措施

合同措施，如：

A.参与谈判。

B.合同管理。

C.索赔与反索赔等。

（4）建设工程成本控制的方法

建设工程的实施过程中采用的成本控制方法主要有三种：工程成本报表法、成本偏差分析法和挣值法。

①工程成本报表法

工程成本报表法是指运用建设工程施工过程中形成的各种项目费用的周、旬、月、季或年报表进行分析和成本控制的方法。应用成本报表进行成本对比分析、计算分析，发现工程实施过程中出现的问题，从而采取针对措施，确保将成本控制在预算范围之内。该方法属于财务分析方法，它能实现对工程综合成本和具体各项成本结构的分析。

②成本偏差分析法

成本偏差分析法又称为累计曲线分析法，主要指运用各项成本费用的预算形成时间-成本累计曲线或表格数据，对实际成本进行比较，发现它们形成的偏差属于正常偏差还是非正常偏差，从而发现问题，得出解决问题的决策。由于成本曲线构成了类似香蕉的形状，因此，也可称为"香蕉曲线跟踪控制法"，如图4.28所示。

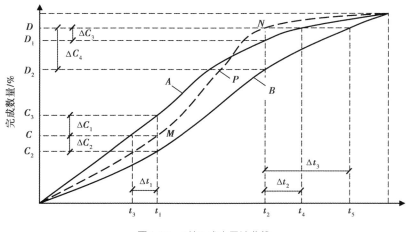

图4.28　时间-成本累计曲线

图4.28中的A线是用网络计划的最早时间绘制的S形曲线；B线是用网络计划中最迟时间绘制的S形曲线；P线是实际完成的轨迹，随工程进展进行统计、打点，连线而成。每当检查完成，即可绘图分析。

当工作进行到t_1时间，实际进度累计达到M点，这时进行分析，可以发现：P线比A线少ΔC_1，P线比B线多ΔC_2，是正常情况；从所需的t_1时间看，它比A线拖后Δt_1时间，比B线提前，也属正常。

当工程进展到t_2时，实际进度达到N点，这时费用量比A线多ΔC_3，比B线多ΔC_4，是提前完成计划；从时间上看，比A线提前Δt_2，比B线提前Δt_3，亦属提前状况。

还可以分析P线的切线斜率，斜率越大；速度越快，斜率越小，速度越慢。速度是否适宜，可将P线的斜率与A，B线的斜率进行对比，根据对比结果进行速度的调整。

③挣值法

挣值法是一种控制进度和成本的综合方法。它是进行工程项目成本控制的有效技术性方法，用来分析实际成本与目标成本的差异，从而判断成本状况，又称偏差控制法。挣值法的核心是引用一个指标值"挣值"，它是已完工作的预算成本。挣值法的应用过程如下：

A.计算三个关键中间变量。

a.拟完工程计划费用BCWS（Budgeted Cost of Work Scheduled）：是指根据进度计划安排在某一给定时间内所应完成的工程内容的计划费用。

b.已完工程计划费用BCWP（Budgeted Cost of Work Performed）：即挣值（Earned Value，EV），是指在某一给定时间内实际完成的工程内容的计划费用。

c.已完工程实际费用ACWP（Actual Cost of Work Performed）：是指在某一给定时间内实际完成工程内容的实际发生的费用。

B.计算三种偏差。

施工过程中进行成本控制的偏差有三种：一是实际偏差，即建设工程的预算成本与实际成本之间的差异；二是计划偏差，即预算成本与计划成本之间的差异；三是目标偏差，即实际成本与计划成本之间的差异。

公式如下：

$$实际偏差＝预算成本－实际成本＝BCWS－ACWP$$
$$计划偏差＝预算成本－计划成本＝BCWS－BCWP$$
$$目标偏差＝实际成本－计划成本＝BCWP－ACWP$$

成本控制的目的是尽量减少目标偏差，目标偏差越少，说明控制效果越好。由于目标偏差＝实际偏差＋计划偏差，所以，要减少建设工程的目标偏差，只有采取措施减少施工中发生的实际成本偏差，因为计划偏差一经计划制订，在执行过程中一般不再改变。三者关系图如图4.29所示。

挣值法又称为偏差控制法，是一种结合着进度控制和成本的有效方法。

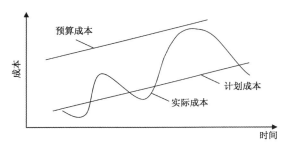

图4.29 预算成本、计划成本与实际成本的关系

从图4.29中可以看出:建设工程的实际成本总是围绕计划成本为轴线上下波动。一般实际成本要低于预算成本,偶尔也有可能高于预算成本。

C.计算两个指数变量。

a.进度绩效指数SCI。其计算公式为:

$$SCI= \frac{BCWP}{BCWS}$$

这个指标的含义为:以截止到某一时点的预算成本的完成量为衡量标准,计算在该时点之前项目已完工作量占计划应完工作量的比例。

当$SCI>1$时,表明项目实际完成的工作量超过计划工作量;当$SCI<1$时,表明项目实际完成的工作量少于计划工作量。

b.成本绩效指数CPI。其计算公式为:

$$CPI= \frac{ACWP}{BCWP}$$

这个指标的含义为已完工作实际所花费的成本是已完工作计划花费的预算成本的多少倍,用来衡量资金的使用效率。

当$CPI>1$时,表明实际成本多于计划成本,资金使用效率较低;当$CPI<1$时,表明实际成本少于计划成本,资金使用效率较高。

D.偏差控制。

a.找出偏差:在工程建设过程中定期地(每日或每周)不断寻找和计算三种偏差,并以目标偏差为对象进行控制。通常寻找偏差可用成本对比方法进行。通过在施工过程中不断记录实际发生的成本费用,必然将记录的实际成本与计划成本进行对比,从而发现目标偏差。还可将实际成本、计划成本和预算成本三者的发展变化用图表示出来,通过对图4.30中三者之间的关系进行分析,可以看出成本偏差的变化趋势以及出现的问题。

从图4.30中可以看出,当实际成本低于计划成本时,偏差值为负,这对建设工程是有利的。

b.分析偏差产生的原因,通常有两种方法:

因素分析法:该方法是将成本偏差的原因归纳为几个相互联系的因素,然后,用一定的计算方法从数值上测定各种因素对成本产生偏差程度的影响。据以找出偏差的产生是由哪种成本增加而引起的,如图4.31所示。

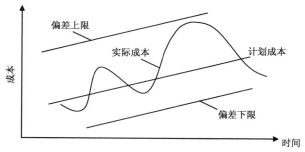

图4.30　计划成本和实际成本的关系

$$建设工程成本\atop偏差原因：\atop直接费用偏差\left\{\begin{array}{l}材料成本偏差＝实际用量×实际单价－标准用量×标准单价\\人工成本偏差＝实际工作时间×实际工资率－标准工作时间标准工资率\\机械费成本偏差＝实际台时数－计划台时数×单价\\其他直接费用成本偏差\\施工直接费用偏差\end{array}\right.$$

图4.31　因素分析法

图像分析法：这种方法是通过绘制线条图和成本曲线的形成，通过总成本和分项成本的比较，发现在总成本出现偏差时是由哪些分项成本超支造成的，以便索取措施纠正，如图4.32所示。

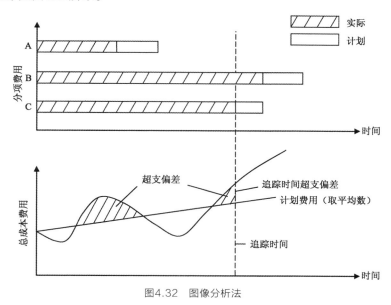

图4.32　图像分析法

图4.32上半部分表示分项成本的线条图，斜线部分表示实际成本支出情况，下半部分表示总成本曲线（包括实际成本曲线和计划成本曲线），斜线部分表示费用超支发生偏差的情况。图中的虚线部分为成本偏差追踪时间，由图中追踪直线所在位置可以看出，此时总成本费用发生了偏差，并且这种偏差是因分项成本B超支造成的。

【例4.5】 某建设工程计划工期为4年，预算总成本为800万元。在建设工程实施过程中，通过对成本的核算和有关成本与进度的记录得知，在开工后第二年年末的实际情况是：开工后两年末实际成本发生额为200万元，所完成工作的计划预算为100万元。与建设工程预算成本比较可知，当工期过半时，建设工程的计划成本发生额应该为400万元。试分析建设工程的成本执行情况和进度执行情况，如图4.33所示。

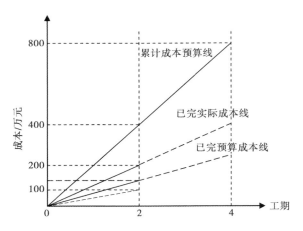

图4.33 某建设工程预算工期图

【解】

（1）建设工程进行到两年时，使用挣值法所需的三个中间变量分别为：

计划完成工作的预算成本 $BCWS=400$ 万元

已完工作的实际成本 $ACWP=200$ 万元

已完工作的预算成本 $BCWP=100$ 万元

两个偏差分别为：

成本差异 $CV=BCWP-ACWP=100$ 万元-200 万元$=-100$ 万元

进度差异 $SV=BCWP-BCWS=100$ 万元-400 万元$=-300$ 万元

两个指数分别为：

进度绩效指数 $SCI=\dfrac{BCWP}{BCWS}=\dfrac{100}{400}=25\%$

成本绩效指数 $CPI=\dfrac{ACWP}{BCWP}=\dfrac{200}{100}=200\%$

（2）成本差异为负，表明建设工程已完工作的实际支付成本超过计划预算成本，工程处于超支状态，超支额为100万元。

进度差异为负，表明在建设工程实施的前两年里工程的预算成本没有足够完成，工程实际施工进度落后于计划进度，落后额为300万元。

进度绩效指数小于1，表明计划进度的实际完成程度只有25%，在工程实施的两年时间里只完成了计划工作量的25%，即对应的是0.5年工期的计划完工量。

成本绩效指数大于2，表明同样的工作量实际发生的成本是预算成本的2倍。

（3）结论。虽然开工后第二年年末，建设工程的实际成本发生额小于计划成本发生额200万元，但这不是由于节约了施工成本所导致的，而是因为建设工程实际施工进度少于计划进度1.5年，实际完成的工作量仅为相同工期计划完成工作量的25%而导致的。工程不但没有节约成本，而且已完工作的实际成本还比计划预算成本超支了100万元。如果不采取任何纠正措施，照此按线性规律发展下去，那么到第4年年末，仅能完成工程全部工作量的25%，而对应所完成的25%的工作量，还会出现200万元的成本超支。

4.4　建设工程质量控制

质量是建设工程项目管理的主要控制目标之一。建设工程质量控制包括项目阶段质量控制和施工阶段质量控制，本节内容侧重建设工程项目施工质量控制，主要包括质量控制的基本理论、质量控制的内容、施工质量控制的过程与原则、施工质量控制的程序、方法和措施、施工质量控制的基本工具及应用。

4.4.1　质量控制的概念、原理和内容
（1）项目质量控制的概念

施工项目质量控制可定义为：为达到施工项目质量要求所采取的作业技术和活动。其质量要求主要表现为工程合同、设计文件（图纸）、规范规定的质量标准。因此，施工项目质量控制也就是为了保证达到工程合同规定的质量标准而采取的一系列措施、手段和方法。

工程质量的特点是影响因素多，质量波动、变异大，质量隐蔽性、终验局限大。对工程质量应重视事前控制，事中严格监督，防患于未然，将质量事故消灭于萌芽之中。质量控制可分为两大类，即主动控制和被动控制。

①主动控制

主动控制就是预先分析目标偏离的可能性，并拟定和采取各种预防性的措施，以便计划目标得以实现。

主动控制是一种面向未来的控制，是一种前馈式控制，是一种事前控制。主动控制的措施如下：

A.详细调查分析研究外部条件，以确定那些影响目标实现和计划运行的各种有利和不利因素并将其应用到计划和管理职责中。

B.识别风险，努力将各种影响目标实现和计划执行的潜在因素提示出来，为风险分析和管理提供依据，并在计划实施过程中做好风险管理工作。

C.用科学的方法制订计划。做好计划可行性分析，消除那些造成资源不可行、技术不可行、经济不可行和财务不可行的各种错误缺陷，保障工程的实施能够有足够的时间、空间、人力、物力和财力，并在此基础上力求使计划优化。事实上，计划制订得越明确、越完美，就越能设计出有效的控制系统，也就越能使控制产生出更好的效果。

D.高质量做好组织工作，使组织与目标和计划高度一致，把目标控制的任务与管

理职能落实到适当的机构和人员，做到职权与职责明确，使全体成员能够通力协作，为共同实现目标而努力。

E.制订必要的各种方案，以应付可能出现的影响目标或计划实现的情况。有应急措施做保障，从而可以减少偏离或避免发生偏离。

F.计划应有适当的松弛度，即计划应留有余地。这样，可以避免对计划的干扰，减少例外情况的产生，使管理人员处于主动地位。

②被动控制

被动控制是指系统按计划进行时，管理人员对计划的实施进行跟踪，把它输出的工程信息进行加工、整理，再传递给控制部门，使控制人员从中发现问题，找出偏差，寻求制订纠正偏差的方案，然后再回送到计划实施系统付诸实施，保证计划目标的实现。

被动控制是一种反馈控制，其反馈过程如图4.34所示。

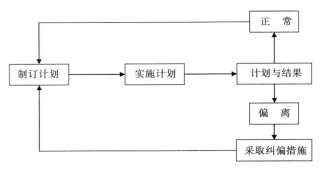

图4.34　反馈过程图

（2）质量控制的基本原理

①PDCA循环原理

PDCA循环，即计划P（Plan）、实施D（Do）、检查C（Check）、处置A（Action），是人们在管理实践中形成的基本理论方法。按照PDCA循环原理来实现预期目标，由此可见，PDCA是目标控制的基本方法。

②三阶段控制原理

A.事前质量控制：

a.技术准备；

b.物资准备；

c.组织准备；

d.施工现场准备。

B.事中质量控制：

a.施工过程交接有检查；

b.质量预控有对策；

c.施工项目有方案；

d.图纸会审有记录；

e.技术措施有交底；

三阶段质量控制：事前——事中——事后质量控制。

f.配料、材料有试验;

g.设计变更有手续。质量处理有复查,成品保护有措施,质量文件有档案等。

C.事后质量控制:

a.按规定的质量评定标准和办法对已经完成的分部分项工程、单位工程进行检查、评定、验收;

b.组织联动试车;

c.按编制竣工资料要求收集、整理质量记录;

d.组织竣工验收、编制竣工文件、做好工程移交准备;

e.对已完工的工程项目在移交前采取措施进行防护;

f.整理有关工程项目质量的技术文件,并编目、建档。

③三全控制原理

A.全面质量控制。建设工程项目全面质量控制包括建设工程各参与主体的工程质量与工作质量的全面控制。

B.全过程质量控制。是指根据工程质量的形成规律,从源头抓起,全过程推进。

C.全员参与控制。一旦确定了质量方针目标,就应组织和动员全体员工参与到实施质量方针的系统活动中去,发挥自己的角色作用。

(3)建设工程各阶段质量控制的内容

严格控制建设项目过程各个阶段的质量控制,是保证质量的重要环节。

按照建设项目程序依次控制决策、设计、施工和竣工验收阶段质量。

①建设工程决策阶段质量控制

建设工程决策阶段质量控制包括审核项目选址报告、可行性报告和计划任务书等内容。要保证选址合理,符合国家和地区规划,使项目目标和水平具有合理性,并与其投资环境相协调。

②建设工程设计阶段质量控制

项目设计目标是根据项目决策的目标和水平要求,通过项目设计过程,使其目标和水平具体化,它是影响项目质量的决定性环节。项目设计在技术上是否先进、经济上是否合理、结构上是否可靠和设备是否组和优化,都将决定建设项目使用功能及其产品质量。监理工程师必须对项目设计质量目标和水平严加控制,从而保证项目在一定投资限额下达到最佳功能和水平。

③项目施工阶段质量控制

通过参与招投标工作,优选承建单位,并派驻现场监理工程师进行现场施工监理,审核施工方案,控制材料质量,检查工序质量,从而保证工程施工符合规范和合同规定的质量要求。

④竣工验收阶段质量控制

对工程的质量、完整性和材料设备功能通过检查、验收两个阶段完成。然后对整个工程实体和全部的施工记录资料进行交接检查,为质量评定做好准备。最后通过参与项目质量评定和验收,严格掌握项目质量标准,不合格产品不予验收,从而保证项目最终产品质量标准。

⑤运行质量管理

在试运行阶段进行质量跟踪,定期进行系统检查和监测,发现问题并加以解决,同时在运行中通过质量管理保证设备良好运转。

4.4.2 施工质量控制的程序和方法

（1）施工质量控制的工作程序

施工阶段工程项目实施中,为了保证工程施工质量,应对工程建设对象的施工生产进行全过程、全面的质量监督、检查与控制,即包括事前的各项施工准备工作质量控制,施工过程中的控制,以及各单项及整个工程项目完成后,对建筑施工及安装产品的质量的事后控制。施工单位（企业）在施工阶段对质量控制方面应当遵循的监控程序和详细的工作流程图,如图4.35所示。

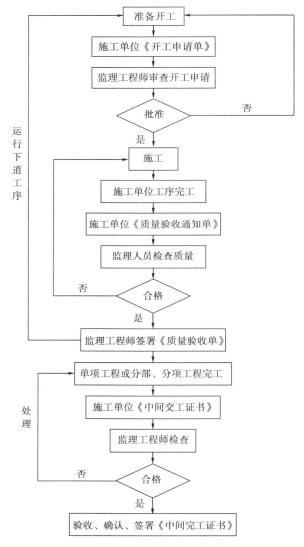

图4.35 施工质量控制的程序简图

（2）施工质量控制的途径与方法

施工阶段进行质量控制主要是通过审核有关文件、报表，以及进行现场检查及试验两个方面的途径和相应的方法实现。

①审核有关技术文件、报告或报表

这是对工程质量进行全面监督、检查与控制的重要途径。其具体内容包括以下几个方面：

A.审核进入施工现场的分包单位的资质证明文件，控制分包单位的施工质量。

B.审批施工承包单位的开工申请书，检查、核实与控制其施工准备工作质量。

C.审批施工单位提交的施工方案，施工组织设计或施工计划，保证工程施工质量有可靠的技术措施保障。

D.审批施工承包单位提交的有关材料、半成品和构配件质量证明文件（出厂合格证、质量检验或试验报告等），确保工程质量有可靠的物质基础。

E.审核施工单位提交的反映工序施工质量的动态统计资料或管理图表。

F.审核施工单位提交的有关工序产品质量的证明文件（检验记录及试验报告），工序交接检查（自检）、隐蔽工程检查、分部分项工程质量检查报告等文件、资料，以确保和控制施工过程的质量。

G.审批有关设计变更、修改设计图纸等，确保设计及施工图纸的质量。

H.审核有关应用新技术、新工艺、新材料、新结构等的技术鉴定书，审批应用申请报告，确保新技术应用的质量。

I.审批有关工程质量缺陷或质量事故的处理报告，确保质量缺陷或事故处理的质量。

J.审核与签署现场有关质量技术签证、文件等。

②现场质量监督与检查

现场监督检查的内容包括：

A.开工前的检查。主要是检查开工前准备工作质量，能否保证正常施工及工程施工质量。

B.工序施工中的跟踪监督、检查与控制。主要是监督、检查在工序施工过程中，人员、施工机械设备、材料、施工方法及工艺或操作以及施工环境条件等是否均处于良好的状态，是否符合保证工程质量的要求，若发现有问题应及时纠偏和加以控制。

C.对于重要的和对工程质量有重大影响的工序（如预应力张拉工序），还应在现场进行施工过程的控制，确保使用材料及工艺过程的质量。

D.工序产品的检查、工序交接检查及隐蔽工程检查。在施工单位自检与互检的基础上，应请监理人员进行工序交接检查。隐蔽工程须经监理人员检查确保其质量后，才允许加以覆盖。

E.复工前的检查。当工程因质量问题或其他原因，监理指令停工后，在复工前应经监理人员检查认可后，下达复工指令，方可复工。

F.分项、分部工作完成后，应经监理人员检查认可后，签署中间交工证书。

G.对于施工难度大的工程结构或容易产生质量通病的施工对象，质检人员还应进行现场跟踪检查。

4.4.3　施工质量控制的基本工具及应用

在对工程质量的统计调查、资料整理、统计分析和最终判断的过程中，自始至终都要以数据为依据，用数据来寻找存在的质量问题和反映工程质量的高低。这是质量管理的基础，是控制工程质量的重要手段。

利用质量分析方法控制工程质量，主要是通过数据整理分析，研究其质量误差的现状和内在的发展规律，以判断工程建设的质量现状，为质量控制提供质量信息。所以，工程中利用数据的质量分析方法本身只是一种工具，它只能反映当时的质量问题，为决策提供依据。要真正控制工程质量，还要针对存在的具体质量问题，采取相应的有效措施。

质量控制的常用工具有：直方图法、控制图法、相关图法、排列图法、因果分析图法、统计调查表法和分层法。

（1）质量控制的排列图法

排列图法又称巴雷特图法，也称主次因素分析图法，它是分析影响工程（产品）质量主要因素的一种有效方法。排列图是由一个横坐标，两个纵坐标，若干个矩形和一条曲线组成，如图4.36所示。图中左边纵坐标表示频数，即影响调查对象质量的因素重复发生或出现次数（或件数、个数、点数）；横坐标表示影响质量的各种因素，按出现的次数从多至少、从左到右排列右边的纵坐标表示频率，即各因素的频数占总频数的百分比；矩形表示影响质量因素的项目或特性，其高度表示该因素频数的高低；曲线表示各因素依次的累计频率，也称为巴雷特曲线。排列图的主要作用如下：

排列图法能确定质量改进重点，评价改善前后的实施效果，并且一目了然。

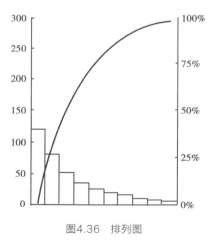

图4.36　排列图

①找出影响质量的主要因素。影响工程质量的因素是多方面的，有的占主要地位，有的占次要地位。用排列图法，则可方便地从众多影响质量的因素中找出影响质量的主要因素，以确定改进的重点。

②评价改善管理前后的实施效果。对某一质量问题的解决前后，通过绘制排列图，

可直观地看出改善管理前后某种因素的变化,评价改善管理的效果,进而指导管理。

③可使质量管理工作数据化、系统化、科学化。它所确定的影响质量主要因素不是凭空设想,而是有数字根据的。同时,用图形表达后,各级管理人员和生产工人一目了然,简单明了。

（2）质量控制的因果分析图法

因果分析图又称特性要因图、鱼刺图或树枝图。因果分析图法就是把对质量（结果或特性）有影响的重要因素加以分类,并在同一个图上用箭线表示出来的方法。通过整理、归纳、分析、查找原因,将因果关系搞清楚,然后采取措施解决问题,使质量控制工作系统化、条理化。其基本形式如图4.37所示,它主要包括特性和要因两个方面。所谓特性,这里是指工程施工中常出现的质量问题;所谓要因,是指在质量问题分析中对质量有影响的主要原因。

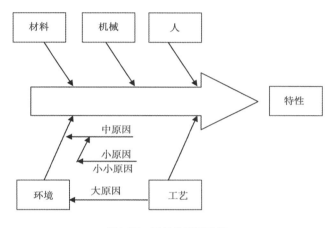

图4.37　因果分析图示例

在工程实践中,任何一种质量问题的产生,往往是多种原因造成的。这些原因有大有小,把这些原因依照大小次序分别用主干、大枝、中枝和小枝箭线图形表示出来,便可一目了然地、系统地观察出产生质量问题的原因。运用因果分析图可以帮助我们制定对策、措施,解决工程质量上存在的问题,从而达到控制质量的目的。

（3）质量控制的相关图法

工程（产品）质量受到各种因素的影响,各因素之间、产品质量特性之间相互影响,构成结果与原因的关系。这种变量之间的关系大致可分为三类:

①质量特性与质量特性的关系,如混凝土强度与水泥标号的关系;

②质量特性与影响因素的关系,如混凝土与养护条件的关系;

③影响因素与影响因素的关系,如沥青的延伸率与沥青黏结力的关系等。

相关图又称散布图,它是指把对应的有相关关系的两类数据,对应于直角坐标系的横坐标和纵坐标的相应点,绘制由一系列的点组成的图。相关图法就是利用相关图分析两个变量之间是否存在相关关系,以及相关类型及相关程度,借以观察判断两个质量特性之间的关系,通过控制容易测定的因素达到控制不易测定的因素的目的，以便对产品或工序进行有效的控制。

（4）质量控制的管理图法

不论是排列图、直方图，还是因果分析图，它们所表示的都是质量在某一段时间的静止状态。但在生产工艺过程中，产品质量的形成是一个动态过程。因此，控制生产工艺过程的质量状态，就成了控制工程质量的重要手段。这就必须在产品制造过程中及时了解质量随时间变化的状况，使之处于稳定状态，而不发生异常变化，这就需要利用管理图法。

管理图又称控制图，它是指以某质量特性和时间为轴，在直角坐标系所描的点，依时间为序所连成的折线，加上判定线以后，所画成的图形。管理图法是研究产品质量随着时间变化，如何对其进行动态控制的方法。它的使用可使质量控制从事后检查转变为事前控制。借助于管理图提供的质量动态数据，人们可随时了解工序质量状态，发现问题、分析原因，采取对策，使工程产品的质量处于稳定的控制状态。

（5）质量控制的分层法和调查表法

①分层法

分层法又称分类法或分组法。在质量控制中要收集的数据是杂乱无章的，为了使所收集的数据，能清晰而明确地反映客观实际情况，首先就是要把收集的数据进行各种分类、分组和分层，通过分组或分层的方法，把错综复杂的影响质量因素分析清楚，弄清工程质量问题的原因，及时采取措施进行纠正或预防。所以，分层法是收集整理数据的最基本方法，常与其他统计方法配合使用。分层法多种多样，在具体分层时可按以下几个方面进行：

A.按时间、日期分层；

B.按操作方法分层；

C.按操作者分层；

D.按材料成分、规格、供应单位分层；

E.按不同生产单位分层。

②调查表法

调查表法也称调查分析表法或检查表法，是利用图表或表格进行数据收集和统计的一种方法，也可以对数据稍加整理，达到粗略统计，进而发现质量问题的效果。因此，调查表除了收集数据外，很少单独使用。调查表没有固定的格式，可根据实际情况和需要自己拟订合适的格式。根据调查的目的不同，调查表有以下几种形式。

A.分项工程质量调查表；

B.不合格内容调查表；

C.不良原因调查表；

D.工序分布调查表；

E.不良项目调查表。

（6）质量控制的质量分析新工具

前面介绍的七种统计分析方法，在全面质量管理中称为QC七工具，或称"老七工具"。而将近几年发展起来的关系图法、KJ法、系统图法、矩阵图法、网络图法、数据矩阵分析法和PDPC法，统称为"新七工具"。

"新七工具"是日本的一些质量管理专家学者，运用运筹学和系统工程的原理和方法，于1976年总结出来的，它们不是对"老七工具"的代替，而是对其的补充和丰富。"老七工具"注重数据的分析和处理，主要用于对具体质量问题的分析；"新七工具"侧重于系统思考，主要的目的是整理、分析语言文字资料，找出质量问题的相互关系，理出头绪，使之系统化，便于采取解决的对策，重点用于质量计划阶段。两类方法并不矛盾，而是互补不足，相辅相成。下面将对"新七工具"作简单介绍。

①关系图法

关系图也称关联图，它是把质量问题与其主要影响因素的因果关系或目的与手段的关系用箭头连接起来的图。箭头遵循原因与结果、目的与手段的方向，如图4.38所示。这种图形可以纵观全貌、关系清晰、主次明确，易于发现影响质量的主要问题或主要环节，以便采取措施。应用关系图表示原因与结果、目的与手段的关系，明确比较复杂的因果关系，并以此作为解决问题的方法，即称为关系图法。

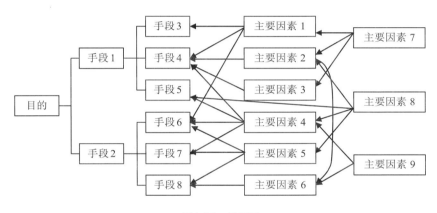

图4.38 关系图

应用关系图法解决问题的程序一般如下：

A.准照目标组成问题研究小组。

B.确定需要解决的质量问题。

C.调查与质量问题有关的一切因素。

D.用箭头表示出原因之间、原因与问题之间或目的与手段之间的关系。

E.归纳判断出重要问题和主要原因以及它们之间的关系。

F.制定改进措施、制订计划。

G.在生产过程中，随着情况和环境的变化，及时调整关系图。在工程质量控制工作中，关系图可用于制订工程项目质量控制计划；制订改进质量的措施；解决工期、工序控制问题，改进质量控制系统等。

②KJ法

KJ法是指在处理错综复杂问题时，将处于混乱状态的语言文字资料，利用其间的内在相互关系加以归纳、整理，然后找出问题的相应方法。

KJ法所用的工具是A型图解。而A型图解就是把收集到的某一特定主题的大量事实、意见或构思语言资料，根据它们相互间的关系分类综合的一种方法。KJ法是一种典型的思考型方法，它可用于认识新事物，归纳新思想，提出新办法，促进协调统一。

③系统图法

系统图法就是用形似树木分枝形状的图形，来表示具有目的与手段、目标措施性质的事项的图形。在生产过程中，为了达到某个目标（目的），需要采取相应的措施（手段），而为了实施该措施，又需要采取低一级水平的措施来保证。那么，高一级的措施对于低一级水平的措施来说，就成了目标。这种把为了达到既定目标（目的）而采取的措施（手段），依次类推地一级一级展开下去，并绘制成图，借以发现问题，明确重点，以寻求最佳措施的方法，称为系统图法，如图4.39所示。系统图法在具体运用时，有以下几个步骤：

A.确定质量目标。

B.提出实现目标的措施（手段）或计划。

C.评价各种措施，决定取舍。

D.把目标与措施系统化，要逐步解决以下问题：为实现目标，需要采取哪些措施；如把高一级的措施看成目标，那么，还需采取哪些措施。

E.制订实施计划。

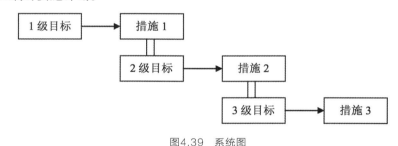

图4.39　系统图

④矩阵图法

矩阵图法是借助于矩阵的形式，把对要研究的质量问题有影响的各个因素，列成一个矩阵图，然后根据矩阵图的特点进行分析，从中确定关键点的方法。

矩阵图的基本方法是从具有相互影响的成对要素的问题中，把属于某类特征的各个要素和属于另一类特征的各个要素，分别排成行和列，构成矩阵图，然后在它们的坐标交会处用特定的符号，表示其相互关联的程度，见表4.10。

表4.10　矩阵图

| L（行） | R（列） | | | | | |
	R_1	R_2	$\cdots$	R_i	$\cdots$	R_m
	L_1					
	L_2					
	$\vdots$					
	L_n					

通过分析和观察矩阵图应解决以下问题：

A.从矩阵图及其交会点中，分析问题的原因及其相互关联的影响程度。

B.从矩阵图的分析中，探求解决问题的设想，确定具体措施。矩阵图法主要应用于具有两种以上的目标和结果，并且可在这种目标和结果的影响原因和采取的措施相应展开的情况下应用。

在质量控制中，矩阵图法主要应用于对由复杂因素组成的工序进行分析，对影响因素多的质量问题进行分析，对复杂的质量进行评价，对曲线所对应的数据进行分析等。不同类型的分析对象，采用的矩阵图的类型也不同。根据分析对象的不同，矩阵图可分为：L形矩阵图、T形矩阵图、Y形矩阵图、X形矩阵图和C形矩阵图。

⑤矩阵数据分析法

矩阵数据分析法是当矩阵图上各要素间关系能够定量表示时，可通过计算来分析、整理数据的方法。这种方法是新的质量管理七工具中唯一利用数据分析问题的方法，但其结果仍要用图形表示出来。

矩阵数据分析法在质量控制中主要应用于对复杂的质量问题进行分析；对复杂的工序进行分析；对用户关于质量的要求进行分析；对受多因素影响的质量进行评价；对曲线所对应的数据进行分析等。

⑥PDPC法

PDPC法又称过程决策程序图法（Process Decision Program Chart），这一方法是预测与决策学在质量控制中的具体应用。

在生产中，有时为了达到预定目的而制订的实施计划，由于技术上或系统上的原因，不能按原计划继续进行，应对原计划进行修正或另采取其他措施，以确保项目目标的实现。PDPC法就是针对这种状况提出来的。其基本思路是：首先，对生产过程中可能发生的各种情况进行估计和预测，并提出相应的预防措施；其次，在事态发展中随时进行预测和修正，以使项目目标按原定时间实现。PDPC法在质量控制中主要应用于制订质量目标控制的实施计划；制订预防生产工序中出现不合格品的措施；对系统中的重大变化进行预测并制订相应的措施等，以期达到控制工程质量的最终目标。

⑦网络图法

网络图法就是把推行工程项目所必需的各种作业，按其从属关系以统筹法中使用的时标计划网络图表示的矢量图。它是进行高效管理进度的一种方法。在质量控制中，常常用来制订质量改进计划，寻求最短工期和资源最优配置的一种非常有效的方法。

4.5 建设工程安全管理

安全管理是企业生产管理的重要组成部分，是一门综合性的系统科学。安全管理的对象是生产中一切人、物、环境的状态管理与控制，安全管理是一种动态管理。安全管理主要是组织实施企业安全管理规划、指导、检查和决策，同时，又是保证生产处于最佳安全状态的根本环节。施工现场安全管理的内容，大体可归纳为安全组织管理、场地与设施管理、行为控制和安全技术管理四个方面，分别对生产中的人、物、环境的行为与状态，进行具体的管理与控制。

4.5.1 建设工程安全管理的概念及策划

（1）建设工程安全管理的概念

建设工程安全管理，是指运用现代管理的理念，按照建设工程安全生产的目标要求，对施工的全过程进行必要的监控处理，提高建设工程安全管理工作的水平。在施工中，必须按照项目管理的要求，运用现代管理的方法来统筹、协调生产、才能大幅减少安全伤亡事故，才能充分发挥施工作业人员的主观能动性。生产不忘安全，向安全要效益，在努力提高工作效益的同时，努力改善工作条件，抓好安全工作各相关要素的有效落实，真正做到提高经济效益的同时，建设工程的安全管理也要得到切实的加强。

（2）建设工程安全管理的策划

①安全管理策划的概念

工程项目安全管理策划，是指通过识别和评价工程施工中危险源和环境因素，确定安全目标，并规定必要的控制措施、资源和活动顺序要求，制订和实施安全生产保证计划，以实现安全目标的活动。

A.工程项目施工安全策划原则。

工程项目施工安全策划主要有六大原则，分别如下：

a.目标导向原则；

b."安全第一、预防为主"原则；

c.全过程管控原则；

d.系统控制原则；

e.动态控制原则；

f.可操作性原则。

B.工程项目施工安全策划的基本内容。

工程项目施工安全策划的基本内容包括以下几个方面，分别是策划依据，工程概况，安全目标，危险源的识别、评价和控制策划，适用法律、法规及标准规范和其他要求，主要安全措施，安全检查及安全生产保证计划。

②施工安全目标策划

·安全目标一般涵盖以下几方面：首先，必须杜绝重大伤亡，重大坍塌、火灾和重大环境污染事故；其次，是一般事故发生概率的控制目标，创建文明工地，遵守和满足法律、法规与规范要求和社会需求的承诺；最后，是其他需求满足的总体目标。安全目标应具体并非常明确，首先，应有针对性，针对项目经理部的各个层次，对目标进行分解，目标要到达可量化的标准；其次，要有技术措施及具体的技术方案，对相关的责任部门及责任人要明确，同时，为了使目标落到实处，还必须明确完成的时限。

③施工安全事故应急救援预案的策划

应急救援预案是指为应对突发的生产安全事故而预先制订的紧急救援全过程的方案和计划,包括紧急救援的组织、程序、措施、责任和协调等。应急救援预案是为应对突发事故而预先设立的,必须具有全面性和可操作性。应急救援预案一般要包括爆炸、火灾、高处坠落、触电、物体打击、坍塌、中毒、特殊气候灾害等;为使预案在紧急关头不至于成为一纸空文,还必须充分准备足够数量的应急救援物资。同时,还必须加强演练,只有通过演练,才能让人人熟知应急救援预案,才不至于万一真的发生意外时人人手忙脚乱不知所措,而且通过演练,也能发现救援预案中的错误和不足之处,并及时加以修订完善。

4.5.2 建设工程安全管理的实施和运行

(1)安全管理的系统过程和依据

①安全管理的系统过程

工程项目施工安全控制主要分为两个环节:一是施工准备阶段的控制;二是施工过程的控制。

在施工准备阶段,主要控制好设计交底和图纸会审,施工组织设计的审核审批,施工安全生产要素配置安全控制及开工控制。上述控制都做好了,工程项目施工安全管理才能有基本的保证。

在施工过程中,主要做好作业安全技术交底,施工过程安全控制,工程交更、施工方案变更的控制,安全设施、施工机械的检查验收。

②施工安全管理控制的依据

施工安全管理控制的依据主要有四个方面:

一是国家的法律、法规;

二是有关建设工程安全生产的专门技术法规性文件;

三是建设工程合同;

四是设计文件及图纸会审意见。

(2)实施和运行过程的教育和培训

①教育培训的对象和时间要求

建筑企业职工每年必须接受一次专门的安全生产培训,包括:

A.企业法定代表人、项目经理,每年不得少于 30 学时;

B.企业专职安全生产管理人员,每年不得少于 40 学时;

C.其他管理人员和技术人员,每年不得少于 20 学时;

D.其他特殊工种,在取得岗位操作证后,每年不得少于 20 学时;

E.其他职工每年不得少于 15 学时;

F.待岗、转岗、换岗的职工,在重新上岗前学习时间不少于 20 学时;

G.新的职工,必须接受三级安全教育并通过考核后才能上岗。

②教育的内容

A. 三级教育内容。三级是指公司级、工程项目级、班组级。

公司级教育包括安全生产法律、法规，安全事故发生的一般规律及典型事故案例，预防事故的基本知识，急救措施等。

工程项目级教育包括安全生产标准，施工过程的基本情况和必须遵守的安全事项，施工用化学物品的用途，防毒知识，防火及防煤气中毒常识。

班组级教育包括班组生产概况，工作性质及范围，个人从事生产的性质，必要的安全知识，各种机械及其安全防护设施的性能和作用，安全操作规程，本工程容易发生事故的部位及劳动防护用品的使用要求，安全生产责任制。

B.变换工种及转场安全教育。包括新工作岗位或生产班组安全生产概况、工作性质和职责；新工作岗位的安全知识，各种机具和设备及安全防护设施的性能和作用；新工作岗位的安全技术操作规程；新工作岗位容易发生的事故；个人防护用品的使用和保管。

转场教育包括本工程项目安全生产状况及施工条件；工程项目中危险部位的防护措施及典型事故案例；以及项目的安全管理体系、规定及制度。

C.特种作业安全教育。主要针对电工、焊工、司炉工、爆破工、起重工、打桩工等，必须经过本工种的安全技术教育，并且每年还要进行一次复审，同时还要接受一般安全教育。

D.外施工队伍安全生产教育内容。除本单位的职工需要接受三级教育之外，各施工单位聘用外施工单位的工人，都必须接受三级安全教育，经考核合格后方可上岗作业，未经安全教育或者考核不合格者，严禁上岗作业。外聘人员的三级安全教育，分别由用工单位、项目经理部和班组负责组织实施，总学时不得少于 24 学时。

（3）实施和运行前的协商和沟通

在实施和运行前，要对安全控制的前期工作进行审查，提出具体要求，做好相关的沟通工作，这在安全控制的全过程中的地位是非常重要的，也是很关键的一环。

①审核审批安全生产保证计划

安全生产保证计划是施工安全管理策划的重要结果，也是施工组织设计的重要组成部分。一般对施工组织设计进行审查时，就同时对安全生产保证计划进行了审查。

一般的工程安全技术方案，由项目经理部总工程师审核，报公司项目管理部、安全管理部备案。重要的工程安全技术方案，由项目经理部总工程师审核，公司项目管理部、安全管理部复核，由公司总工程师委托技术人员审批并报公司项目管理部、安全管理部备案。大型的、专业性强、危险性大的工程安全技术方案，如特大预应力梁的浇捣、基坑支护与降水工程、大型构件的吊装等，项目经理部还必须组织专家对方案进行论证审查，审核和审批人应有明确意见并签名，职能部门盖章。

安全生产保证计划的编制、审核和审批应复核规定的程序，计划应符合国家技术规范，能充分考虑施工合同的要求和施工现场条件的要求，并注重"安全第一，预防为主"的原则。此外，还必须对计划的针对性、可操作性、先进性进行专门的论证，如达不到要求，要适当进行调整。还要就安全管理体系、安全保证措施、环保要求、消防规定、文明施工等是否健全并且可行进行论证，都要符合相关的要求并切实可行。

②审查核对施工现场的安全控制

A.熟悉工程合同。工程项目施工合同是工程的关键性文件,工程项目部管理人员和技术人员应尽快熟悉合同,熟悉合同的具体约定和专用条款,尤其是特别约定一定要熟悉,对合同进行有效的管理,才能有效地实施工程项目施工安全控制。

B.做好设计交底和图纸会审。在工程项目施工前,必须对设计图纸有深入的了解。设计图纸是工程师的语言,图纸既表达了设计师的设计思想,也深深打上了设计方方面面要求的烙印。因此,在工程实施前,施工单位应认真参加设计交底,以全面了解设计原则、质量及安全要求。同时,施工单位也要认真审核图纸,发现问题及时以书面形式上报监理方或业主。而后通过图纸会审,进一步深化对图纸的了解。

C.工程建设项目施工现场环境的调查与控制。工程项目施工周期一般都比较长,在施工期间,自然环境因素的改变,对施工安全会构成各种不利影响。因此,在工程项目施工前,必须对施工现场周围的地形、地貌、水文气象、工程地质及水文地质等自然条件状况有深入地了解,并有针对性地采取有效的措施和对策以保证工程施工安全。比如,拟新建建筑要采取基础大开挖,但地下水位很高,而周围有很多建筑年代比较久远的天然浅基础建筑,这时基坑施工就必须非常小心,否则,地下水位降低得太多或者太快,都会影响周围建筑的结构安全,后果不堪设想。此外,施工现场作业环境的好坏,也直接影响施工的安全。

D.施工现场危险源的控制。在施工前,要对危险源进行识别、评价、控制等,并建立管理档案。在施工现场,常见的危险源有高处坠落、物体打击、坍塌、触电、中毒等,对此应建立相应的管理档案,档案应包含危险源的识别、评价结果和清单;对重大危险源可能出现的范围、性质和时间,编制对应的控制措施,纳入安全管理制度、员工安全教育培训、安全技术措施中。此外,当工程项目内容有重大调整时,会引起重大危险源的改变,因此,重大危险的识别、评价和控制也需要不断地调整更新。

危险源确定后,还必须订立重大危险源的应急救援预案。应急救援预案包括安全技术措施,监控措施,检测方法,救援人员的组织,应急材料、设备的配备等。订立的应急救援预案,必须翔实细致,实用可靠,同时为了熟悉预案,还要经常组织演练,在演练中发现问题与不足,并对预案提出补充与修改,使预案日臻完善。

E.审查施工平面布置图。每个施工现场都必须有施工平面布置图,很多项目部对施工平面图不够重视,认为摆设的作用大于实际意义,其实不然;一幅考虑周全的施工平面图,应该全面考虑衡量了安全、防火、防爆、防污染,在紧张的施工现场做到尽可能多地利用场地并安排好正常的通道和预留应急救援预案中的应急通道,确保预案不流于形式,真实可靠。

F.审查计划进场的施工机械和设备。施工机械和设备选择正确与否,对工程项目施工正常与安全施工影响重大。施工机械和设备的选择,首先,要考虑技术的可靠性与先进性、工作效率、安全与质量;其次,要考虑选择的型号是否符合现场实际需求。例如,选择塔吊时,首先,要看起重机的提升时间,起重总量、高度及半径是否满足要求,然后,再看所选的半径在实际使用中是否会遇到障碍物,如果有可能会造成危险还必须进行调整。

在施工机械和设备数量的选定上，一方面要结合工期和各项实际需求，另一方面要考虑满足施工高峰期的使用，多了会造成浪费，少了无法按进度计划施工。

G.调查其他不利因素。在施工前，除了要了解现场的自然环境条件外，其他的不利因素也相当重要，必须了解清楚。比如，周围的地下管线，拟施工建筑与周围建筑之间的相互影响，都要提前了解清楚并作好相应的防护措施。

H.对进场安全设施设备的检查。安全设施设备是安全防护的重要一环，比如，安全帽，是最后一道保护措施，如果连最后一道保护措施出问题了，安全状况可想而知。因此，安全管理最终的评价结果如何，很大程度上取决于安全劳保设施设备的质量。当前社会商品假冒伪劣的很多，为防止"不安全"的安全设施设备进入施工现场，造成安全隐患，项目经理部应选择信誉良好的供货单位，采购质量过硬的安全设施设备。在安全设施设备进场后，应及时按要求验收：一是查看质量合格证；二是查看表面质量检查规格；三是按规定抽样送检，验收合格后方可使用。

③审查核对施工安全管理制度

为确保施工安全，首先要确立安全管理目标，主要内容包括：

A.伤亡事故控制目标：杜绝死亡重伤，一般事故应有控制指标。

B.安全达标目标：根据工程特点，制订安全达标的具体目标。

C.文明施工目标：根据作业条件的要求，制订文明施工的具体方案和实现文明工地的目标。

D.工作目标：持证上岗率、设备完好率、检查合格率等。

E.安全创优目标：确定不同工程创优的级别。

在施工前，必须明确上述目标，为了实现目标，以下的安全管理制度要很好的抓好落实。包括安全生产责任制，安全教育培训，安全检查，生产安全事故报告制度，建立健全安全生产管理机构和配齐安全管理人员，施工单位主要负责人、项目负责人和专职安全生产管理人员必须经安全和管理能力考核合格后才能上岗，特种作业人员必须持证上岗，除此以外还要落实安全措施技术管理制度、设备安全管理制度、安全设施和防护管理制度、特种设备管理制度和消防安全责任制度等。

④审查核对分包单位安全控制

对内部职工的安全控制一般比较容易落实，相反对分包单位（外单位）的安全控制往往是薄弱环节。分包单位由于不属于同一单位，从组织、管理、运作上都有很大的差异，管理容易失控。因此，必须检查分包单位的资质和安全生产许可证，分包单位的人员资格是否符合要求，分包合同对安全管理、职责权限和工作程序是否有具体规定等。

（4）施工过程安全控制的内容和方法

做好施工前的安全控制准备后，整个安全管理才有了坚实的基础。施工过程中的安全控制是工程项目施工安全管理的关键。为了做好过程安全管理，要控制好以下因素包括安全教育培训，坚持特种作业人员持证上岗，做好安全技术交底，重点监控重大危险源，施工现场危险部位必须设置明显的安全警示标志，监控好施工机械,保证临时用电安全,劳保用品按规定使用好,监控好安全物资,定期检测安全检测工具,控制好消防安全,监控保护好有关的管线,控制好施工现场的环境安全,控制好粉尘、废气、废水等的排放,生产过程的自检与互检,控制好安全验收全过程,做好安全记录资料并及时建档,落实安全管理制度,监控好分包单位,监控好安全物资供应单位,对大型施工机械拆装、使用的监控,对安全防护设施的监控等。

在安全控制的方法上,要注意以下几个问题。

①安全技术文件、报告和报表的审核要全面细致。内容包括:

A.技术证明文件。

B.施工方案中的安全技术措施。

C.安全物资的验收及送检。

D.工序控制图标。

E.设计变更、修改图纸和技术核定书。

F.有关新工艺、材料的技术鉴定书。

G.工序检查与验收资料。

H.安全问题的处理意见。

I.现场安全技术和文件的审查审批。

②施工现场监控和检查

A.现场安全检查。主要是工程施工中的跟踪监督、检查与控制,确保在施工过程中,人员、机械、设备、材料、施工工艺、操作规程及施工环境条件等均处于良好的可控状态。对于重要的工序和活动,还要在现场安排专人监控。

B.现场检查的类型。包括日常安全检查、定期安全检查、不定期安全检查、专业性安全检查、季节性和节假日前后安全检查。在安全检查中,检查内容要全面,包括安全意识、安全制度、安全设施、安全教育培训、机械设备、操作行为、劳保用品使用等。检查中要善于发现问题,并做好安全检查问题的记录。

C.检查中发现问题的处理。对检查中发现的问题,应马上将情况反馈给相应的工人和管理人员,对于存在的安全隐患,必须下达安全隐患整改通知书,分析产生问题的根源,整改合格后才允许继续施工。

D.工地例会制度。在施工过程中,定期召开工程例会,对前一阶段的工作进行总结,沟通情况,解决分歧,达成共识,作出决定。在例会中,对安全状况进行讲评,找出存在问题,提出整改措施。

E.其他措施。主要包括安全生产奖罚制,按规定程序进行工作。奖励先进,鞭策落后,是安全生产奖罚制的宗旨。生产按规定的程序进行工作,安全控制有保障。

4.5.3　建设工程安全管理的检查和纠正措施

（1）安全管理的检查

安全检查的目的是验证安全保证计划的实施效果,是对安全管理绩效的检查。安全检查制度,对检查的形式、方法、时间、内容、组织的管理要求、职责权限和在检查中发现的问题如何整改、处理和复检作出具体的规定,形成文件并组织实施。

安全检查是检查安全保证计划的实施效果。

安全检查的规定：

①安全检查的形式

各管理层的自我检查，公司管理层对项目部管理层的检查、抽查。

②安全检查的类型

如前所述，检查的类型包括日常安全检查、定期安全检查、不定期安全检查、专业性安全检查、季节性和节假日前后安全检查。尤其是不定期安全检查，更能发现施工过程中存在的问题，其他检查一般是提前通知、打招呼的，大家多少都有准备，反映不了实际存在的问题，不定期安全检查往往能克服这个缺点。

③安全检查的要求

安全检查的时间，日常检查由各级管理人员在检查生产的同时检查安全；定期安全检查，项目部每周一次，分公司每月组织一次以上的安全检查，公司每季度组织一次以上的安全检查。

安全检查的内容包括安全意识、安全制度、安全设施、安全教育培训、机械设备、操作行为、劳保用品使用等。根据检查的内容，确定检查的项目、标准和评分方法。检查中要善于发现问题，并作好安全检查问题的记录。

（2）安全管理运行过程的纠正和预防措施

①安全验收

安全技术措施实施情况的验收，应在工程施工前验收，包括工程项目的安全技术方案，交叉作业的安全技术方案，分部分项工程安全技术措施。其中，对于一次验收严重不合格的安全技术措施应重新组织验收。在验收中，专职负责安全生产管理的人员必须参与，对于验收中存在的问题要及时整改，具体由安全生产管理人员跟踪落实。

设施与设备的验收。一般的设施设备验收，由工程项目部组织验收，成员包括专职安全管理人员、项目部总工程师、项目部区域工程师等。大型或重点的工程设备的验收，一般由政府相关监管职能部门负责验收，验收合格并取得相关的许可证后方可投入使用。

验收中发现安全隐患的整改和再验收。在验收中发现的安全隐患，由安全检查负责人签发整改通知书，整改好后再验收。对验收中发现有可能导致重大安全事故的，必须立即停工，整改合格后方可复工。

②运行过程的纠正和持续改进

A.坚持安全管理体系的 PDCA 方法，如图4.40所示。

B.坚持全员全程的动态管理。工程项目施工安全管理，包括生产活动的全过程。因此，建设工程安全管理持续改进必须坚持全员、全过程、全方位、全天候的动态管理。

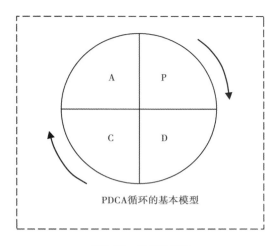

图4.40　PDCA循环

延伸阅读

全寿命周期工程造价管理

全寿命周期工程造价管理是指从决策、设计、施工、使用、维护和翻新拆除出发考虑造价和成本问题，运用工程经济学、数学模型等方法强调工程项目建设前期、建设期、建设维护期等阶段之和最小化的一种管理方法。

全寿命周期工程造价管理的思想最早起源于重复性制造业工程项目。全寿命周期造价管理主要由英、美的一些造价工程界的学者和实际工作者于20世纪70年代末和80年代初提出的。进入20世纪80年代，他们有的从建筑设计方案比较的角度出发探讨了建筑费用和运营维护费用的概念和思想；也有人从建筑经济学的角度出发，深入地探讨了全寿命周期造价管理的应用范围。

它覆盖了工程项目的全寿命周期，考虑的时间范围更长，也更合理，使全社会成本最低。从项目全寿命周期造价管理的角度，保证现有施工阶段的造价控制技术，加强项目前期策划的力度与深度，设计阶段周全考虑项目未来运营的需要，提高设计的前瞻性与先进性。

本章是"实施控制与管理"篇的总体概括,其内容包括:

①建设工程项目实施控制体系包括进度控制、成本控制、质量控制、安全管理、风险管理等职能。

②每一种职能都包括对实施过程的监督、跟踪、诊断和采取调控措施的过程。在建设工程项目管理系统设计中应对每一职能建立实施控制体系。

③进度、成本、质量、合同、风险这五项各自是独立且平等的,同时,它们之间也有着对立统一的关系。过于强调哪一个都会影响其他,因此,要进行动态控制,搞好协调,在保证质量和安全的前提下,使进度合理、节约成本。在建设工程项目中,应对每一职能建立实施控制体系,才能确保项目建设建造出优质工程。

复习思考题

1.在项目的进度控制中,为什么要注重对关键线路的管理,如何确定一个项目的关键线路?

2.什么是总时差?什么是自由时差?它们在项目管理中的作用分别是什么?

3.根据所学专业和生活常识,模拟一个项目,设定一些技术参数。用一种估算工作时间的方法估计工时,建立用于公司管理层级和项目管理层级的时间计划;确定项目的约束条件,描述你在建立时间计划时如何考虑这些约束条件的;如果要求加快进度,你将如何对项目进度计划进行优化?

4.在具体的项目管理中,项目的费用是如何构成的?

5.根据自己所学的专业,掌握相应的估算方法,并知道不同方法之间的差别。

6.根据所学专业和知识,模拟一个项目,设定一些技术参数。用一种估算技术确定项目最初的预算,用挣值法对费用进行管理;假设项目中出现了异常情况,请用挣值法对费用进行管理。

7.影响项目质量的因素有哪些?在项目管理中应如何降低它们对产品质量的影响?

8.根据所学专业和生活常识,模拟一个项目。描述你将用什么方法去了解客户对质量的要求并如何确定项目的质量标准;当项目启动后,请建立对质量进行过程控制的原则、方法;假设过程中可能出现的质量问题,并确定用合适的方法去管理。

9.质量控制的方法有哪些?它们是如何对产品质量进行控制的?

10.何谓危险源?危险源如何分类?各包括哪些内容?

5 建设工程信息管理与组织协调

本章导读

　　海尔集团创立于1984年，经过几十年艰苦努力，已发展成为在海内外享有较高美誉的大型国际化企业集团，初步搭建了国际化企业框架。海尔集团之所以取得如此优异的成绩，是和海尔率先实施企业信息化工程分不开的。海尔自1995年就成立信息中心专门负责推进企业信息化工作，现已成功实现了从传统的制造企业向现代信息化企业的转变。成功的企业善于利用先进的信息化技术手段，通过本章内容的学习，大家能够初步了解在建设工程中，如何运用全面信息化管理，进一步提升建设工程管理的效率和竞争力。

5.1 建设工程信息管理的概念和工具

　　据有关国际文献的资料统计：

　　A.建设工程实施过程中存在的诸多问题，其中2/3与信息交流（信息沟通）有关。

　　B.建设工程10%~33%的费用增加与信息交流存在的问题有关。

　　C.在大型建设工程中，由于信息交流导致工程变更和工程实施的错误占工程总成本的3%~5%。

　　由此可见，信息交流对建设工程实施影响之大。

　　以上"信息交流（信息沟通）"的问题指的是一方没有及时，或没有将另一方所需要的信息（如所需的信息的内容、针对性的信息和完整的信息），或没有将正确的信息传递给另一方。如设计变更没有及时通知施工方，而导致返工；如业主方没有将施工进度严重拖延的信息及时告知大型设备供货方，而设备供货方仍按原计划将设备运到施工现场，致使大型设备在现场无法存放和妥善保管；如施工已产生了重大质量问题的隐患，而没有及时向有关技术负责人汇报等。以上列举的问题都会不同程度地影响建设工程目标的实现。

5.1.1 建设工程信息管理的概念

　　（1）建设工程信息管理的内涵

　　①信息

　　信息指的是用口头的、书面的或电子的方式传输（传达、传递）的知识、新闻，或可靠的或不可靠的情报。声音、文字、数字和图像等都是信息表达的形式。建设工程的实施需要人力资源和物质资源，应认识到信息资源也是建设工程实施的重要资源之一。

业主方和工程参与各方可根据各自的工程管理的需求确定其信息管理的分类，但为了信息交流的方便和实现部分信息共享，应尽可能作一些统一分类的规定，如工程的分解结构应统一。

可从不同的角度对建设工程的信息进行分类，如：

A.按工程管理工作的对象，即按工程的分解结构，如子工程1、子工程2等进行信息分类。

B.按工程实施的工作过程，如设计准备、设计、招投标和施工过程等进行信息分类。

C.按工程管理工作的任务，如投资控制、进度控制、质量控制等进行信息分类。

D.按信息的内容属性，如组织类信息、管理类信息、经济类信息、技术类信息和法规类信息。

为满足工程管理工作的要求，往往需要对建设工程信息进行综合分类，即按多维进行分类，如：

A.第一维：按工程的分解结构。

B.第二维：按工程实施的工作过程。

C.第三维：按工程管理工作的任务。

②信息管理

信息管理指的是信息传输的合理的组织和控制。施工方在投标过程中、承包合同洽谈过程中、施工准备工作中、施工过程中、验收过程中，以及在保修期工作中形成大量的各种信息。这些信息不但在施工方内部各部门间流转，其中许多信息还必须提供给政府建设主管部门、业主方、设计方、相关的施工合作方和供货方等，还有许多有价值的信息应有序地保存，可供其他建设工程施工借鉴。上述过程包含了信息传输的过程，由谁（哪个工作岗位或工作部门等）、在何时、向谁（哪个工程主管和参与单位的工作岗位或工作部门等）、以什么方式、提供什么信息等属于信息传输的组织和控制，这就是信息管理的内涵。

信息管理不能简单理解为仅对产生的信息进行归档和一般的信息领域的行政事务管理。为充分发挥信息资源的作用和提高信息管理的水平，施工单位和其建设工程管理部门都应设置专门的工作部门（或专门的人员）负责信息管理。

③建设工程信息管理

建设工程信息管理是通过对各个系统、各项工作和各种数据的管理，使项目的信息能方便和有效地获取、存储（存档是存储的一项工作）、处理和交流。

上述"各个系统"可视为与建设工程的决策、实施和运行有关的各系统，它可分为建设工程决策阶段管理子系统、实施阶段管理子系统和运行阶段管理子系统。其中，实施阶段管理子系统又可分为业主方管理子系统、设计方管理子系统、施工方管理子系统和供货方管理子系统等。

上述"各项工作"可视为与建设工程的决策、实施和运行有关的各项工作，如施工方管理子系统中的工作，包括安全管理、成本管理、进度管理、质量管理、合同管理、信息管理、施工现场管理等。

上述"数据"并不仅指数字，在信息管理中，数据作为一个专门术语，它包括数字、文字、图像和声音。在施工方信息管理中，各种报表、成本分析的有关数字、进度分析的有关数字、质量分析的有关数字、各种来往的文件、设计图纸、施工摄影和摄像资料和录音资料等都属于信息管理中的数据范畴。

（2）建设工程信息管理的分类

建设工程信息依据不同标准可划分如下：

①按照建设工程的目标划分

A.投资控制信息。是指与投资控制直接有关的信息。如各种估算指标、类似工程造价、物价指数；设计概算、概算定额；施工图预算、预算定额；建设工程投资估算；合同价组成；投资目标体系；计划工程量、已完工程量、单位时间付款报表、工程量变化表、人工、材料调差表；索赔费用表；投资偏差、已完工程结算；竣工决算、施工阶段的支付账单；原材料价格、机械设备台班费、人工费、运杂费等。

B.质量控制信息。是指建设工程质量有关的信息，如国家有关的质量法规、政策及质量标准、工程建设标准；质量目标体系和质量目标的分解；质量控制工作流程、质量控制的工作制度、质量控制的方法；质量控制的风险分析；质量抽样检查的数据；各个环节工作的质量（建设工程决策的质量、设计的质量、施工的质量）；质量事故记录和处理报告等。

C.进度控制信息。是指与进度相关的信息，如施工定额；工程总进度计划、进度目标分解、工程年度计划、工程总网络计划和子网络计划、计划进度与实际进度偏差；网络计划的优化、网络计划的调整情况；进度控制的工作流程、进度控制的工作制度、进度控制的风险分析等。

D.合同管理信息。是指建设工程相关的各种合同信息，如工程招投标文件；工程建设施工承包合同，物资设备供应合同，咨询、监理合同；合同的指标分解体系；合同签订、变更、执行情况；合同的索赔等。

②按照建设工程信息的来源划分

A.工程内部信息。是指建设工程各个阶段、各个环节、各有关单位发生的信息总体。内部信息取自建设工程本身，如工程概况、设计文件、施工方案、合同结构、合同管理制度，信息资料的编码系统、信息目录表，会议制度，工程的投资目标、工程的质量目标、工程的进度目标等。

B.工程外部信息。来自工程外部环境的信息称为外部信息。如国家有关的政策及法规；国内及国际市场的原材料及设备价格、市场变化；物价指数；类似工程造价、进度；投标单位的实力、投标单位的信誉、毗邻单位情况；新技术、新材料、新方法；国际环境的变化；资金市场变化等。

③按照信息的稳定程度划分

A.固定信息。固定是指在一定时间内相对稳定不变的信息，包括标准信息、计划信息和查询信息。标准信息主要指各种定额和标准,如施工定额、原材料消耗定额、生产作业计划标准、设备和工具的耗损程度等。计划信息反映在计划期内已定任务的各项指标情况。查询信息主要指国家和行业颁发的技术标准、不变价格、监理工作制度、监理工程师的人事卡片等。

B.流动信息。是指在不断变化的动态信息。如工程实施阶段的质量、投资及进度的统计信息;反映在某一时刻,工程建设的实际进程及计划完成情况;工程实施阶段的原材料实际消耗量、机械台班数、人工工日数等。

5.1.2 建设工程信息管理的工具

（1）信息管理手册

业主方和建设工程参与各方都有各自的信息管理任务,各方都应编制各自的信息管理手册。信息管理手册描述和定义信息管理做什么、谁做、什么时候做和其工作成果是什么等,它的主要内容包括:

A.信息管理的任务（信息管理任务目录）。

B.信息管理的任务分工表和管理职能分工表。

C.信息的分类。

D.信息的编码体系和编码。

E.信息输入输出模型。

F.各项信息管理工作的工作流程图。

G.信息流程图。

H.信息处理的工作平台及其使用规定。

I.各种报表和报告的格式,以及报告周期。

J.工程进展的月度报告、季度报告、年度报告和工程总报告的内容及其编制。

K.工程档案管理制度。

L.信息管理的保密制度等。

（2）信息管理部门

在国际上,许多建设工程都专门设立信息管理部门（或称为信息中心）,以确保信息管理工作的顺利进行;也有一些大型建设工程专门委托咨询公司从事项目信息动态跟踪和分析,以信息流指导物质流,从宏观上对工程的实施进行控制。工程管理班子中各个工作部门的管理工作都与信息处理有关,而信息管理部门的主要工作任务是:

A.负责编制信息管理手册,在工程实施过程中进行信息管理手册的必要修改和补充,并检查和督促其执行。

B.负责协调和组织工程管理班子中各个工作部门的信息处理工作。

C.负责信息处理工作平台的建立和运行维护。

D.与其他工作部门协同组织收集信息、处理信息和形成各种反映工程进展和工程目标控制的报表和报告。

E. 负责工程档案管理等。

信息管理部门以信息流指导物质流,协调工程信息处理。

（3）信息管理任务的工作流程

A.信息管理手册编制和修订的工作流程。

B.为形成各类报表和报告收集信息、录入信息、审核信息、加工信息、信息传输和发布的工作流程。

C.工程档案管理的工作流程等。

（4）基于网络的信息管理平台

由于建设工程大量数据处理的需要，在当今的时代应重视利用信息技术的手段进行信息管理。其核心的手段是基于网络的信息处理平台。

5.2 建设工程信息的编码和处理方法

5.2.1 建设工程信息编码的方法

编码由一系列符号（如文字）和数字组成，编码是信息处理的一项重要的基础工作。一个建设工程有不同类型和不同用途的信息，为了有组织地存储信息，方便信息的检索和信息的加工整理，必须对工程信息进行编码，如：工程的结构编码；工程管理组织结构编码；工程的政府主管部门和各参与单位编码（组织编码）；工程实施的工作项编码（工程实施的工作过程的编码）；工程的投资项编码（业主方）/成本项编码（施工方）；工程的进度项（进度计划的工作项）编码；工程进展报告和各类报表编码；合同编码；工程档案编码等。

以上这些编码是因不同的用途而编制的，如投资项编码（业主方）/成本项编码（施工方）服务于投资控制工作/成本控制工作；进度项编码服务于进度控制工作。但是有些编码并不是针对某一项管理工作而编制的，如投资控制/成本控制、进度控制、质量控制、合同管理、编制工程进展报告等都要使用工程的结构编码，因此就需要进行编码的组合。

工程的结构编码依据工程结构图，对工程结构的每一层的每一个组成部分进行编码。工程管理组织结构编码依据工程管理的组织结构图，对每一个工作部门进行编码。工程的政府主管部门和各参与单位均需要进行编码，其中包括：政府主管部门；业主方的上级单位或部门；金融机构；工程咨询单位；设计单位；施工单位；物资供应单位；物业管理单位等。

工程实施的工作项编码应覆盖工程实施的工作任务目录的全部内容，它包括：设计准备阶段的工作项；设计阶段的工作项；招投标工作项；施工和设备安装工作项；项目动用前的准备工作项等。

工程的投资项编码应综合考虑概算、预算、标底、合同价和工程款的支付等因素，建立统一的编码，以服务于工程投资目标的动态控制。

工程成本项编码应综合考虑预算、投标价估算、合同价、施工成本分析和工程款的支付等因素，建立统一的编码，以服务于工程成本目标的动态控制。

工程的进度项编码应综合考虑不同层次、不同深度和不同用途的进度计划工作项的需要，建立统一的编码，服务于工程进度目标的动态控制。工程进展报告和各

以不同用途而编制的九类工程编码，要分别综合考虑所涉及的各项内容。

类报表编码应包括工程管理形成的各种报告和报表的编码。

合同编码应参考工程的合同结构和合同的分类,应反映合同的类型、相应的工程结构和合同签订的时间等特征。

工程档案的编码应根据有关工程档案的规定、工程的特点和工程实施单位的需求而建立。

5.2.2 建设工程信息处理的方法

在当今时代,信息处理已逐步向电子化和数字化的方向发展,但建筑业和基本建设领域的信息化已明显落后于许多其他行业,建设工程信息处理基本上还沿用传统的方法和模式。应采取措施,使信息处理由传统的方式向基于网络的信息处理平台方向发展,以充分发挥信息资源的价值,以及信息对工程目标控制的作用。

基于网络的信息处理平台由一系列硬件和软件构成:

A.数据处理设备(包括计算机、打印机、扫描仪、绘图仪等)。

B.数据通信网络(包括形成网络的有关硬件设备和相应的软件)。

C.软件系统(包括操作系统和服务于信息处理的应用软件)等。

建设工程的业主方和工程参与各方往往分散在不同的地点,或不同的城市,或不同的国家,因此,其信息处理应考虑充分利用远程数据通信的方式,如通过电子邮件收集信息和发布信息;通过基于互联网的工程专用网站(Project Specific Web Site,PSWS)实现业主方内部、业主方和工程参与各方,以及工程参与各方之间的信息交流、协同工作和文档管理;通过基于互联网的工程信息门户(Project Information Portal,PIP)的为众多工程服务的公用信息平台实现业主方内部、业主方和工程参与各方,以及工程参与各方之间的信息交流、协同工作和文档管理。

基于互联网的工程信息门户(PIP)属于电子商务(E-Business)两大分支中的电子协同工作(E-Collaboration)。工程信息门户在国际学术界有明确的内涵:即在对工程实施全过程中工程参与各方产生的信息和知识进行集中式管理的基础上,为工程的参与各方在互联网平台上提供一个获取个性化工程信息的单一入口,从而为工程的参与各方提供一个高效的信息交流(Project-Communication)和协同工作(Collaboration)的环境。它的核心功能是在互动式的文档管理的基础上,通过互联网促进工程参与各方之间的信息交流和促进工程参与各方的协同工作,从而达到为工程建设增值的目的。

基于互联网的工程专用网站(PSWS)是基于互联网的工程信息门户的一种方式,是为某一个工程的信息处理专门建立的网站。但是基于互联网的工程信息门户也可以服务于多个工程,即成为众多工程服务的公用信息平台。

基于互联网的工程信息门户为工程各参与方提供高效的信息交流环境;基于互联网的工程专用网站为工程信息处理提供信息处理平台。

5.3 建设工程组织协调

5.3.1 建设工程组织协调的内容

（1）建设工程组织协调的概念

工程协调是指以一定的形式、手段和方法，对工程实施过程中的各种关系进行疏通，对产生的干扰和障碍予以排除的过程。协调是管理的重要职能，无论工程内部或外部的协调，都是非常重要的，有学者称协调是管理的本质。协调可使矛盾着的各个方面居于统一体中，解决它们的界面问题，解决它们之间的不一致和矛盾，使系统结构均衡，使工程实施和运行过程顺利。

组织协调就是联结、联合、调和所有的活动及力量，使各方配合得适当，其目的是促使各方协同一致，以实现预定目标。协调工作应贯穿于整个建设工程实施及其管理过程中。

建设工程系统就是一个由人员、物质、信息等构成的人为组织系统。用系统方法分析，建设工程的协调一般有三大类：一是"人员／人员界面"；二是"系统／系统界面"；三是"系统／环境界面"。

（2）工程组织协调的工作内容

①工程内部的协调

A.工程内部人际关系的协调。

a.在人员安排上要量才录用；

b.在工作委任上要职责分明；

c.在成绩评价上要实事求是；

d.在矛盾调解上要恰到好处。

B.工程内部组织关系的协调。

a.在职能划分的基础上设置组织机构，根据工程对象及合同所规定的工作内容，确定职能划分，并相应设置配套的组织机构；

b.明确规定每个部门的目标、职责和权限，最好以规章制度的形式作出明文规定；

c. 事先约定各个部门在工作中的相互关系；

d. 建立信息沟通制度；

e.及时消除工作中的矛盾或冲突。

C.工程内部需求关系的协调。

a.对设备、材料的平衡；

b.对人员的平衡。

②与业主的协调

监理实践证明，监理目标的顺利实现和与业主协调的好坏有很大的关系。监理工程师应从以下几个方面加强与业主的协调：

A.监理工程师首先要理解建设工程总目标、理解业主的意图。对于未能参加工程决策过程的监理工程师，必须了解工程构思的基础、起因、出发点，否则，可能对监理目标及完成任务有不完整的理解，会给他的工作造成很大的困难。

B.利用工作之便做好监理宣传工作,增进业主对监理工作的理解。

C.尊重业主,让业主一起投入建设工程全过程。

③与承包商的协调

监理工程师对质量、进度和投资的控制都是通过承包商的工作来实现的,所以,做好与承包商的协调工作是监理工程师组织协调工作的重要内容。

A.坚持原则,实事求是,严格按规范、规程办事,讲究科学态度。

协调不仅是方法、技术问题,更多的是语言艺术、感情交流和用权适度问题,有时尽管协调意见是正确的,但由于方式或表达不妥,反而会激化矛盾。而高超的协调能力则往往能起到事半功倍的效果,令各方面都满意。

B.施工阶段的协调工作内容。主要表现在以下几个方面:

a.与承包商工程经理关系的协调。从承包商工程经理及其工地工程师的角度来讲,他们最希望监理工程师是公正、通情达理并容易理解别人的;希望从监理工程师处得到明确而不是含糊的指示,并且能够对他们所询问的问题给予及时的答复;希望监理工程师的指示能够在他们工作之前发出。

b.进度问题的协调。由于影响进度的因素错综复杂,因而进度问题的协调工作也十分复杂。实践证明,有两项协调工作很有效:一是业主和承包商双方共同商定一级网络计划,并由双方主要负责人签字,作为工程施工合同的附件;二是设立提前竣工奖,由监理工程师按一级网络计划节点考核,分期支付阶段工期奖,如果整个工程最终不能保证工期,由业主从工程款中将已付的阶段工期奖扣回并按合同规定予以罚款。

c.质量问题的协调。在质量控制方面应实行监理工程师质量签字认可制度。对没有出厂证明、不符合使用要求的原材料、设备和构件,不准使用;对工序交接实行报验签证;对不合格的工程部位不予验收签字,也不予计算工程量,不予支付工程款。在建设工程实施过程中,设计变更或工程内容的增减是经常出现的,有些是合同签订时无法预料和明确规定的。对于这种变更,监理工程师要认真研究,合理计算价格,与有关方面充分协商,达成一致意见,并实行监理工程师签证制度。

d.对承包商违约行为的处理。在施工过程中,监理工程师对承包商的某些违约行为进行处理是一件很慎重而又难免的事情。

e.合同争议的协调。对于工程中的合同争议,监理工程师应首先采用协商解决的方式,协商不成时才由当事人向合同管理机关申请调解。只有当对方严重违约而使自己的利益受到重大损失且不能得到补偿时才采用仲裁或诉讼手段。如果遇到非常棘手的合同争议问题,不妨暂时搁置等待时机,另谋良策。

f.对分包单位的管理。主要是对分包单位明确合同管理范围,分层次管理。将总包合同作为一个独立的合同单元进行投资、进度、质量控制和合同管理,不直接和分包合同发生关系。

g.处理好人际关系。在监理过程中,监理工程师处于一种十分特殊的位置。业主希望得到独立、专业的高质量服务,而承包商则希望监理单位能对合同条件有一个公正的解释。因此,监理工程师必须善于处理各种人际关系,既要严格遵守职业道

施工阶段监理方和承包商应就进度、质量、合同及人际关系等方面进行协调。

德，礼貌而坚决地拒收任何礼物，以保证行为的公正性，也要利用各种机会增进与各方面人员的友谊与合作，以利于工程的进展。否则，便有可能引起业主或承包商对其可信赖程度的怀疑。

④与设计单位的协调

监理单位必须协调与设计单位的工作，以加快工程进度，确保质量，降低消耗。

A.真诚尊重设计单位的意见。

B.施工中发现设计问题，应及时向设计单位提出，以免造成大的直接损失。

C.注意信息传递的及时性和程序性。监理工程师联系单、设计单位申报表或设计变更通知单传递，要按设计单位（经业主同意）—监理单位—承包商之间的程序进行。

⑤与政府部门及其他单位的协调

A.与政府部门的协调。

a.工程质量监督站是由政府授权的工程质量监督的实施机构，对委托监理的工程，质量监督站主要是核查勘察设计、施工单位的资质和工程质量检查。监理单位在进行工程质量控制和质量问题处理时，要做好与工程质量监督站的交流和协调。

b.重大质量事故，在承包商采取急救、补救措施的同时，应敦促承包商立即向政府有关部门报告情况，接受检查和处理。

c.建设工程合同应送公证机关公证，并报政府建设管理部门备案；征地、拆迁、移民要争取政府有关部门支持和协作；现场消防设施的配置，宜请消防部门检查认可；要敦促承包商在施工中注意防止环境污染，坚持做到文明施工。

B.协调与社会团体的关系：这是一种争取良好社会环境的协调。对本部分的协调工作，从组织协调的范围看是属于远外层的管理监理单位有组织协调的主持权，但重要协调事项应当事先向业主报告。根据目前的工程监理实践，对外部环境协调，应由业主负责主持，监理单位主要是针对一些技术性工作协调。

协调是工程管理的一项重要工作，要取得一个成功的工程，协调具有重要作用。协调可使矛盾着的各个方面居于统一体中，解决它们的界面问题，解决它们之间的不一致和矛盾，使系统结构均衡，使工程实施和运行过程顺利。在工程实施过程中，工程经理是协调的中心和沟通的桥梁。在整个工程的目标设计、工程定义、设计和计划、实施控制中有着各式各样的协调工作，例如：

a.工程目标因素之间的协调；

b.工程各子系统内部、子系统之间、子系统与环境之间的协调；

c.各专业技术方面的协调；

d.工程实施过程的协调；

e.各种管理方法、管理过程的协调；

f.各种管理职能，如成本、合同、工期、质量等的协调；

g.工程参加者之间的组织协调等。

所以，协调作为一种管理方法已贯穿于整个工程和工程管理过程中。在各种协调中，组织协调具有独特的地位，它是其他协调有效性的保证，只有通过积极的组织协调才能实现整个系统全面协调的目的。

监理方应与工程质量监督站沟通协调，并协助政府相关部门监督承包商的行为。

5.3.2 建设工程的协调管理方法

（1）沟通

沟通是工程管理系统所进行的信息、意见、观点、思想、情感与愿望的传递和交换，并借以取得系统内部组织之间、上下级之间的相互了解和信任，从而形成良好的人际关系，产生强大的凝聚力，完成工程目标的活动。一般情况下，工程沟通方式按工作需要分为正式沟通和非正式沟通；按表现方式可分为语言沟通和非语言沟通；按沟通方式分为双向沟通和单向沟通；按组织层次分为垂直沟通、横向沟通、网络状沟通。工程建设各种沟通方式都被经常采用。

（2）协商

协商是为了解决某些事情而与他人商量、商议。协商的过程包括确定协商的时间、地点和进度。为了使协商结果有利于工程的建设，协商双方应当确定何时准备好进行协商，并且选择协商的地点及计划好协商的速度。协商结果带有时间性，需要迅速结束。通常，时间较富余的一方，可能拖延至限期来到；当限期接近，更为焦急的一方可能失去耐性，而不想力争其要求。因此，有可能比原来设想的更容易作出最后让步，并要求较少的回报来结束协商。

（3）谈判

谈判是为了达到双方均可以接受的局面而采取的行动，旨在就彼此均认为很重要的问题、可能引发冲突的问题、需要合作才能解决的问题等达成协议。在建设工程中，谈判一般应包括以下内容：设计深度、交图时间、图纸质量、监理期与范围、监理责任人、监理依据、人工成本方面、材料和机械使用的成本方面、新技术、新材料、新设备、新工艺应用的问题、保险范围和责任范围、进度报告、服务范围、工程设计调整、价格变动、设备保证书、工程留置权，其他诸如不可抗力、执照和许可证、侵犯专利等都是双方谈判所涉及的内容，都是不可忽略的。

5.4 建设工程的沟通管理

5.4.1 建设工程中的沟通方法

沟通是组织协调的手段，解决组织成员间障碍的基本方法。组织协调的程度和效果常常依赖于各工程参加者之间沟通的程度。通过沟通，不但可以解决各种协调问题，如在技术、过程、逻辑、管理方法和程序中间的矛盾、困难和不一致，而且还可解决各参加者心理的和行为的障碍和争执。通过沟通可达到：

A.使总目标明确，工程参加者对工程的总目标达成共识。沟通为总目标服务，以总目标作为群体目标，作为大家行动指南。沟通的目的是要化解组织之间的矛盾和争执，以便在行动上协调一致，共同完成工程的总目标。

B.使各种人、各方面互相理解、了解，建立和保持较好的保持团队精神，使人们积极地为工程工作。

C.使人们行为一致，减少摩擦、对抗，化解矛盾，达到一个较高的组织效率。

D.保持工程的目标、结构、计划、设计、实施状况的透明性，当工程出现困难时，通过沟通使大家有信心、有准备,齐心协力。

沟通是计划、组织、激励、领导和控制等管理职能有效性的保证。工作中产生的误解、摩擦、低效等问题很大一部分可以归咎于沟通的失败。工程中的沟通方式是丰富多彩的,可以从许多角度进行分类,例如,双向沟通(有反馈)和单向沟通(不需反馈);垂直沟通、横向沟通和网络状沟通;正式沟通和非正式沟通;语言沟通和非语言沟通。

本节着重介绍正式沟通和非正式沟通。

(1)正式沟通

①正式沟通的概念

正式沟通是通过正式的组织过程来实现或形成的。它由工程的组织结构图、工程流程、工程管理流程、信息流程和确定的运行规则构成,并且采用正式的沟通方式。正式沟通方式和过程必须经过专门的设计,有专门的定义。这种沟通有如下特点:

有固定的沟通方式、方法和过程,它一般在合同中或在工程手册中被规定,作为大家的行为准则。大家一致认可,统一遵守,作为组织的规则,以保证行动一致。组织的各个子系统必须遵守同一个运作模式,必须是透明的。这种沟通结果常常有法律效力,它不仅包括沟通的文件,而且包括沟通的过程,例如,会议纪要若超过答复期不作反驳,则形成一个合同文件,具有法律约束力;对业主下达的指令,承包商必须执行,但业主要承担相应的责任。

②正式沟通的构成内容

A.工程手册。包括极其丰富的内容,它是工程和工程管理基本情况的集成,它的基本作用就是为了工程参加者之间的沟通。一本好的工程手册,会给各方面带来方便。它包括以下内容:工程的概况、规模、业主、工程目标、主要工作量;工程参加者;工程结构;工程管理工作规则等。

工程手册中应说明工程的沟通方法,管理程序,文档和信息应有统一的定义和说明、统一的WBS编码体系、统一的组织编码、统一的信息编码、统一的工程成本细目划分方法和编码、统一的报告系统。在工程初期,工程管理者应就工程目标、工程手册的内容向各参加者作介绍,使大家了解工程目标、状况、参加者和沟通机制,使大家明白遇到什么事应该找谁,应按什么程序处理以及向谁提交什么文件。

B.书面文件。各种书面文件包括各种计划、政策、过程、目标、任务、战略、组织结构图、组织责任图、报告、请示、指令、协议。

在实际工程中要形成文本交往的风气,尽管大家天天见面,经常在一起商谈,但对工程问题的各种磋商结果,或指令,或要求都应落实到文本上,工程参加者各方都应以书面文件作为沟通的最终依据,这是经济法律的要求,也可避免出现争执、遗忘和推诿责任。

工程中建立定期报告制度,建立报告系统,及时通报工程的基本状况。对工程中的各种特殊情况及其处理,应作记录,并提出报告。特别是对一些重大的事件,特别困难的或自己无法解决的问题,应呈具报告,使各方面得以了解。

工程中涉及各方面的工程活动,如场地交接、图纸交接、材料、设备验收等都应

正式沟通有固定的沟通方式和统一的运作模式。

工程手册包括工程和工程管理的基本情况,各项信息应统一编码。

工程实施中形成书面文件的习惯,建立定期报告制度。

有相应的手续和签收的证据。

C. 协调会议。

a.种类。常规的协调会议，一般在工程手册中规定每周、每半月或每一月举办一次，在规定的时间和地点举行，由规定的人员参加。

非常规的协调会议，即在特殊情况下根据工程需要举行的，一般有：信息发布会；解决专门问题的会议，即发生特殊的困难、事故、紧急情况时进行磋商；决策会议，即业主或工程管理者对一些问题进行决策、讨论或磋商。

b.作用。工程经理对协调会议要有足够的重视，亲自组织和筹划，因为协调会议是一个沟通的极好机会。可以获得大量的信息，以便对现状进行了解和分析，它比通过报告文件能更好、更快、更直接地获得有价值的信息。特别是软信息，如各方面的工作态度、积极性、工作秩序等。通过协调会议检查任务、澄清问题、了解各子系统完成情况，存在问题及影响因素，评价工程进展情况，及时跟踪。同时，可以布置下一阶段的工作，调整计划，研究问题的解决措施，选择方案，分配资源。在这个过程中可以集思广益，听取各方面的意见。同时又是贯彻自己计划和思路，造成新的激励，动员并鼓励各参加者努力工作。

c.协调会议的组织。协调会议也属于工程管理活动，应当进行计划、组织和控制。组织好一个协调会议，使它富有成果，达到预定的目标，需要有相当的管理知识、艺术性和权威。

d.协调会议的实施。

事前筹划：在开会之前，工程经理必须作好准备，包括：应分析召开会议的必要性，确定会议目的，确定谁需要参加会议；信息准备，了解工程状况、困难，各方面的基本情况，准备展示的材料，收集数据、议题，准备在会上让大家讨论什么，想了解什么，达到什么效果，设计解决方案或意见；应考虑大家会有什么反应，能不能够接受自己的意见；如果有矛盾，应有什么备选的方案或措施，如何达成一致；准备工作，如时间安排、会场布置、人员通知，有时需要准备直观教具、分发的材料、仪器或其他物品。有时对一些重大问题为了达到更好的共识，避免在会议上的冲突或僵局，或为了更快地达成一致，可以先将议程打印发给各个参加者，并可以就议程与一些主要人员进行预先磋商，进行非正式沟通，听取修改意见。有时一些重大问题的处理和解决，要经过许多回合，许多次协调会议，最后才能得出结论，这都需要进行很好的计划。

会中控制：会议应按时开始，指定记录员，简要介绍会议的目的和议程表。工程管理者需要驾驭整个过程，防止不正常的干扰，如跑题、谈笑，讲一些题外话，干扰主题，或者有些人提出非正式议题进行纠缠，或发生争吵，影响会议的正常秩序。工程管理者必须不失时机地提醒进入主题或过渡到新的主题，并善于发现和抓住有价值的问题，集思广益，补充解决方案。鼓励参加者讲出自己的观点，反映实际情况、问题和困难，诉苦，一起研究解决方法。通过沟通、协调甚至妥协，或劝说，使大家意见达成一致，使会议富有成果。当出现争执、不一致甚至冲突时，工程经理必须把握工程的总体目标和整体利益，并不断地解释（宣传）工程的利益和意义，宣传共同

会前应就会上可能出现的各种情况进行事先筹划。

会中工程管理者应把握全局，集思广益，形成会议成果。

的合作关系，以争取共识，不仅使大家取得协调一致而且要争取各方面心悦诚服地的接受协调，并以积极的态度完成工作。如果工程参加者各执己见，互不让步，在总目标的基点上不能协调或没人响应，则工程管理者不能为避免争执而放弃工作，必须动用权威作出决定，但这必须向业主作解释。在会议结束时总结会议成果，并确保所有参加者对所有决策和行动有一个清楚的理解。

会后处理：会后应尽快整理并起草会议纪要。协调会议的结果通常以会议纪要的形式作为决议。在会上只能作会议记录，会后才整理起草纪要，送达各方认可。一般各参加者在收到纪要后如有反对意见应在一个星期内提出反驳，否则，便作为同意会议纪要内容处理。则该会议纪要即成为有约束力的协议文件。当然，对重大问题的协议常常要在新的协调会议上签署。

（2）非正式沟通

①非正式沟通的形式

非正式沟通是通过工程中的非正式组织关系形成的。一个工程参加者或工程小组成员在正式的工程组织中承担着一个角色，另外，他同时又处于复杂的人事关系网络中，如非正式团体、由爱好、兴趣组成的小组、人们之间的非职务性联系等。在这些组织中人们建立起各种关系来沟通信息、了解情况，影响着人们的行为。如通过聊天，一起喝茶等传播小道消息，了解信息、沟通感情；或通过到现场进行非正式巡视，与各种人接触、聊天、旁听会议，直接了解情况，这通常能直接获得工程中的软信息；也可通过大量的非正式的横向交叉沟通能加速信息的流动，促进理解和协调。

②非正式沟通的作用

非正式沟通反映人们的态度，折射出工程的文化氛围，支持组织目标的实现。非正式沟通的作用有正面的，也有负面的。管理者可以利用非正式沟通方式达到更好的管理效果：

a.管理者可以利用非正式沟通了解参加者的真实思想、意图及观察方式，了解事情内情，传播小道消息，以获得软信息；通过闲谈可以了解人们在想什么，对工程有什么意见，有什么看法。

b.通过非正式沟通可以解决各种矛盾，协调好各方面的关系。例如，事前的磋商和协调可避免矛盾激化，解决心理障碍；通过小道消息透风可以使大家对工程的决策有精神准备。

c.通过非正式沟通可以产生激励作用。由于工程组织的暂时性和一次性，大家普遍没有归属感和安全感。而通过非正式沟通，人们能够打成一片，会使大家对组织有认同感，对管理者有亲近感，有社交上的满足感，可以加强凝聚力。

d.非正式沟通获得的信息有参考价值，可以辅助决策，但这些信息没有法律效力，而且有时有人会利用它来误导他人，所以在决策时应正确对待，特别谨慎。

e.承认非正式组织的存在，有意识地利用非正式组织，可缩短管理层次之间的鸿沟，使大家便于亲近。

f.在作出重大决策前后采用非正式沟通方式，集思广益、通报情况、传递信息，以平缓矛盾，而且能及早地发现问题，将管理工作做得更完美。

会后整理起草纪要，形成正式协议文件。

通过非正式沟通获得软信息，解决各方矛盾，辅助决策，更好地提升管理效率。

5.4.2　建设工程中的沟通管理

在工程实施过程中，工程组织系统的单元之间都有界面沟通问题。工程经理和工程经理部是整个工程组织沟通的中心。围绕工程经理和工程经理部有以下几种最重要的界面沟通。

（1）项目经理与业主的沟通管理

业主代表工程的所有者，对工程具有特殊的权力，而项目经理为业主管理工程，必须服从业主的决策、指令和对工程的干预，项目经理的最重要的职责是保证业主满意，要取得工程的成功，必须获得业主的支持。

A.项目经理首先要理解总目标、理解业主的意图、反复阅读合同或工程任务文件。对于未能参加工程决策过程的项目经理，必须了解工程构思的基础、起因、出发点，了解目标设计和决策背景。否则，可能对目标及完成任务有不完整的，甚至无效的理解，会给他的工作造成很大的困难。如果工程管理和实施状况与最高管理层或业主的预期要求不同，业主将会干预，将要改正这种状态。所以项目经理必须花很大气力来研究业主，研究工程目标。

B.让业主一起投入工程全过程，而不仅仅是给他一个结果（竣工的工程）。尽管有预定的目标，但工程实施必须执行业主的指令，使业主满意。而业主通常是其他专业或领域的人，可能对工程懂得很少。许多工程管理者常常嗟叹"业主什么也不懂，还要乱指挥、乱干预。"这是事实，这确实是令工程管理者十分痛苦的事。但这并不完全是业主的责任，很大一部分是工程管理者的责任。解决这个问题比较好的办法有以下几点：

a.使业主理解工程、工程过程，向他解释说明，使他成为专家，减少他的非程序的干预和越级指挥。培养业主成为工程管理专家，让他一起投入工程实施过程，使他理解工程和工程的实施过程，学会工程管理方法。

b.项目经理作出决策安排时要考虑到业主的期望、习惯和价值观念，说出他想要说的话，经常了解业主所面临的压力，以及业主对工程关注焦点。

c.尊重业主，随时向业主报告情况。在业主作决策时，向他提供充分的信息，让他了解工程的全貌、工程实施状况、方案的利弊得失及对目标的影响。

d.加强计划性和预见性，让业主了解承包商、了解他自己非程序干预的后果。业主和工程管理者双方理解得越深，双方期望越清楚，则争执越少。否则，业主就会成为一个干扰因素，而业主一旦成为一个干扰因素，则工程管理者必然失败。

C.业主在委托工程管理任务后，应将工程前期策划和决策过程向项目经理作全面的说明和解释，提供详细的资料。国际工程管理经验证明，在工程过程中，工程管理者越早进入工程，工程实施越顺利，最好能让他参与目标设计和决策过程；在工程整个过程中应保持项目经理的稳定性和连续性。

（2）工程管理者与承包商的沟通管理

承包商必须接受工程管理者的领导、组织、协调和监督。

A.应让各承包商理解总目标、阶段目标以及各自的目标、工程的实施方案、各自的工作任务及职责等，应向他们解释清楚，作出详细说明，增加工程的透明度。

在实际工程中，许多技术型的工程经理常常将精力放在追求完美的解决方案上，进行各种优化。但实践证明，只有承包商最佳的理解，才能发挥他们的创新精神和创造性，否则，即使有最优化的方案也不可能取得最佳的效果。

B.指导和培训各参加者和基层管理者适应工程工作，向他们解释工程管理程序、沟通渠道与方法，指导他们并与他们一齐商量如何工作，如何把事情做得更好。经常地解释目标、解释合同、解释计划；发布指令后要作出具体说明，防止产生对抗。

C.业主将具体的工程管理事务委托给工程管理者，赋予他很大的处置权力（如FIDIC合同）。但工程管理者在观念上应该认为自己是提供管理服务，不能随便对承包商动用处罚权（如合同处罚），或经常以处罚相威胁（当然有时不得已必须动用处罚权），而应经常强调自己是提供服务、帮助，强调各方面利益的一致性和工程的总目标。

D.在招标、商签合同、工程施工中应让承包商掌握信息、了解情况，以作出正确的决策。

E.为了减少对抗、消除争执，取得更好的激励效果，工程管理者应欢迎并鼓励承包商将工程实施状况的信息、实施结果和遇到的困难，自己心中的不平和意见向他作汇报，这样有利于寻找和发现对计划、对控制有误解，或有对立情绪的承包商和可能的干扰。各方面了解得越多、越深刻，工程中的争执就越少。

（3）工程经理部内部的沟通管理

工程经理所领导的工程经理部是工程组织的领导核心。通常工程经理不直接控制资源和具体工作，而是由工程经理部中的职能人员具体实施控制，则工程经理和职能人员之间及各职能人员之间就有界面和协调。他们之间应有良好的工作关系，应当经常协商。

在工程经理部内部的沟通中工程经理起着核心作用，如何协调各职能工作，激励工程经理部成员，是工程经理的重要课题。工程经理部的成员的来源与角色是复杂的，有不同的专业目标和兴趣。有的专职为本工程工作，有的以原职能部门工作为主；他们有不同的专业，承担着不同的管理工作。

工程经理与技术专家的沟通是十分重要的，他们之间也存在许多沟通障碍。技术专家常常对基层的具体施工了解较少，只注意技术方案的优化，对技术的可行性过于乐观，而不注重社会和心理方面，而工程经理应积极引导，发挥技术人员的作用，同时注重全局、综合和方案实施的可行性。工程经理应明确划分各自的工作职责，设计比较完备的管理工作流程，明确规定工程中正式沟通方式、渠道和时间，使大家按程序、按规则办事。

许多工程经理（特别是西方的），对管理程序寄予很大的希望，认为只要建立科学的管理程序，要求大家按程序工作，职责明确，就可以比较好地解决组织沟通问题，实践证明，这是不全面的。因为管理程序过细，并过于依赖它容易使组织僵化；工程具有特殊性，实际情况千变万化，工程管理工作很难定量评价，它的成就还主要依靠管理者的能力、职业道德、工作热情和积极性；过于程序化造成组织效率低下，组织摩擦大，管理成本高，工期长。

另外，国外有人主张不应将工程管理系统设计好了在工程组织中推广，而应该与工程组织成员一起投入建立管理系统，让他们参与全过程，这样的系统更有实用性。

由于工程的特点，工程经理更应注意从心理学和行为科学的角度激励各个成员的积极性。虽然工程工作富有创造性，有吸引力，但由于工程经理一般没有对工程组成员提升职位，或是提薪的权力，这会影响他的权威和吸引力，但他也有自己的激励措施，例如：

A.采用民主的工作作风，不独断专行。在工程经理部内放权，让组织成员独立工作，充分发挥积极性和创造性，使他们对工作有成就感。通过让员工估计自己的工期制订方案，使工程组成员密切地参与到计划进程中，因为他们是最了解的人，有利于增强员工参与决策的程度和集体精神。工程经理应少用正式权威，多用他的专门知识、品格、忠诚和工作挑战精神影响成员。过分依靠处罚和权威的工程经理也会造成与职能部门的冲突，对互相支持、合作、尊重产生消极的影响。

B.改进工作关系，关心各个成员，礼貌待人。鼓励大家参与和协作，与他们一起研究目标、制订计划，多倾听他们的意见、建议，鼓励他们提出建议、质疑、设想，建立互相信任、和谐的工作气氛。

C.公开、公平、公正地处理事务。例如，合理地分配资源；公平地进行奖励；客观、公正地接受反馈意见；对上层的指令、决策应清楚地、快速地通知工程成员和相关职能部门；应经常召开会议，让大家了解工程情况，遇到的问题或危机，鼓励大家同舟共济。

D.在向上级和职能部门提交报告中应包括对工程组成员好的评价和鉴定意见，工程结束时应对成绩显著的成员进行表彰，使他们有成就感。

由于工程组织是一次性、暂时的，在工程中，工程小组的沟通一般经过三个过程：

a.工程开始后组建工程经理部，大家从各部门、各单位来，彼此生疏，对工程管理系统的运作不熟悉，所以沟通障碍很大，难免有组织摩擦，成员之间有一个互相适应的过程。但另一方面，由于工程工作有明显的挑战性，各成员能够独立决策，工程成果显著，也可能增加职能人员的动力。

b.随着工程的进展，大家互相适应，管理效率逐渐提高，各项工程比较顺利，这时整个工程的工作进度也最快。

c.工程结束前，由于工程小组成员要寻找新的工作岗位，或已参与其他工程工作，则有不安、不稳定情绪，对留下来的工作失掉兴趣，对工程失去激情，工作效率低下。

对以工程作为经营对象的企业，如承包公司、监理公司等，应形成比较稳定的工程管理队伍，这样尽管工程是一次性的、常新的，但工程小组却是相对稳定，各成员之间为老搭档，彼此了解，可大大减小组织摩擦。

（4）项目经理与职能部门的沟通管理

项目经理与企业职能部门经理之间的界面沟通是十分重要的，特别在矩阵式组织中，职能部门必须对工程提供持续的资源和管理工作支持，他们之间有高度的相互依存性。

工程经理应从科学角度激励成员积极性，作风民主，鼓励协作，公开公平，及时评价。

工程小组沟通的三个阶段：沟通障碍——相互适应——情绪不稳定。

A.在工程经理与职能经理之间自然会产生矛盾,在组织设置中他们之间的权力和利益平衡存在着许多内在的矛盾性。工程的每个决策和行动都必须跨过此界面来协调,而工程的许多目标与职能管理差别很大。工程经理本身能完成的事极少,他必须依靠职能经理的合作和支持,所以在此界面上的协调是工程成功的关键。

B.工程经理必须发展与职能经理的良好工作关系,这是他的工作顺利进行的保证。两个经理间有时会有不同意见,会出现矛盾。职能经理常常不了解或不同情工程经理的紧迫感,职能部门都会扩大自己的作用,以自己的观点来管理工程,有可能使工程经理陷入的困境,受强有力的职能部门所左右。

C.当与部门经理不协调时,有的工程经理可能被迫到企业最高管理层处寻求解决,将矛盾上交,但这样常常更会激化他们之间的矛盾,使以后的工作更难协调。工程经理应该就工作计划和那些预期向工程提供职能人员、或职能服务、或为工程供应资源的关键职能部门经理交换意见,以取得他们的赞同。同样,职能经理在给工程上分配人员与资源时应与工程经理商量,如果在选择过程中不让工程经理参与意见,必然会导致组织争执。

D.与职能经理之间有一个清楚的、便于接近的信息沟通渠道。工程经理和职能经理不能发出相互矛盾的命令,两种经理必须每日互相交流。

E.工程管理给原组织带来变化,必然要干扰已建立的管理规则和组织结构,机构模式是双重的。人们倾向于对变化进行抵制。工程经理的设立对职能经理增加了一个压力来源。职能管理是企业管理等级的一部分,他被认为是"常任的",代表"归宿",他可直接通公司的总裁,因此有强大高层的支持。

F.主要的信息沟通工具是工程计划,工程经理制订工程的总体计划后应取得职能部门资源支持的承诺。这个职权说明应通报给整个组织,没有这样一个说明,工程管理就很可能在资源分配、人力利用和进度方面与其他业务部门作持续的斗争。

5.5 建设工程沟通障碍和冲突管理

5.5.1 常见的沟通障碍

（1）沟通障碍

在工程实施中出现的问题常常起源于沟通的障碍,主要表现在以下几个方面。

A.工程组织或工程经理部中出现混乱,总体目标不明,不同部门和单位兴趣与目标不同,各人有各人的打算和做法,且尖锐对立,而工程经理无法调解争执或无法解释。

B.工程经理部经常讨论不重要的非事务性主题,协调会议经常被一些能说会道的职能部门领导打断,干扰或偏离了议题。

C.信息未能在正确的时间内,以正确的内容和详细程度传达到正确位置,人们抱怨信息不够,或太多,或不及时,或不着要领。

D.工程经理部中没有应有的争执,但它在潜意识中存在,人们不敢或不习惯将争执提出来公开讨论,而转入地下。

E.工程经理部中存在或散布着不安全、气愤、绝望的气氛，特别是在工程遇到危机，上层系统准备对工程作重大变更，或据说工程不再进行，或对工程组织作调整，或工程即将结束时。

F.实施中出现混乱，人们对合同、对指令、对责任书理解不一或不能理解，特别在国际工程以及国际合作工程中，由于不同语言的翻译造成理解的混乱。

G.工程得不到职能部门的支持，无法获得资源和管理服务，工程经理花大量的时间和精力周旋于职能部门之间，与外界不能进行正常的信息流通。

（2）原因分析

上述问题在许多工程中都普遍存在，其原因可能有：

A.开始工程时或当某些参加者介入工程组织时，缺少对目标、对责任、对组织规则和过程统一的认识和理解。在工程制订计划方案、作决策时未听取基层实施者意见，工程经理自负经验丰富、武断决策，不了解实施者的具体能力和情况等，致使计划不符合实际。在制订计划时，以及计划后，工程经理没有和相关职能部门协商，就指令技术人员执行。此外，工程经理与业主之间缺乏了解，对目标、对工程任务有不完整的，甚至无效的理解。工程前期沟通太少，如在招标阶段给承包商的做标期太短。

B.目标之间存在矛盾或表达上有矛盾，而各参加者又从自己的利益出发解释，导致混乱，工程管理者没能及时作出解释，使目标透明。工程存在许多投资者，他们进行非程序干预，形成实质上的多业主状况。参加者来自不同的国度、不同的专业领域、不同的部门，有不同的习惯，不同的概念理解，甚至不同的法律参照系，而在工程初期没有统一解释文本。

C.缺乏对工程组织成员工作的明确的结构划分和定义，人们不清楚他们的职责范围。工程经理部内工作含混不清，职责冲突，缺乏授权。

D.管理信息系统设计功能不全，信息渠道，信息处理有故障，没有按层次、分级、分专业进行信息优化和浓缩，当然也可能有信息分析评价问题和不同的观察方式问题。

E.工程经理的领导风格和工程组织的运行风气不正：业主或工程经理独裁，不允许提出不同意见和批评，内部言路堵塞；由于信息封锁，信息不畅，上级部门人员故弄玄虚或存在幕后问题；工程经理部内有强烈的人际关系冲突，工程经理和职能经理之间互不信任，互不买账；不愿意向上司汇报坏消息，不愿意听那些与自己事先形成的观点不同的意见，采用封锁的办法处理争执和问题，相信问题会自行解决；工程成员兴趣转移，不愿承担义务；将工程管理看作是办公室的工作，作计划和决策仅依靠报表和数据，不注重与实施者直接面对面的沟通。

F.协调会议主题不明，工程经理权威性不强，或不能正确引导，与会者不守纪律，由于工程经理一直忍着对协调会议的干扰，使协调会议成为聊天会，或部门领导过强（年龄过大、工龄长、经验丰富、老资格、有后台）、或存在个性上的毛病，存在不守纪律、没有组织观念的现象，甚至像宠坏的孩子，拒绝任何批评和干预，而工程经理无力指责和干预。

G.有人滥用分权和计划的灵活性原则，下层单位随便扩大它的自由处置权，过于

冲突的原因包括规则认知和不统一、目标混乱、结构划分不明，信息系统功能不全，工程经理滥用职权等。

注重发挥自己的创造性，这些行为将违背或不符合总体目标，并与其他同级部门造成摩擦，与上级领导产生权力争执。

H.使用矩阵式组织，但人们并没有从直线式组织的运作方式上转变过来。组织运作规则上没设计好，工程经理与企业职能经理的权力、责任界限不明确。一个新的工程经理要很长时间才能为企业、企业部门和工程组织接受和认可。

I.工程经理缺乏管理技能、技术判断力或缺少与工程相应的经验，没有威信。

5.5.2　冲突管理

（1）建设工程冲突

工程冲突是各种矛盾的表现形式，它既包括参与者的内部心理矛盾，也包括人际间的冲突，是指两种目标的互不相容和互相排斥。在工程环境中，冲突是工程组织结构的必然产物，是工程的存在方式。建设工程的动态管理尽管强调协调，但再好的协调也不能阻止冲突的出现。在建设工程的实施环境中，冲突是不可避免的，建设工程的冲突通常作为一种冲突性目标的结果在各个组织以及各个组织的各个层次都会发生。冲突得不到及时处理，就会对工程产生影响。每个群体均把与之冲突的群体视为对立的一方，敌意会逐渐增加；认识上产生偏见，只看到本群体的优点和力量而看不到缺点，对另一群体则只看到缺点和薄弱之处，而看不到优点；由于对另一群体的敌意逐渐增加，交流和信息沟通减少，结果使偏见难于纠正；在处理问题时，双方都会指责对方的发言，而只注意听支持自己意见的发言。

（2）建设工程冲突管理

①协商解决法

在大目标和共同利益一致的前提下，双方的分歧属非对抗性或暂时性的情况时，采用此法是比较好的。在冲突发生之后，由双方各派代表，本着协商的原则，要求双方顾全大局、求同存异、互让互谅、互相作出积极的让步，以促使冲突得以解决。协商的实施包括确定协商的时间、地点和进度。首先，双方应确定协商何时开始，并注意到对方何时准备好进行协商，为了使协商结果有益于工程的建设，双方应当及时实施并完成协商。其次，双方应选择协商的地点，包括避免干扰、获得心理上的优势以及可以使用的人员、装备及服务等因素。最后，双方应确定协商的速度。即使一方没有迫使另一方接受一个限期，由于协商结果带有时间性而需要迅速结束协商。

②谈判解决法

谈判解决是在协商未得到结果的情况下进行的一种较为正式的解决办法。在谈判过程中，谈判人员应清楚自己所面临的任务。谈判人员常肩负着下列三种使命之一：

A.他们可能是没有任何实际权力的使者，他们的任务仅仅是听、看和带回信息。

B.他们代表本集体。这时，他们能够参与谈判的过程，但不经工程组织批准，不能最后决策。

C.完全自主的谈判者。

对第一种情况，决策者可不必担心，因为没进行任何实际谈判。第二种情况，保留了监督谈判者的可能，保证谈判者不致受到外部需要和现实的严重影响，当然，同时也降低了他在谈判中的权力和灵活性。第三种情况，要求工程组织给谈判者高度信任、极大的灵活性和与其他集团谈判的权力。它要求工程组成员相信谈判者在各种条件下都能达成最佳协议，相信谈判者在谈判期间完全代表本组的利益。

③权威解决法

当双方的冲突经过协调和谈判都不能解决时，这时则由上级主管部门作出裁决，通过组织程序迫使冲突双方接受上级提出的解决方案。这种权威解决法主要是采取强制手段解决冲突，因此，这种方法往往不能从根本上解决问题。

④仲裁解决法

当冲突发生以后，通过协商已无法解决时，这就需要第三者或较高层的专家、领导出面调解，通过仲裁，使冲突得到解决。一般来说，出任仲裁者必须具有一定的权威性，冲突双方都有解决问题的诚意，否则，仲裁解决法就可能无效。在仲裁过程中，仲裁者要充分听取双方的陈述和意见，拿出有理有据的解决方案和办法，使冲突解决的结果公平合理，双方满意。

⑤诉讼解决法

当冲突上升到用以上四种方法都不能解决问题时，冲突双方可以通过法律诉讼的方法来解决冲突。在冲突中处于弱势地位的一方往往会首先拿起法律的武器。在建设工程的实践中，由于各参与方之间的利益相互纠缠得很深，很多时候，在冲突中处于弱势地位的承包商或监理单位在面对业主时，考虑到以后业务的进展或下一个工程的延续，往往会先行妥协，此时，冲突的双方不至于闹到要法庭上见的地步。

延伸阅读

工程管理信息与组织协调的新发展

传统的项目管理在工程数据的及时采集和处理等方面存在着不足，基于Internet/Intranet的分布式管理信息系统能较好地解决这一问题。文中提出了一种采用WWW-Client/Server体系结构的大型工程管理信息系统设计方案，并综合利用PowerBuilder,PHP等工具使该系统得以成功开发，有效地辅助了大型轨道交通工程建设管理。

建设项目工程造价管理信息系统利用先进的计算机和网络技术，为提高建设项目工程造价管理效率提供了可能。目前，工程造价信息化管理在发展中出现了系统功能不全面、信息更新不及时和人员不符合要求等问题，应厘清工程造价管理信息系统的总体设计思路，构建系统目标，进行主要模块设计，在扩大建设项目工程造价管理信息系统时应关注工作机制、数据库资源、人员素质培养等事项。

　　本章通过对建设工程的信息管理包括信息管理的编码和处理方法等有关内容进行具体阐述,使学生深入了解工程管理中信息管理的任务和重要性。通过对组织协调方法的概述,以及如何进行沟通管理及冲突解决,加深对建设工程组织协调方法的掌握。

复习思考题

　　1.什么是建设工程管理信息系统?

　　2.简述建设工程管理信息系统的工程与工作机制。

　　3.简述什么是基于互联网的建设工程集成管理系统。

　　4.试总结基于互联网的建设工程集成管理系统的构架方式。

　　5.组织一个协调会议应有哪些准备工作?

　　6.列举工程管理中可能有的各种沟通过程。

　　7.监理工程师如何防止业主和承包商在协调会议上的冲突?

6 建设工程招标投标法规

本章导读

　　某房地产开发公司欲开发某商品房项目，在电视台以招标人身份向社会公开招标。A建筑公司在投标书中作出全部工程造价不超过500万元的承诺，B建筑公司的投标数额则为450万元。开发公司组织开标后，B建筑公司因价格更低而中标，并签订了总价包死的施工合同。工程竣工后，开发公司与B建筑公司实际结算的工程款额为510万元。A建筑公司得知后，认为开发公司未依照既定标价履约，实际上侵害了自己的合法权益，遂向法院起诉要求开发公司赔偿自己在投标过程中的支出等损失。A公司的诉讼请求是否应当得到法院的支持？经过招标投标程序而确定的合同总价能否再行变更？建设工程招标投标活动应当依照哪些原则？我国对建设工程的招标投标有哪些规定？关于这些问题，我们从本章的学习中去寻找答案。

6.1　建设工程施工的招标

　　建设工程招标是指招标人通过发布招标公告或者发送投标邀请书，邀请有意提供某项工程建设服务的承包人就该标的作出报价，从中选择最符合自己条件的投标人订立合同的意思表示。但这种意思表示并不是《合同法》中的"要约"。在《合同法》的基本理论中，要约是指一方当事人以缔结合同为目的，向对方提出订立合同的内容，希望和对方订立合同的意思表示。要约邀请，又称为"引诱要约"，是指一方当事人邀请对方向自己发出要约。由于招标只提出招标条件和要求，并不包括合同的全部内容，因此，从法律性质上看，建设工程招标不具有要约的性质，而是属于要约邀请。一般而言，招标人没有必须接受投标人投标的义务，因此，在建设工程承包活动中，招标人在招标文件中往往声明不确保报价最低者中标。但是，并不是说招标对招标人就没有法律约束力，一般而言，招标人不得擅自改变已发出的招标文件。如果招标人擅自改变已发出的招标文件，应赔偿由此而给投标人造成的损失。

6.1.1　建设工程施工招标的基本要求

　　为了保证招标的公开、公正、公平原则，我国《招标投标法》对招标活动规定了一些限制性要求。

招投标是订立合同的一种特殊方式。

（1）招标方式上的要求

招标方式是采购的基本方式，决定着招标投标的竞争程度，也是防止不正当交易、幕后操作的重要手段。总体来看，目前许多国家和有关国际组织的有关采购法律、规则都规定了公开招标、邀请招标、议标三种招标方式。公开招标，又称为竞争性招标，即由招标人在报刊、电子网络或其他媒体上刊登招标公告，吸引众多不特定的法人或其他经济组织参加投标竞争，招标人从中择优选择中标单位的招标方式。邀请招标，也称有限竞争性招标或选择性招标，即由招标单位选择一定数目的法人或其他经济组织，向其发出投标邀请书，邀请他们参加招标竞争。议标也称谈判招标或限制性招标，即通过谈判来确定中标者，通常在某些不宜公开招标或者邀请招标的特殊工程，如涉及国家秘密、专业性比较强的工程招标时采用。我国的《招标投标法》只规定了公开招标和邀请招标两种形式。

为加强重点建设项目的管理，保证重点建设项目的工程质量、竣工日期和投资效益，国家重点建设项目和地方重点建设项目都必须进行公开招标。只有在某些特定情况下，如技术复杂、有特殊要求或受自然环境限制，只有少量潜在投标人可供选择或者采用公开招标方式的费用占项目合同金额的比例过大时方可采用邀请招标方式，但事先须经项目审批、核准部门认定。

（2）信息发布的要求

《招标投标法》规定采用公开招标方式的应当发布招标公告，其内容应包括招标人的名称和地址，招标项目的名称、性质、数量、实施地点和技术要求等，以及获取招标文件的办法等事项。依法必须招标的项目，其招标公告必须通过国家指定的报刊、信息网络或其他媒介发布，其他项目招标公告的发布渠道，则由招标人自由选择。采用邀请招标方式的，应当发出招标邀请书，其内容与上述招标公告的要求一样。受到邀请的投标人不得少于3个，且都应具备承担招标项目的能力，资信良好。

（3）禁止歧视的要求

为防止招标人非法左右招标活动，保证竞争的公平与公正，《招标投标法》及《招标投标法实施条例》均规定招标人不得以不合理的条件限制或排斥潜在投标人，不得对潜在投标人实行歧视待遇。招标文件不得要求或者标明特定的生产供应者以及含有倾向或者排斥潜在投标人的其他内容。招标人有下列行为之一的，属于以不合理条件限制、排斥潜在投标人或者投标人：

A.就同一招标项目向潜在投标人或者投标人提供有差别的项目信息。

B.设定的资格、技术、商务条件与招标项目的具体特点和实际需要不相适应或者与合同履行无关。

C.依法必须进行招标的项目以特定行政区域或者特定行业的业绩、奖项作为加分条件或者中标条件。

D.对潜在投标人或者投标人采取不同的资格审查或者评标标准。

E.限定或者指定特定的专利、商标、品牌、原产地或者供应商。

F.依法必须进行招标的项目，非法限定潜在投标人或者投标人的所有制形式或者组织形式。

C.以其他不合理条件限制、排斥潜在投标人或者投标人。

（4）保证合理的投标时间

为保证投标人编制标书的合理时间，《招标投标法》规定招标人规定的投标截止日期距招标文件开始发出之日不得少于20日。而招标人要对已发出的招标文件进行必要的修改与澄清，最晚也必须在投标截止日期前15日以书面形式通知所有投标文件的收受人。

6.1.2　建设工程施工招标的范围

招标投标法在法律适用上区分了强制适用和自愿适用。强制招标是指法律规定的某些类型的采购项目，达到一定数额规模的，必须通过招标进行，否则，采购单位需承担法律责任。

（1）强制性招标的工程建设项目

依法必须进行招标的工程建设项目的具体范围和规模标准，由国务院发展改革部门会同国务院有关部门制订，报国务院批准后公布施行。

在我国境内建设的以下项目必须通过招标的方式选择承包人。

①关系社会公共利益、公众安全的大型基础设施项目

该项目主要有：煤炭、石油、天然气、电力、新能源项目；交通运输项目；邮电通讯项目；防洪、灌溉、排涝、引（供）水、水利枢纽等水利项目；城市设施项目；生态环境保护项目；以及其他基础设施项目。

②关系社会公共利益、公众安全的公用事业项目

该项目主要有：供水、供电、供气、供热等市政工程项目；科技、教育、文化等项目；体育、旅游等项目；卫生、社会福利等项目；商品住宅，包括经济适用房；其余公用事业项目。

③全部或部分使用国家融资的项目

该项目主要有：使用国家发行债券所筹资金的项目；使用国家对外借款或者担保所筹资金的项目；使用国家政策性贷款的项目；国家授权投资主体融资的项目；国家特许的融资项目。

④全部或部分使用国有资金投资的项目

该项目主要有：使用各级财政预算资金的项目；使用纳入财政管理的各种政府性专项建设基金的项目；使用国有企业事业单位自有资金，并且国有资产投资者实际拥有投资权的项目。

⑤使用国际组织或者外国政府贷款的项目

该项目主要有：使用世界银行、亚洲开发银行等国际组织贷款资金的项目；使用外国政府及其机构贷款资金项目；使用国际组织或者外国政府援助资金项目。

（2）可以不进行招标的工程建设项目

A.需要采用不可替代的专利或者专有技术。

B.采购人依法能够自行建设、生产或者提供。

C.已通过招标方式选定的特许经营项目投资人依法能够自行建设、生产或者

我国立法对于建设工程强制招标范围的确定，采用了概括与列举相结合的立法技术。

国有资金占控股或者主导地位的项目符合法定情形的，也可以邀请招标。

提供。

D.需向原中标人采购工程、货物或者服务,否则将影响施工或者功能配套要求。

E.国家规定的其他特殊情形。

凡按照规定应该招标的工程不进行招标,应该公开招标的工程不公开招标的,招标单位所确定的承包单位一律无效。建设行政主管部门按照将不予颁发施工许可证;对于违反规定擅自施工的,将追究其法律责任,或者依照规避招标进行处理。

6.1.3　建设工程施工的招标人

建设工程招标人是依照建设工程招标投标法的有关规定,提出要进行招标的工程项目,公布招标内容,并面向社会进行招标的法人或者其他组织。

（1）招标人的条件

招标人必须是法人或者其他组织。是否具备法人资格不是认定招标人资格的必备条件,但个人不能成为建设工程项目招标的主体。

建设单位作为招标人办理招标应具备下列条件:

A.是法人或依法成立的其他组织;

B.有与招标工程相适应的经济、技术管理人员;

C.有组织编制招标文件的能力;

D.有审查投标单位资质的能力;

E.有组织开标、评标、定标的能力。

（2）招标人的法律责任

招标人应承担的法律责任主要有:

A.限制或者排斥潜在投标人应当承担的责任。招标人有下列限制或者排斥潜在投标人行为之一的,由有关行政监督部门责令改正,可以处1万元以上5万元以下的罚款:

a.依法应当公开招标的项目不按照规定在指定媒介发布资格预审公告或者招标公告。

b.在不同媒介发布的同一招标项目的资格预审公告或者招标公告的内容不一致,影响潜在投标人申请资格预审或者投标。

B.规避招标应承担的责任。依法必须进行招标项目的招标人不按照规定发布资格预审公告或者招标公告,构成规避招标的,责令限期改正,可以处项目合同金额5‰以上10‰以下的罚款;对全部或者部分使用国有资金的项目,可暂停项目执行或者暂停资金拨付;对单位直接负责的主管人员和其他直接责任人员依法给予处分。

C.招标人有下列情形之一的,由有关行政监督部门责令改正,可以处10万元以下的罚款:

a.依法应当公开招标而采用邀请招标。

b.招标文件、资格预审文件的发售、澄清、修改的时限,或者确定提交资格预审申请文件、投标文件的时限不符合招标投标法和本条例规定。

c.接受未通过资格预审的单位或者个人参加投标。

实践中经常出现"阴阳合同"或"黑白合同"。

d.接受应当拒收的投标文件。

招标人有上述a、b、c所列行为之一的,对单位直接负责的主管人员和其他直接责任人员依法给予处分。

D.招标人超过规定的比例收取投标保证金、履约保证金或者不按照规定退还投标保证金及银行同期存款利息的,由有关行政监督部门责令改正,可以处5万元以下的罚款;给他人造成损失的,依法承担赔偿责任。

E.依法必须进行招标的项目的招标人不按照规定组建评标委员会,或者确定、更换评标委员会成员违反法律规定的,由有关行政监督部门责令改正,可以处10万元以下的罚款,对单位直接负责的主管人员和其他直接责任人员依法给予处分;违法确定或者更换的评标委员会成员作出的评审结论无效,依法重新进行评审。

国家工作人员以任何方式非法干涉选取评标委员会成员的,依法给予记过或记大过处分;情节严重的,依法给予降级或撤职处分;情节特别严重的,依法给予开除处分;构成犯罪的,依法追究刑事责任。

F.中标人无正当理由不与招标人订立合同,在签订合同时向招标人提出附加条件,或者不按照招标文件要求提交履约保证金的,取消其中标资格,投标保证金不予退还。对依法必须进行招标的项目的中标人,由有关行政监督部门责令改正,可处中标项目金额10‰以下的罚款。

G.招标人和中标人不按照招标文件和中标人的投标文件订立合同,合同的主要条款与招标文件、中标人的投标文件的内容不一致,或者招标人、中标人订立背离合同实质性内容的协议的,由有关行政监督部门责令改正,可以处中标项目金额5‰以上10‰以下的罚款。

H.依法必须进行招标项目的招标人有下列情形之一的,由有关行政监督部门责令改正,可以处中标项目金额10‰以下的罚款;给他人造成损失的,依法承担赔偿责任;对单位直接负责的主管人员和其他直接责任人员依法给予处分:

a.无正当理由不发出中标通知书;

b.不按照规定确定中标人;

c.中标通知书发出后无正当理由改变中标结果;

d.无正当理由不与中标人订立合同;

e.在订立合同时向中标人提出附加条件。

在建设工程的招标实践中,经常出现招标代理机构这一概念。招标代理机构是依法设立、从事招标代理业务并提供相关服务的社会中介组织,以自己的知识、智力为招标人提供服务,独立于任何行政机关,招标代理机构不能是自然人,可以是有限责任公司、合伙等组织形式,招标代理人必须依法登记设立,资格需有关行政机关审查认定。招标人与招标代理机构之间是一种委托代理关系。招标代理机构的代理行为是基于招标人的授权委托而发生,在代理权限内,以招标人的名义实施民事法律行为。被代理人对代理人的行为,承担民事责任。

6.1.4 建设工程施工招标的程序

建设工程的招标程序一般分为三个阶段：第一，招标准备阶段，包括报考工程报建、组建机构、选择招标方式、编制招标文件等。第二，招标实施阶段，包括发布招标公告或招标邀请书、资格预审、发布招标文件、现场勘查、召开招标预备会、接受投标文件等。第三，定标签约阶段，包括开标、评标、签订合同等。

下面我们就招标过程中的几个关键环节的具体要求进行介绍。

（1）建设工程施工招标文件的编制与审定

招标文件是指招标人向投标人提供的为进行投标工作而履行告知义务和提出要求的书面材料。招标文件是招标投标活动中最重要的法律文件，它不仅规定了完整的招标程序，而且还提出了各项具体的技术标准和交易条件，规定了拟定立的合同的主要内容，是投标人准备投标文件和参加投标的依据，是评审委员会评标的依据，也是拟定合同的基础。招标文件的编制应当遵循公平、公正的原则，使招标文件严密、周到、细致、易懂、规范。

招标人应当根据招标项目的特点和需要编制招标文件。招标文件应当包括招标项目的技术要求、对投标人资格审查的标准、投标报价要求和评标标准等所有实质性要求和条件以及拟签订合同的主要条款。国家对招标项目的技术、标准有规定的，招标人应当按照其规定在招标文件中提出相应的要求。招标项目需要划分标段、确定工期的，招标人应当合理划分标段、确定工期，并在招标文件中载明。

（2）建设工程施工评标办法的编制与审定

评标是由按照有关规定成立的评标委员会在招标投标管理机构的监督下，依据事先确定的评标原则和方法，对投标人投标文件中的报价、工期、质量、主要材料用量、施工方案或施工组织设计、以往业绩、社会信誉、优惠条件等诸方面进行综合评价，公正合理、择优选择中标单位。评标办法的首要编制原则是公正公平，不能表现出对某些投标人的倾向，尺度准确，才能对投标人去裁量而投标人无怨言；其次，评标办法的编制要求是有针对性、有具体化的要求，目前，我国建设工程招投标实践中主要采用的评标方法是综合评估法、经评审的最低投标价法以及无标底评标。

①综合评估法

综合评估法是对价格、施工方案（或施工组织设计）、项目经理的资历与业绩、质量、工期、企业信誉和业绩等因素进行综合评价以确定中标人的评标。目前国内普遍适用此种方法。但该方法在评审因素的设置及其分值分配上没有固定，一旦出现行政干预，或建设单位、招投标管理机构出现倾向性就可改变评标因素和标准，使之有利于某个投标人，从而导致"人情标""假招标"的情形。

②经评审的最低投标价法

经评审的最低投标价法是指经过评审，能够满足招标文件的实质性要求，投标报价最低的（低于成本的除外）投标人中标的评审方法。这种方法比较简单，主要适用于具有通用技术、性能标准或招标人对其技术、性能没有特殊要求的招标项目。

招标文件的编制应当使用国务院发展改革部门会同有关行政监督部门制定的标准文本。

评标内容主要有三个部分：报价评分部分、商务评分部分和技术评分部分。

评标方法还有百分法、评议法，合理低价法和层次分析法。

③无标底评标

无标底评标是指招标方不设置标底或即使设有标底也不作为评标标准,开标前根据工程特点制定评标原则,依据投标报价的综合水平确定工程合理造价(评标基准价),并以此作为评判各投标报价的依据。

具体采取何种评标方法,需要评标小组或评标委员会根据工程的性质、各评标方法的优缺点、适用范围,结合实际情况来编制和审定。

(3)建设工程施工招标标底的编制

标底是依据国家统一的工程量计算规则、预算定额和计价办法计算出来的工程造价,是招标人对建设工程的预算期望值,也是评标的参考中准价。因此,为了使招标能在公正的环境下进行,对设有标底的建设工程项目,招标人对标底必须保密。标底不等于工程的概(预)算,也不等于合同价格。我国国内大部分工程在招标评标时,均以标底上下的一个幅度为判断投标是否合格的条件。

标底的编制一般由招标单位委托,由建设行政主管部门批准具有与建设工程相应造价资质的中介机构代理编制,标底应客观、公正地反映建设工程的预期价格,也是招标单位掌握工程造价的重要依据,使标底在招标过程中显示出其重要的作用。因此,标底编制的合理性、准确性直接影响工程造价。标底编制应遵循客观、公正的原则。市场经济条件下,本着利益最大化的目的,招标单位希望投入较少的费用,按期、保质、保量地完成工程建设任务。而投标单位的目的则是以最少投入尽可能获取较多的利润。这就要求工程造价专业人员兼顾双方利益,以保证标底的客观、公正。具体而言:

A.根据设计图纸及有关资料、招标文件、参照国家规定的技术、经济标准、定额及规范,确定工程量和设定标底。

B.标底价格应由成本、利润和税金组成,一般应控制在批准的建设项目总概算及投资包干的限额内。

C.标底价格作为招标人的期望价,应力求与市场的实际变化相吻合,要有利于竞争和保证工作质量。

D.标底价格应考虑人工、材料、机械台班等价格变动因素及施工期不可预见费、包干费、措施费等。如果要求工程达优良,还应增加相应费用。

E.一个工程只能设定一个标底。

6.2 建设工程施工的投标

建设工程投标是指投标人通过招标人的资格审查,取得建设工程投标资格后,对招标文件进行分析研究,进行适当的现场调查和勘察,获取建设工程业主和竞争对手一定的信息后,以招标文件为基础制作投标文件,并在规定的时间内送交招标人,作出以订立合同为目的的意思表示。建设工程投标的法律性质属于要约。投标是一次性的,同一投标人不能就同一招标进行两次以上的投标,各投标人之间的投标效力各自独立,不能相互代替,每一投标人对自己的投标报价负责。

标底是招标单位的绝密资料,不能向任何无关人员泄露。

建设工程投标的法律性质属于要约。

6.2.1 建设工程施工投标的基本要求

建设工程投标是一次性的,同一投标人不能就同一招标进行两次以上的投标,各投标人之间的投标效力各自独立,不相互代替,每一投标人对自己的投标报价负责,在投标书发出后的招标有效期间内,投标人不得随意修改投标内容或撤回投标。

（1）关于工程建设施工投标文件的基本要求

A.投标人应当按照招标文件的要求编制投标文件。投标文件不仅在内容上,而且在形式乃至于格式上都应当符合招标文件的要求。

B.投标文件应当对招标文件提出的实质性要求和条件作出响应。实质性响应是指对招标文件提出的要求和规定的条件,在投标文件中都应作出相应的回答和满足,对其中主要的要求和条件,如主要的技术参数、投标报价要求、投标有效期、投标保证金的数额和形式等,不允许有偏差和保留。

C.招标项目属于建设施工的,投标文件的内容应当包括拟派出的项目负责人与主要技术人员的简历、业绩和拟用于完成招标项目的机械设备等。

（2）关于投标文件的时限

投标人应当在招标文件要求提交投标文件的截止时间前,将投标文件密封送达投标地点。招标人收到投标文件后,应当签收保存,不得开启。投标人少于3个的,招标人应当依照《招标投标法》重新招标。在招标文件要求提交投标文件的截止时间后送达的投标文件,招标人应当拒收。

（3）关于投标文件补充、修改或者撤回的要求

投标人在招标文件要求提交投标文件的截止时间前,可以补充、修改或者撤回已提交的投标文件,并书面通知招标人。补充、修改的内容为投标文件的组成部分,具有同等效力。

投标人撤回已提交的投标文件,应当在投标截止时间前书面通知招标人。招标人已收取投标保证金的,应当自收到投标人书面撤回通知之日起5日内退还。

投标截止后投标人撤销投标文件的,招标人可以不退还投标保证金。

（4）关于中标项目的分包

投标人根据招标文件载明的项目实际情况,拟在中标后将中标项目的部分非主体、非关键性工作进行分包的,应当在投标文件中载明。

（5）关于联合体投标的要求

两个以上法人或者其他组织可以组成一个联合体,以一个投标人的身份共同投标。联合体各方均应当具备承担招标项目的相应能力。国家有关规定或者招标文件对投标人资格条件有规定的,联合体各方均应当具备规定的相应资格条件。由同一专业的单位组成的联合体,按照资质等级较低的单位确定资质等级。联合体中标的,联合体各方应当共同与招标人签订合同,就中标项目向招标人承担连带责任。

（6）关于禁止不正当竞争的要求

投标人不得相互串通投标报价,不得排挤其他投标人的公平竞争,损害招标人或者其他投标人的合法权益。投标人不得与招标人串通投标,损害国家利益、社会公共利益或者他人的合法权益。禁止投标人以向招标人或者评标委员会成员行贿的手

在实践中,允许投标人在一定条件下补充、修改或撤回投标书。

招标人不得强制投标人组成联合体共同投标以及限制投标人之间的竞争。

投标者和招标者不得相互勾结,以排斥竞争对手的公平竞争。

段谋取中标。

串通投标的情形有三种：

①投标人相互串通投标的情形

A.投标人之间协商投标报价等投标文件的实质性内容；

B.投标人之间约定中标人；

C.投标人之间约定部分投标人放弃投标或者中标；

D.属于同一集团、协会、商会等组织成员的投标人按照该组织要求协同投标；

E.投标人之间为谋取中标或者排斥特定投标人而采取的其他联合行动。

②视为投标人相互串通投标的情形

A.不同投标人的投标文件由同一单位或者个人编制；

B.不同投标人委托同一单位或者个人办理投标事宜；

C.不同投标人的投标文件载明的项目管理成员为同一人；

D.不同投标人的投标文件异常一致或者投标报价呈规律性差异；

E.不同投标人的投标文件相互混装；

F.不同投标人的投标保证金从同一单位或者个人的账户转出。

③招标人与投标人串通投标的情形

A.招标人在开标前开启投标文件并将有关信息泄露给其他投标人；

B.招标人直接或者间接向投标人泄露标底、评标委员会成员等信息；

C.招标人明示或者暗示投标人压低或者抬高投标报价；

D.招标人授意投标人撤换、修改投标文件；

E.招标人明示或者暗示投标人为特定投标人中标提供方便；

F.招标人与投标人为谋求特定投标人中标而采取的其他串通行为。

投标人不得以低于成本的报价竞标，也不得以他人名义投标或者以其他方式弄虚作假，骗取中标。投标人有下列情形之一的，属于招标投标法规定的以其他方式弄虚作假的行为：

A.使用伪造、变造的许可证件；

B.提供虚假的财务状况或者业绩；

C.提供虚假的项目负责人或者主要技术人员简历、劳动关系证明；

D.提供虚假的信用状况；

E.其他弄虚作假的行为。

6.2.2　建设工程施工的投标人

投标人是响应招标，参加投标竞争的法人或者其他组织。但依法招标的科研项目允许个人参加投标的，投标个人适用《招标投标法》有关投标人的规定。投标人应当具备承担招标项目的能力，如果国家有关规定对投标人资格条件或者招标文件对投标人资格条件有规定的，投标人应当具备规定的资格条件，如相应的人力、物力和财力，以及招标文件要求的资质、工作经验与业绩等。

对于不得参加投标的法人、其他组织或者个人法律有明确规定。

（1）投标人享有的权利

A.符合条件的企业或企业联合体，均可按照招标文件的要求参加投标，采用联合投标，联合体各方就中标项目向招标人承担连带责任。

B.根据自己的经营状况和掌握的市场信息，确定自己的投标报价。

C.有权对要求优良的工程实行优质优价。

D.有权根据自己的经营状况参与投标竞争或拒绝参与竞争。

E.有权在招投标过程中对标的物的疑义向招标人提出，并要求得到相对满意答复的权利。

F.有权监督招标方是否按照招投标相关程序进行招投标。

G.有权对他人买标、串标的行为进行举报。

（2）投标人承担的义务

A.决定参加投标时，应向招标单位提供投标文件。

B.如果招标文件有要求，或有法律有规定，应向招标单位交纳投标保证金，招标工作结束时招标单位应将投标保证金及时退还给投标单位。

C.不得串通作弊，哄抬标价。

D.保守招标人的秘密，不得泄露。

（3）投标人的法律责任

投标人应承担的法律责任主要如下：

A.投标人相互串通投标或者与招标人串通投标的，投标人向招标人或者评标委员会成员行贿谋取中标的，中标无效；构成犯罪的，依法追究刑事责任；尚不构成犯罪的，依照《招标投标法》第53条的规定处罚。投标人未中标的，对单位的罚款金额按照招标项目合同金额依照招标投标法规定的比例计算。

投标人有下列行为之一的，属于招标投标法规定的情节严重行为，由有关行政监督部门取消其1~2年内参加依法必须进行招标的项目的投标资格：

a.以行贿谋取中标；

b.3年内两次以上串通投标；

c.串通投标行为损害招标人、其他投标人或者国家、集体、公民的合法利益，造成直接经济损失30万元以上；

d.其他串通投标情节严重的行为。

投标人自本上述规定的处罚执行期限届满之日起3年内又有该款所列违法行为之一的，或者串通投标、以行贿谋取中标情节特别严重的，由工商行政管理机关吊销营业执照。

法律、行政法规对串通投标报价行为的处罚另有规定的，从其规定。

B.投标人以他人名义投标或者以其他方式弄虚作假骗取中标的，中标无效，尚不构成犯罪，给招标人造成损失的，依法承担赔偿责任；构成犯罪的，依法追究刑事责任。依法必须进行招标的项目的投标人未中标的，对单位的罚款金额按照招标项目合同金额依照招标投标法规定的比例计算。

投标保证金不得超过招标项目估算价的2%。投标保证金有效期应当与投标有效期一致。

取消投标资格对于企业的影响是非常大的。

投标人有下列行为之一的，属于招标投标法规定的情节严重行为，由有关行政监督部门取消其1年至3年内参加依法必须进行招标的项目的投标资格：

a.伪造、变造资格、资质证书或者其他许可证件骗取中标；

b.3年内两次以上使用他人名义投标；

c.弄虚作假骗取中标给招标人造成直接经济损失30万元以上。

C.出让或者出租资格、资质证书供他人投标的，依照法律、行政法规的规定给予行政处罚；构成犯罪的，依法追究刑事责任。

D.投标人或者其他利害关系人捏造事实、伪造材料或者以非法手段取得证明材料进行投诉，给他人造成损失的，依法承担赔偿责任。

招标人不按照规定对异议作出答复，继续进行招标投标活动的，由有关行政监督部门责令改正，拒不改正或者不能改正并影响中标结果的，对中标结果造成实质性影响，且不能采取补救措施予以纠正的，招标、投标、中标无效，应当依法重新招标或者评标。

E.中标人无正当理由不与招标人订立合同，在签订合同时向招标人提出附加条件，或者不按照招标文件要求提交履约保证金的，取消其中标资格，投标保证金不予退还。对依法必须进行招标的项目的中标人，由有关行政监督部门责令改正，可以处中标项目金额10‰以下的罚款。

招标人和中标人不按照招标文件和中标人的投标文件订立合同，合同的主要条款与招标文件、中标人的投标文件的内容不一致，或者招标人、中标人订立背离合同实质性内容协议的，由有关行政监督部门责令改正，可以处中标项目金额5‰以上10‰以下的罚款。

F.中标人将中标项目转让给他人的，将中标项目肢解后分别转让给他人的，违反法律规定将中标项目的部分主体、关键性工作分包给他人的，或者分包人再次分包的，转让、分包无效，处转让、分包项目金额5‰以上10‰以下的罚款；有违法所得的，并处没收违法所得；可以责令停业整顿；情节严重的，由工商行政管理机关吊销营业执照。

6.2.3 建设工程施工投标的内容

（1）建设工程施工投标文件的主要内容

投标人应当按照招标文件的要求编制投标文件。投标文件应当对招标文件提出的实质性要求和条件作出响应。投标文件主要包括：投标函、投标书、施工组织设计、商务和技术偏差表等。投标文件是描述投标人实力和信誉状况、投标报价竞争力及投标人对招标文件响应程度的重要文件，也是评标委员会和招标人评价投标人的主要依据。投标文件主要包括商务文件和技术文件两个部分。商务文件主要包括投标书、投标函、投标企业概况、施工资质证明材料、授权委托书、财务状况说明等。技术文件主要包括施工部署、施工方案、施工组织及施工进度计划、施工机械设备配备情况等。投标人根据招标文件载明的项目实际情况，拟在中标后将中标项目的部分非主体、非关键性工作进行分包的，应当在投标文件中载明。

履约保证金不得超过中标合同金额的10‰。

（2）建设工程施工投标书的主要内容

建设工程施工投标书主要包括：综合说明；按照工程量清单计算的标价及钢材、木材、水泥等主要材料用量，依据统一的工程量计算规则确定的自主报价；施工方案和选用的主要施工机械，保证工程质量、进度、施工安全的主要技术组织措施，计划开工、竣工日期，工程总进度，对建筑合同主要条件的确认。投标人可以提出修改设计、合同条件等建议方案，并作出相应标价和投标书，同时密封寄送招标单位，供招标人参考。投标书须有单位和法定代表人或委托代理人的印鉴。投标人应在规定的日期内将投标书密封送达招标人。

6.2.4　建设工程施工投标的程序

投标程序与招标程序相对应，主要包括三个阶段：第一，投标准备阶段，包括跟踪投标信息、报名参加投标、办理资格审查、购买招标文件。第二，投标实施阶段，包括组织投标机构、研究招标文件、提出初步报价、编制投标文件、报送投标文件。第三，签约阶段，包括开标、询标答辩、签订合同。

6.3　建设工程施工的决标

建设工程的招标投标过程中，从合同法的角度分析，招标相当于要约邀请，投标相当于要约，决标相当于承诺。建设工程的决标程序包括了开标、评标和定标三个过程。建筑工程招标的开标、评标、定标由建设单位依法组织实施，并接受有关行政主管部门的监督。

决标中的公开、公平、公正的原则是非常重要的。首先，招标人应当在规定的期限内，通知投标者参加，在有关部门的监督下，当众开标，宣布评标、定标办法，启封投标书和补充函件，公布投标书的主要内容和标底；其次，招标人在评标中应平等地对待每一个投标人，不偏袒某一方，按照公正合理原则，对投标人的投标进行综合评价；最后，在综合评价的基础上择优确定中标人。中标人一旦确定就是定标。决标具有承诺的性质，其实质是指定标具有承诺的性质。既然是承诺，那定标就表示合同的订立，就对双方当事人都具有约束力。所以，招标人在决定中标人后，应向中标人发出中标通知，然后在规定的期限内与中标人正式签订建设工程合同。

6.3.1　建设工程施工的开标、评标、定标

（1）建设工程施工的开标

开标是指招标单位在规定的时间、地点内，在有投标人出席的情况下，当众公开拆开投标资料，宣布投标人的名称、投标价格以及投标价格的修改的过程。

在时间、地点方面，开标应当在招标文件确定的提交投标文件截止时间的同一时间公开进行。开标地点应当为招标文件中预先确定的地点。

在开标流程方面，开标由招标人主持，邀请所有投标人参加。开标时，由投标人或者其推选的代表检查投标文件的密封情况，也可以由招标人委托的公证机构检查

发现投标书有误，需在投标截止日期前用正式函件更正，否则以原投标书为准。

根据合同法规定，当事人订立合同采取要约与承诺的方式。

并公证，经确认无误后，由工作人员当众拆封，宣读投标人名称、投标价格和投标文件的其他主要内容。投标人少于3个的，不得开标；招标人应当重新招标。投标人对开标有异议的，应当在开标现场提出，招标人应当当场作出答复，并制作记录。

（2）建设工程施工的评标

建设工程的评标是指按照规定的标准和方法，对投标文件进行评审和比较，从而找出符合法定条件的最佳投标人的过程。评标是招标投标活动中十分重要的阶段，评标的质量决定着能否从众多投标竞争者中选出最能满足招标项目各项要求的中标者。

评标应由招标人依法组建的评标委员会负责，即由招标人按照法律的规定，挑选符合条件的人员组成评标委员会，负责对各投标文件的评审工作。评标委员会一般来讲由招标人的代表、技术专家、经济专家等组成。评标委员会的专家成员应当从评标专家库内相关专业的专家名单中以随机抽取方式确定。任何单位和个人不得以明示、暗示等任何方式指定或者变相指定参加评标委员会的专家成员。评标委员会成员不得私下接触投标人，不得收受投标人给予的财物或者其他好处，不得向招标人征询确定中标人的意向，不得接受任何单位或者个人明示或者暗示提出的倾向或者排斥特定投标人的要求，不得有其他不客观、不公正履行职务的行为。

在评标的流程及要求方面，为了体现评标的公平、公正，评标一般按照初步评标、详细评标、编写评标报告的流程进行。评标委员会应当按照招标文件确定的评标标准和方法，对投标文件进行评审和比较，设有标底的，应当参考标底。招标文件没有规定的评标标准和方法不得作为评标的依据。在完成评标后，评标委员会应当向招标人提交书面评标报告和中标候选人名单，中标候选人应当不超过3个，并标明排序。招标人根据评标委员会提出的书面评标报告和推荐的中标候选人确定中标人，也可以授权评标委员会直接确定中标人。国务院对特定招标项目的评标有特别规定的从其规定。

（3）建设工程施工的定标

定标也即授予合同，是招标人通过评标从投标人中决定中标人，是招标人的单独行为。定标在法律性质上一般被认为是对投标的承诺。但是，如果招标人并不完全同意投标人的条件，而是需要与中标人就合同的主要内容进一步谈判、协商，那么，这种只是选择合同相对人的方式不能视为承诺性质的定标。

招标项目设有标底的，招标人应当在开标时公布。标底只能作为评标的参考，不得以投标报价是否接近标底作为中标条件，也不得以投标报价超过标底上下浮动范围作为否决投标的条件。

有下列情形之一的，评标委员会应当否决其投标：

A.投标文件未经投标单位盖章和单位负责人签字；

B.投标联合体没有提交共同投标协议；

C.投标人不符合国家或者招标文件规定的资格条件；

D.同一投标人提交两个以上不同的投标文件或者投标报价，但招标文件要求提交备选投标的除外；

E.投标报价低于成本或者高于招标文件设定的最高投标限价；

F.投标文件没有对招标文件的实质性要求和条件作出响应；

G.投标人有串通投标、弄虚作假、行贿等违法行为。

在如何确定中标人方面，国有资金占控股或者主导地位的依法必须进行招标的项目，招标人应当确定排名第一的中标候选人为中标人。排名第一的中标候选人放弃中标、因不可抗力不能履行合同、不按照招标文件要求提交履约保证金，或者被查实存在影响中标结果的违法行为等情形，不符合中标条件的，招标人可以按照评标委员会提出的中标候选人名单排序依次确定其他中标候选人为中标人，也可重新招标。

在确定中标人后，招标人应于7日内向中标人发出中标通知书，并同时将中标结果通知所有未中标的投标人。未中标的投标人应在接到通知后7日内退回招标文件及有关资料，招标人同时退还未中标单位的投标保证金。从开标到定标的期限，小型工程不超过10日，大型工程不超过30日，工程设计不超过1个月；发生特殊情况可适当延长。中标通知书对招标人和中标人都具有法律约束力，中标人放弃中标项目的，应当依法承担法律责任。

6.3.2 签订建设工程施工合同

签订合同即是对招标文件和投标文件内容的确认和整理。招标人和中标人应当签订书面合同，合同的标的、价款、质量、履行期限等主要条款应当与招标文件和中标人的投标文件的内容一致。招标人和中标人不得再行订立背离合同实质性内容的其他协议。同时，招标人最迟应当在书面合同签订后5日内向中标人和未中标的投标人退还投标保证金及银行同期存款利息。

建设工程施工合同是指发包方（建设单位）和承包方（施工人）为完成商定的施工工程，明确相互权利、义务的协议。就其性质而言，建设工程施工合同是诺成性双务合同。这类合同一经签订，即具有法律效力，就在发包人和承包人之间产生法律上的联系，这种联系即为合同的法律约束力。合同的法律约束力主要表现在以下几个方面：

第一，当事人双方依据合同的约定都享有相应的权利。

第二，当事人双方依据合同的约定分别承担相应的义务。

第三，任何一方无权擅自变更或解除合同，如有特殊原因需要变更或解除合同，必须向对方提交书面文件，在双方协商一致的前提下，方能变更或解除合同。若因变更合同给对方造成损失时，提出变更的一方当事人应向对方予以赔偿；解除合同时必须按法律规定和合同约定承担相应责任。

第四，任何一方违反合同规定，不履行约定的义务，应承担相应的法律责任；双方都有过错的应分别承担相应的法律责任。

目前，我国的建设工程施工合同借鉴了国际上广泛使用的FIDIC土木工程施工合同条款，格式上主要由协议书、通用条款、专用条款三个部分组成。内容上主要有工程范围、建设工期、工程造价、竣工验收、质量保修范围和质量保证期等，其中

"工期、质量、造价"是建设工程施工永恒的主题，有关这三个方面的合同条款是施工合同最重要的内容。

6.4 建设工程招标投标的管理

建设工程招标投标的管理包括了对招投标机构的管理、招投标实施过程的管理、违反规定的法律责任等。本章主要介绍必须招标的项目中自行招标与招标代理的管理，以及建设工程招标投标管理机构。

6.4.1 自行招标与招标代理的管理

（1）自行招标管理

自行招标是指招标人具备相应的能力，按照规定可以自行办理招标事宜。招标人自行办理招标事宜应当具有编制招标文件和组织评标的能力，是指招标人具有与招标项目规模和复杂程度相适应的技术、经济等方面的专业人员。具体包括：

A.具有项目法人资格（或者法人资格）。

B.具有与招标项目规模和复杂程度相适应的工程技术、概预算、财务和工程管理等方面专业技术力量。

C.有从事同类工程建设项目招标的经验。

D.设有专门的招标机构或者拥有3名以上专职招标业务人员。

E.熟悉和掌握招标投标法律及有关法规、规章。

任何单位和个人不得强制其委托招标代理机构办理招标事宜，不具备上述条件的建设单位和个人，就必须委托招标代理机构来进行招标。

（2）招标代理管理

住房城乡建设部、商务部、发展改革委员会、工业和信息化部等，按照规定的职责分工对招标代理机构依法实施监督管理。招标代理机构应当拥有一定数量的取得招标职业资格的专业人员。取得招标职业资格的具体办法由国务院人力资源社会保障部门会同国务院发展改革部门制定。

招标代理机构是指依法设立，从事招标代理业务并提供相关服务的社会中介组织。招标代理是招标人对招标代理机构的授权行为，因此，招标人委托招标代理机构进行招标必须办理委托授权手续。

招标代理机构必须具备下列条件：

A.依法设立的中介组织，具有独立法人资格；

B.与行政机关和其他国家机关没有行政隶属关系或者其他利益关系；

C.有固定的营业场所和开展工程招标代理业务所需设施及办公条件；

D.有健全的组织机构和内部管理的规章制度；

E.具备编制招标文件和组织评标的相应专业力量；

F.具有可以作为评标委员会成员人选的技术、经济等方面的专家库；

G.法律、行政法规规定的其他条件。

不符合自行招标条件的，必须委托招标代理机构办理招标事宜。

招标代理机构不得在所代理的招标项目中投标或者代理投标，也不得为所代理的招标项目的投标人提供咨询。

鉴于工程建设项目招标的特殊性,招标代理机构须具备相应的从业资格,对其实行设立条件和从业资格双重限定。招标人有权自行选择招标代理机构委托其办理招标事宜。任何单位和个人不得以任何方式为招标人指定招标代理机构。

6.4.2　建设工程招标投标的管理机构

在招标投标的管理机构方面,国务院发展改革部门指导和协调全国招标投标工作,对国家重大建设项目的工程招标投标活动实施监督检查。

工业和信息化部、住房城乡建设部、交通运输部、铁道部、水利部、商务部等,按照规定的职责分工对有关招标投标活动实施监督。

县级以上地方人民政府发展改革部门指导和协调本行政区域的招标投标工作。县级以上地方人民政府有关部门按照规定的职责分工,对招标投标活动实施监督,依法查处招标投标活动中的违法行为。

县级以上地方人民政府对其所属部门有关招标投标活动的监督职责分工另有规定的,从其规定。

财政部门依法对实行招标投标的政府采购工程建设项目的预算执行情况和政府采购政策执行情况实施监督。

监察机关依法对与招标投标活动有关的监察对象实施监察。

延伸阅读1

《简明标准施工招标文件》和《标准设计施工总承包招标文件》

2011年11月20日,国家发展改革委会同工业和信息化部、财政部、住房和城乡建设部、交通运输部、铁道部、水利部、广电总局、中国民用航空局,编制了《简明标准施工招标文件》和《标准设计施工总承包招标文件》(以下简称为《标准文件》),自2012年5月1日起实施。该《标准文件》的实施,有助于完善招标文件编制规则,提高招标文件编制质量,促进招标投标活动的公开、公平和公正。为了正确地适用《标准文件》,需要对该《标准文件》有一个基本的认识。以下问题需要特别注意的是:

首先,《标准文件》的适用范围。依法必须进行招标的工程建设项目,工期不超过12个月、技术相对简单且设计和施工不是由同一承包人承担的小型项目,其施工招标文件应当根据《简明标准施工招标文件》编制;设计施工一体化的总承包项目,其招标文件应当根据《标准设计施工总承包招标文件》编制。工程建设项目,是指工程以及与工程建设有关的货物和服务。工程,是指建设工程,包括建筑物和构筑物的新建、改建、扩建及其相关的装修、拆除、修缮等。与工程建设有关的货物，是指构成工程不可分割的组成部分，且为实现工程基本功能所必需的设备、材料等。与工程建设有关的服务，是指为完成工程所需的勘察、设计、监理等。

其次，应当不加修改地引用《标准文件》的内容。《标准文件》中的"投标人须知"（投标人须知前附表和其他附表除外）、"评标办法"（评标办法前附表除外）、"通用合同条款"，应当不加修改地引用。

再次，行业主管部门可以作出的补充规定。国务院有关行业主管部门可根据本行业招标特点和管理需要，对《简明标准施工招标文件》中的"专用合同条款""工程量清单""图纸""技术标准和要求"，《标准设计施工总承包招标文件》中的"专用合同条款""发包人要求""发包人提供的资料和条件"作出具体规定。其中，"专用合同条款"可对"通用合同条款"进行补充、细化，但除"通用合同条款"明确规定可作出不同约定外，"专用合同条款"补充和细化的内容不得与"通用合同条款"相抵触，否则，抵触内容无效。

最后，要清楚招标人可以补充、细化和修改的内容。"投标人须知前附表"用于进一步明确"投标人须知"正文中的未尽事宜，招标人或者招标代理机构应结合招标项目具体特点和实际需要编制和填写，但不得与"投标人须知"正文内容相抵触，否则，抵触内容无效。"评标办法前附表"用于明确评标的方法、因素、标准和程序。招标人应根据招标项目具体特点和实际需要，详细列明全部审查或评审因素、标准，没有列明的因素和标准不得作为资格审查或者评标的依据。

招标人或者招标代理机构可根据招标项目的具体特点和实际需要，在"专用合同条款"中对《标准文件》中的"通用合同条款"进行补充、细化和修改，但不得违反法律、行政法规的强制性规定，以及平等、自愿、公平和诚实信用原则，否则，相关内容无效。

延伸阅读2

中标通知发出后招标人拒签合同是否构成违约
——某建筑安装工程公司诉某房地产公司工程承包合同纠纷案

【案情简介】

原告：某建筑安装工程公司

被告：某房地产公司

某房地产公司于2011年11月22日经批准进行招标，根据有关规定，某房地产公司将工程投标者须知、工程地址及现场条件、工程承包范围、方式、工期要求、其他说明事项等编写了《施工招标综合说明书》，并对外张贴招标公告。某建筑安装工程公司及另外3家公司参加了投标，这4家公司均在缴纳了资料费300元和招标保证金1 000元以后参加了该工程投标。经过评标委员会评定，某建筑安装工程公司中标，该中标结果由某市建设工程招标投标管理办公室见证,由被告于2011年12月14日向原告发出了中标通知书,并要求原告于12月25日签订工程承包合同,12月28日开工。中标通知书中载明中标合同造价为人民币8 000万元。发出中标通知书后,被告指令原告先作好开工准备,再签订合同。次日为准备该工程的修建,原告订立钢材、木材购销合同各一份,并分别缴纳了定金5万元、保证金2万元。同日,某建筑安装工程公司按招标公告要求,向某房地产公司交纳工程保证金时,某房地产公司以工程自建为由拒收。同月16日,某建筑安装工程公司进入施工现场搭建工棚,支出工人工资、拉运材料等费用900元。至2012年3月1日,某房地产书面函告原告"将另行落实施工队伍"。双方经多次协商未果,原告遂诉之于法院。

原告起诉请求:法院判令被告给予赔偿70 900元,并双倍返还保证金2 000元和资料费300元。

被告辩称:我公司与原告公司只形成初评中标关系,双方并未签订工程承包合同,原告与他人签订的合同无权要求我方赔偿损失。

【审理结果】

法院审理认为:某建筑安装工程公司依照招投标程序取得中标资格,应属有效。某建筑安装工程公司为中标工程必需的钢材、木材对外签订经济合同,并缴纳定金和保证金,其行为是基于中标资格的产生,与中标存在直接联系,原告的中标资格未取消,承建该工程按规定应当发生。某建筑安装工程公司因某房地产公司不履行招标单位义务导致订购钢材、木材合同不能履行,其定金、保证金等经济损失应由某房地产公司承担主要责任,某建筑安装工程公司负次要责任。

据此,法院判决如下:

一、某房地产公司返还某建筑安装公司资料费300元,招标保证金2 000元。二、某建筑安装工程公司为中标工程订购钢材、木材等经济损失共计7万元,由某建筑安装工程公司承担1.5万元,由××县农工商公司承担5.5万元;因进场施工的材料、搭建工棚、工人工资等经济损失900元由原告自行承担。三、驳回某建筑安装工程公司其他诉讼请求。

【法理评析】

本案争议的焦点在于:中标通知书发出后承包合同签订前,双方的权利义务如何认定?

首先,招标指招标人通过发布招标公告或者发送投标邀请书,公布特定的标准和条件,邀请有意提供承建某项工程建设服务的承包人就该标的作出报价,从中选择最符合自己条件的投标人订立合同的意思表示。由于工程建设招标只提出招标条件和要求,并不包括合同的全部内容,标底不能公开,因而,从法律性质上看,工程建设招标不具有要约的性质,而是要约邀请。但是,如果招标人在招标公告中或者投标邀请书中明确表示将与投标最优者签订合同,则招标人负有在开标后与投标最优者签订合同的义务,那么,这种招标的意思表示具有要约的法律性质。

其次,招标人没有必须接受投标人投标的义务,因此,在建设工程承包活动中,招标人在招标文件中往往声明不确保报价最低者中标。但是,并不是说招标对招标人就没有法律约束力。建设工程招标的法律约束力是指招标人在发布招标公告或发送招标邀请书后的招标有效期限内，是否有权修改招标文件的内容或撤回招标文件。依我国法律及有关交易习惯，建设工程招标具有一定程度的法律约束力，具体体现在：招标人不得擅自改变已发出的招标文件，如果招标人擅自改变已发出的招标文件，应赔偿由此而给投标人造成的损失。

简短回顾

建设工程招标投标活动，应当遵循公开、公平、公正和诚实信用原则。招标人应当根据招标项目的特点和需要编制招标文件，评标委员会依据事先确定的评标原则和方法对投标人投标进行评估。投标人应当具备承担招标项目的能力和规定的资格条件。建设工程的决标程序包括建设工程施工的开标、评标和定标3个过程。开标应当按规定时间公开进行。评标是按照规定的标准和方法，对投标文件进行评审和比较。定标在法律性质上一般被认为是对投标的承诺，通过评标从投标人中决定中标人。最后，通过签订合同对招标文件和投标文件内容的确认和整理。对建设工程招投标的管理分为自行招标与招标代理的管理，管理机构涉及建设部，省、自治区、直辖市人民政府建设行政主管部门等。建设工程招标投标活动必须依法实施，任何违法行为都需承担相应的法律责任。

复习思考题

1.建设工程招投标应当遵循哪些原则？
2.强制招标的范围包括哪些内容？
3.简述建设工程招投标的法定程序。
4.简述违反建设工程招标投标法律法规的法律责任。

7 建设工程合同法规

本章导读

昌顺建设工程有限公司是A市一家具有二级施工资质等级的建筑企业。该公司与A市一家水泥厂签订一份建设工程施工合同，约定由该公司承建水泥厂职工宿舍楼工程。该公司在施工过程中吊篮钢丝绳断裂造成了一死两伤的重大安全事故。A市建委遂对昌顺公司作出降一级资质并处罚款的处罚。此后，水泥厂以昌顺公司不符合宿舍楼工程所要求的施工资质等级为由，诉至法院要求解除与昌顺公司的施工合同。作为建设单位的水泥厂是否可以依据施工企业昌顺公司的资质等级降低而要求解除合同？法院会否支持水泥厂的主张？昌顺公司资质的降低是否影响合同的效力？通过本章的学习，相信一定能得到明确的答案。

7.1 建设工程合同的订立

7.1.1 建设工程合同订立的基本原则

（1）平等原则

平等原则是指地位平等的合同当事人，在权利义务对等的基础上，经充分协商达成一致，以实现互利互惠的经济利益目的的原则。这一原则具体包括两个方面：一是合同当事人的法律地位平等，即合同当事人是平等主体，没有高低、主从之分，不存在命令与被命令、管理与被管理的关系。二是当事人在合同中的权利义务对等，享有权利就必须承担义务，一方不得无偿占有另一方的财产，侵犯他人权益。

（2）诚实信用原则

诚实信用原则是指当事人在签订合同时，应诚实守信，以善意的方式履行其义务，不得滥用权力及规避法律或合同规定的义务。在订立建设工程合同时，尽管合同尚未成立，合同当事人也应依据诚实信用原则，负有一些附随义务，如不得欺诈、遵守许诺、保密等，因违反诚信义务给对方造成损失的应负赔偿责任。在履行合同中，应当根据合同的性质、目的和交易习惯，履行及时通知、协助、提供必要的条件、防止损失扩大、保密等义务，合同终止后当事人也应当遵循诚实信用原则，及时履行通知、协助、保密等义务。

（3）自愿原则

自愿原则是指合同当事人通过协商，自愿决定和调整相互权利义务关系，合同各条款均是双方当事人自由意思表示的结果。自愿原则贯穿合同活动的全过程，具体表现为：自愿缔结合同、选择合同相对人、协商决定合同内容、变更和解除合同、自愿选择合同的形式（法律、行政法规对合同形式作出明确规定的除外），以及自愿约定违约责任。任何一方都不得凌驾于另一方之上，不得把自己的意志强加给另一方，更不得以强迫命令、威胁等手段签订合同。

（4）公平原则

公平原则是指当事人应当遵循公平原则确定各方的权利和义务，它的实质在于公正合理。一方面，当事人订立合同时权利与义务的确定要公平，如在格式合同中承包方有权拒绝发包方提出的不公平条款。另一方面，在合同履行过程中具体问题的处理也要遵循公平原则。例如，在工程完工后，在双方约定的误差范围内，承包方以实际工程面积为准收取工程款。此外，违约责任的确定也要遵循公平原则。例如，当事人一方违约后，对方当事人应当采取适当措施防止损失扩大，如果没有采取适当措施致使损失扩大的，后者不得就扩大的损失要求赔偿，但为防止损失扩大而支出的合理费用，由违约方承担。

（5）合法原则

合法原则是指当事人订立、履行建设工程合同时，合同的内容和形式都需要符合法律规定。首先，内容要合法，包括主体适格，意思表示真实，客体合法。例如，承包人违反规定，将中标的建设工程继续分包，此时签订的分包合同没有法律效力；其次，合同形式要合法，建设工程合同应当采用书面形式。因此，如果采用口头形式签订的建设工程合同无效。

7.1.2　建设工程合同成立的要件

合同的成立是指当事人双方就合同的主要条款取得合意并达成协议的法律事实。合同的成立在法律上具有重要意义：首先，合同成立意味着合同双方权利义务关系已经明确，合同内容已为双方当事人所认可。其次，合同成立，合同订立过程即告结束，同时使当事人履行合同成为可能。最后，合同成立与合同生效有密不可分的关系，合同成立是合同生效的前提条件。

（1）建设工程合同成立的一般要件

①有双方当事人

建设工程合同是双方或多方的民事法律行为，原则上至少应当有发包人、承包人。

②意思表示一致

建设工程合同作为一种协议，是通过一方当事人的要约和另一方当事人的承诺而达成的。通过要约承诺方式将双方当事人的内心意志表现出来并达成一致。

③权利义务具体明确

建设工程合同缺少任何一项必要条款都会导致合同关系不成立。合同的必要条款是由各种合同的特殊性质决定的，因此，针对具体的建设工程合同，具体要求的内容也不同，需要在具体的建设工程合同中订明。

④经过一定的签订程序和形式

建设工程合同应当采用书面形式,程序必须符合要约与承诺的相关程序,特别是招投标的程序。

（2）建设工程合同成立的特殊要件

建设工程合同订立的特殊要件是指各种具体的建设工程合同依该合同的性质或当事人的约定应具备的条件,如实践合同以交付作为订立的要件之一,要式合同以符合法定或约定的形式作为合同成立的要件之一。

7.2　建设工程合同的内容

建设工程合同的内容是指当事人之间合意的具体内容,表现为建设工程合同的条款。

（1）建设工程合同的主要条款

A.当事人的名称、住所。

B.当事人双方权利义务共同指向的对象,即标的。

C.数量和质量。例如,工程面积、结构形式、配套附件、质量标准、工艺、外观、等级等。

D.价款或报酬,统称为"价金",如发包人支付给承包人的工程款。主要包括:价金的确定标准、计算方法、货币种类、计算和支付的时间及方式。

E.履行的期限、地点和方式。

F.违约责任。

G.解决争议的方法。

H.根据法律规定或按合同性质必须具备的条款。

I.当事人的特别约定。例如,担保条款、风险转移条款、合同终止条款。

（2）建设工程合同条款的分类

根据建设工程合同条款的意义和表现形式不同可将其分为:

①实体条款和程序条款

实体条款是直接表现合同当事人实体权利义务关系的条款。例如,建设工程施工合同中的工程名称和地点;工程范围和内容;开工、竣工日期;材料和设备的供应和进场;双方互相协作事项;工程质量保修及保修条件;工程造价;工程价款支付;结算及交付;验收办法;违约责任等。

程序条款则并不设定实体债权债务关系,它只是规定当事人在合同中规定的履行合同义务的程序及解决合同争议的条款。如建设工程合同中当事人对解决争议的程序、办法、适用法律等内容进行的约定,在合同中表现为如仲裁条款、选择受诉法院条款、选择检验鉴定机构条款、法律适用条款等。

②明示条款和默示条款

明示条款是合同当事人以文字、口头语言等方式明确表达合意的条款。

默示条款是当事人没有在合同中明确约定,但依照法律、交易习惯和当事人的行为，推定合同应当具有的条款。例如，建设工程施工合同中没有约定承包方的进场日期，承包方选择某一时间入场，而发包方并未提出异议，那么，该合同实际上也存在进场日期的条款，即"承包方可根据施工需要选择适当时间进场"。

③违约责任条款和免责条款

违约责任条款是明确合同当事人因不履行或不完全履行合同时应承担的民事责任的条款。它不是合同的必要条款，因为即使没有该项条款，当事人如果违约，根据有关法律规定，违约方也应承担相应的违约责任。

免责条款是在合同中约定的、为免除或限制合同当事人一方或双方将来责任的条款。但是，免责条款不同于法定免责条件。法定免责条件是由法律直接规定的可以免除当事人民事责任的事由，如不可抗力、货物本身的自然性质或货物合理的损耗、对方当事人的原因等，当法定免责条件具备后，无须当事人约定即可免除相应的合同义务。

（3）建设工程施工合同的内容

2013年4月3日，住房和城乡建设部会同国家工商行政管理总局制定并发布了《建设工程施工合同（示范文本）》（GF—2013—0201），该示范文本自2013年7月1日起执行。该示范文本由合同协议书、通用合同条款和专用合同条款三部分组成。

①合同协议书

合同协议书共计13条，主要包括：工程概况、合同工期、质量标准、签约合同价和合同价格形式、项目经理、合同文件构成、承诺以及合同生效条件等重要内容，集中约定了合同当事人基本的合同权利义务。

②通用合同条款

通用合同条款是合同当事人根据我国《建筑法》《合同法》等法律法规的规定，就工程建设的实施及相关事项，对合同当事人的权利义务作出的原则性约定。通用合同条款共计20条，具体条款分别为：一般约定、发包人、承包人、监理人、工程质量、安全文明施工与环境保护、工期和进度、材料与设备、试验与检验、变更、价格调整、合同价格、计量与支付、验收和工程试车、竣工结算、缺陷责任与保修、违约、不可抗力、保险、索赔和争议解决。前述条款安排既考虑了现行法律法规对工程建设的有关要求，也考虑了建设工程施工管理的特殊需要。

③专用合同条款

专用合同条款是对通用合同条款原则性约定的细化、完善、补充、修改或另行约定的条款。合同当事人可以根据不同建设工程的特点及具体情况，通过双方的谈判、协商对相应的专用合同条款进行修改补充。在使用专用合同条款时，应注意以下事项：专用合同条款的编号应与相应的通用合同条款的编号一致；合同当事人可以通过对专用合同条款的修改，满足具体建设工程的特殊要求，避免直接修改通用合同条款；在专用合同条款中有横道线的地方，合同当事人可针对相应的通用合同条款进行细化、完善、补充、修改或另行约定；如无细化、完善、补充、修改或另行约定，则填写"无"或划"/"。

该示范文本为非强制性使用文本。适用于房屋建筑工程、土木工程、线路管道和设备安装工程、装修工程等建设工程的施工承发包活动，合同当事人可结合建设工程具体情况，根据示范文本订立合同，并按照法律法规规定和合同约定承担相应的法律责任及合同权利义务。

（4）FIDIC土木工程施工合同条件的内容

FIDIC是"国际咨询工程师联合会"的缩写。该组织在每个国家或地区只吸收一个独立的咨询工程师协会作为团体会员，至今已有60多个发达国家和发展中国家或地区的成员，因此，它是国际上最具有权威性的咨询工程师组织。FIDIC合同条件是国际和国内土木工程在工程招标、投标、签订承包合同以及费用支付、工程变更和索赔等方面具有国际权威的通用标准。FIDIC合同条件是国际工程界几十年来实践经验的总结，公正的规定了合同各方的职责、权利和义务，程序严谨，可操作性强，因而也被称为"土木工程合同的圣经"。

FIDIC出版的所有合同文本结构，都是以通用条件、专用条件和其他标准化文件的格式编制。

①通用条件

只要是土木工程类的施工均可适用。条款内容涉及合同履行过程中业主和承包商各方的权利与义务，工程师的权力和职责，各种可能预见到事件发生后的责任界限，合同正常履行过程中各方应遵循的工作程序，以及因意外事件而使合同被迫解除时各方应遵循的工作准则等。

②专用条件

根据准备实施项目的工程专业特点，以及工程所在地的政治、经济、法律、自然条件等地域特点，针对通用条件中条款的规定加以具体化。可以对通用条件中的规定进行相应补充完善、修订或取代其中的某些内容，以及增补通用条件中没有规定的条款。专用条件中条款序号应与通用条件中要说明条款的序号对应，通用条件和专用条件内相同序号的条款共同构成对某一问题的约定责任。如果通用条件内的某一条款内容完备、适用，专用条件内可不再重复列此条款。

③标准化的文件格式

FIDIC编制的标准化合同文本，除了通用条件和专用条件以外，还包括有标准化的投标书（及附录）和协议书的格式文件。投标书的格式文件只有一页内容，是投标人愿意遵守招标文件规定的承诺表示。投标人只需填写投标报价并签字后，即可与其他材料一起构成有法律效力的投标文件。投标书附件列出了通用条件和专用条件内涉及工期和费用内容的明确数值，与专用条件中的条款序号和具体要求一致，以使承包商在投标时予以考虑。这些数据经承包商填写并签字确认后，作为合同履行过程中双方遵照执行的依据。协议书是业主与中标承包商签订施工承包合同的标准化格式文件，双方只要在空格内填入相应内容，并签字盖章后合同即可生效。

7.3 建设工程合同的效力

建设工程合同的效力是指已经成立的建设工程合同在当事人之间产生的法律拘束力，即法律效力。

我国在1996年正式加入该组织，有关部委编制的适用于大型工程施工的标准化范本都以FIDIC编制的合同条件为蓝本。

我国有关部门制定的合同示范文本，标准招标文件中也有专用条件与通用条件之分。

7.3.1　有效的建设工程合同

（1）有效的建设工程合同应符合以下条件

①主体合格

建设工程合同的当事人必须符合法律规定的要求，发包人的主体资格的要求是必须具有法人资格，不具备法人资格的单位和个人不能作为发包人。对承包人的要求是必须具有法人资格及相关承包行业的相应资质等级等，不具备法人资格和相关承包行业的相应资质等级的单位不允许作为承包人。

②内容合法

建设工程合同中约定的当事人权利义务必须合法。凡是涉及法律法规有强制性规定的，必须符合有关规定，不得利用建设工程合同进行违法活动，扰乱社会经济秩序，损害国家利益和社会公共利益。

③意思表示真实

建设工程合同当事人任何一方不得把自己的意志强加给对方，双方在协商一致的基础上达成合意。

对附有生效条件的建设工程合同，除应当符合以上有效条件外，还需符合所附生效条件的要求，合同才能完全发生预期的法律约束力。例如，依法律规定或依建设工程合同约定应当采用公证、登记、批准等形式后才生效的，合同双方当事人就建设工程合同的主要条款达成合意后，还须要依法或依约经过公证、登记、批准等特别程序，该建设工程合同才能生效。

（2）有效建设工程合同的效力

①对合同当事人的效力

有效的建设工程合同在当事人之间产生相应的权利和义务，当事人应严格依照合同约定行使权利、履行义务，不得擅自变更和解除该建设工程合同。

②对第三人的效力

任何单位和个人不得利用任何方式侵犯建设工程合同当事人依据合同约定所享有的权利，也不得用任何方式非法阻挠当事人履行义务，更不得用行政命令的方式废除建设工程合同的效力。

③制裁效力

若当事人有违反建设工程合同约定的行为，则应依法承担法律责任，产生对违反一方当事人不利的法律后果。

7.3.2　无效的建设工程合同

无效的建设工程合同是指虽然建设工程合同已经订立，但不具有预期的法律约束力、不受法律保护的建设工程合同。无效建设工程合同不能产生设立、变更和终止当事人之间的权利义务关系的效力，无法实现当事人订立合同时的预期。无效合同自始无效，合同一旦被确认无效，就产生溯及既往的效力，即自合同成立时起不具有法律的约束力，以后也不能转化为有效合同。无论当事人已经履行，或者已经履行完毕，都不能改变合同无效的状态。

左侧旁注：
有效与无效对应；成立与不成立对应；生效与不生效对应。

合同的效力包括对内和对外两个方面。

（1）建设工程合同无效的原因

A.招标人或投标人的法定代表人、负责人超越权限订立的合同，且相对人知道或应当知道其超越权限的合同无效。

B.恶意串通，损害国家、集体或者第三人利益。

C.以合法形式掩盖非法目的。

D.损害社会公共利益。

E.违反法律、行政法规的强制性规定。如利用挂靠单位的名义与他人签订建设工程合同，即属违反法律规定的合同。

F.一方以欺诈、胁迫的手段订立合同，损害国家利益。

合同无效的原因有3种，一是订立合同的主体无效，如A；二是合同内容无效，如B、C、D、E，三是意思表示不真实，如F。

此外，在合同中约定的下列免责条款也无效：造成对方人身伤害的，因故意或者重大过失造成对方财产损失的。

（2）无效建设工程合同的认定

建设工程合同在订立阶段违反了法律规定的要求或者建设工程合同的目的是违法的，则应认定整个建设工程合同无效。

建设工程合同整体中的某些条款如果违反了法律规定，则该条款无效。若该条款与建设工程合同整体相比具有独立性，则认定该无效条款不影响合同其他条款的效力；相反，无效条款部分与建设工程合同具有不可分性，则应认定整体建设工程合同无效。

本章导读的案例中，昌顺公司降低资质后不再具备相应的资质等级要求，合同主体不合格，导致整个合同无效，水泥厂可以要求解除合同，并有权要求昌顺公司承担由此造成的损失。

（3）主张建设工程合同无效的主体和时间

A.侵犯当事人利益的无效建设工程合同，主张该合同无效的主体只能是受侵害一方当事人，且受我国时效制度的约束，时效届满，对权利人的权利不予保护。

B.涉及第三人的无效建设工程合同，第三人有权请求主张该合同无效，同样受时效限制。

C.损害社会公共利益和国家利益的建设工程合同，主张合同无效的主体不受限制，且不受时效制度的限制，即任何人在任何时候都有权主张该合同无效。

（4）无效建设工程合同的处理方法

建设工程合同被确认无效后，建设工程合同尚未履行的，不得履行；已经履行的，应当立即终止履行。建设工程合同被确认无效后，应视不同情况作出处理，主要有以下5种方式：

①返还财产

建设工程合同被确认无效后，当事人依据建设工程合同所取得的财产应返还给对方。

②折价补偿

基于无效建设工程合同所取得的对方当事人的财产不能返还或者没有必要返还时，应按照所取得的财产价值进行折算，以金钱的方式对对方当事人进行补偿。

③赔偿损失

过错方给对方造成损失时，应赔偿对方因此而遭受的损失，如果双方都有过错的，各自承担相应责任。

④收归国有

收归国有是一种惩罚手段，只适用于恶意串通，损害国家利益的建设工程合同。如果双方当事人都是故意的，应追缴双方已经取得的或约定取得的财产，收归国有；如果是由一方故意造成的，则故意的一方应将从对方取得的财产返还对方，非故意的一方已经取得或约定取得的财产应收归国有。

⑤返还集体或者第三人

恶意串通，损害集体或第三人利益的，应由当事人返还从集体或者第三人处取得的财产。

建设工程施工合同无效，但建设工程经竣工验收合格，承包人请求参照合同约定支付工程价款的，应予支持。建设工程施工合同无效且建设工程经竣工验收不合格的，按照以下情形分别处理：如果修复后的建设工程经竣工验收合格，发包人请求承包人承担修复费用的，应予支持；如果修复后的建设工程经竣工验收不合格，承包人请求支付工程价款的，不予支持。因建设工程不合格造成的损失，发包人有过错的，也应承担相应的民事责任。承包人非法转包、违法分包建设工程或者没有资质的实际施工人借用有资质的建筑施工企业名义与他人签订建设工程施工合同的行为无效。人民法院可以根据《民法通则》第134条规定，收缴当事人已经取得的非法所得。承包人超越资质等级许可的业务范围签订建设工程施工合同，在建设工程竣工前取得相应资质等级，当事人请求按照无效合同处理的，不予支持。

7.3.3　可变更或可撤销的建设工程合同

可变更或可撤销的建设工程合同是指基于法定原因，建设工程合同当事人有权诉请人民法院或仲裁机构予以变更或撤销的建设工程合同，这也称为相对无效的建设工程合同。变更或撤销的主张只能由建设工程合同当事人提出，由人民法院或仲裁机构进行审查，并确认该建设工程合同是否有效或是否予以撤销，且审查、判决或裁决的范围不得超出当事人的诉讼请求。

（1）建设工程合同可变更或可撤销的法定原因

①重大误解

重大误解是指建设工程合同当事人对建设工程合同关系中某种事实因素产生的错误认识。因重大误解而订立的建设工程合同，是基于主观认识上的错误，履行的后果与建设工程合同缔约人的真实意思相悖，是有瑕疵的建设工程合同。构成重大误解应同时具备下列条件：

A.由于重大误解才订立了建设工程合同，即重大误解与建设工程合同的订立或

在欺诈、胁迫、乘人之危的合同中，只有受损人有撤销权，在重大误解、显示公平合同中双方均有撤销权。

合同条件之间存在因果关系。

B.重大误解是建设工程合同当事人自己的误解。第三人的误解可能导致合同不成立，但不能导致合同撤销。

C.误解必须是重大的，如对标的物本质或性质的误解，对无关紧要的细节产生误解的不构成重大误解。同时，误解须造成当事人的重大不利后果。这种不利后果也表现在两个方面：一是合同对价不充分；二是虽然合同对价充分，但达不到订立合同的目的，给当事人造成重大损失。

D.建设工程合同当事人不愿承担对误解的风险。如果当事人一方或双方愿意承担误解的后果则不应以误解为由撤销合同。

②显失公平

在订立建设工程合同时，建设工程合同当事人之间享有的权利和承担的义务严重不对等，如价款与标的价值过于悬殊。

此外，一方以欺诈、胁迫的手段或者乘人之危，使对方在违背真实意思的情况下订立的建设工程合同，受损害方有权请求人民法院或者仲裁机构变更或者撤销。

（2）可变更或可撤销建设工程合同的效力

A.当事人没有向人民法院或仲裁机构提出申请要求变更或撤销，该建设工程合同仍然有效。

B.当事人提出申请，人民法院或仲裁机构作出变更或撤销的判决或裁决的，已变更部分建设工程合同内容或已被撤销了的建设工程合同无效。

7.3.4　效力待定的建设工程合同

效力待定的建设工程合同是指建设工程合同成立后，其效力仍处于不确定状态，尚待第三人同意（追认）或拒绝的意思表示来确定。建设工程合同之所以出现效力不确定的状态是因为合同订立主体不合格。包括合同主体无行为能力或无权处分；合同主体为限制行为能力人，在超出其能力范围或未取得法定代理人同意的情况下签订合同。

对效力待定的建设工程合同，经权利人（第三人）追认的，其效力溯及于合同成立时；追认权人拒绝追认的，该合同自始无效。为平衡相对人的利益，法律也赋予相对人以催告权和撤销权。相对人在得知其与对方订立的建设工程合同存在效力待定的事由后，将效力待定事由告知追认权人（权利人），并催告追认权人于法定期限内予以确认。经催告后，追认权人未在法定期限内确认的，视为拒绝追认。与此同时，相对人在得知其与对方订立的建设工程合同存在效力待定的事由后，有权撤销其意思表示。相对人撤销其意思表示后，效力待定的建设工程合同等于未成立。

7.3.5　附条件与附期限的建设工程合同

（1）附条件的建设工程合同

当事人可以在建设合同内容中约定合同生效的条件，在条件成就前合同虽然订立，但不发生效力，条件一旦成就，合同开始产生效力，权利人可以请求义务人履行

要注意判断什么是正常的商业风险。

撤销权的行使期限是1年。

追认效力具有溯及力，确认合同自始有效或无效。

可以约定生效和失效两种条件。

义务。当事人还可以约定合同消灭的条件，在条件未成就前，合同确定的权利义务对双方当事人有约束力，一方有权行使权力，另一方也必须履行义务；一旦条件成就，合同所确定的权利义务不再发生效力，合同归于消灭。

在附条件的建设工程合同中，条件的成就与否，依靠客观事实自然发展。当事人为自己的利益不正当地人为地促使条件成就，则视为条件不成就；人为的阻止条件成就，则视为条件成就。

（2）附期限的建设工程合同

当事人可以在建设工程合同中设定某一期限，约定此期限到来时合同生效，当事人开始实际享受权利和承担义务。在期限到来以前，合同虽已订立，但是其效力处于停止状态。当事人还可以约定某一期限到来时合同终止，该期限到来后，合同的效力归于消灭。

7.4 建设工程合同的履行

7.4.1 建设工程合同履行的原则

（1）全面履行原则

建设工程合同一经依法成立，当事人应当信守诺言，按照建设工程合同的条款全面、正确地履行建设工程合同。遵守约定原则是判定建设工程合同是否履行、是否违约的标准，同时也是衡量建设工程合同履行和承担违约责任程度的一个尺度。

（2）诚实信用原则

诚实信用原则是指导建设工程合同履行的基本原则，对于一切建设工程合同及其履行的一切方面均应适用。同时，根据建设工程合同的性质、目的和交易习惯还需履行附随义务，如及时通知、协助、提供必要的条件、防止损失的扩大及保密等。

7.4.2 建设工程合同约定不明的履行规则

当事人就工程质量、价款或报酬等内容没有约定或者约定不明确的，可以协议补充；不能达成补充协议的，按照建设工程合同有关条款或者交易习惯确定。依前述办法仍不能确定的，可适用下列规定：

A.工程质量约定不明确的，按照国家标准、行业标准履行；没有国家标准、行业标准的，按照通常标准或者符合建设工程合同目的的特定标准履行。

B.价款或者报酬不明确的，按照订立建设工程合同时履行地的市场价格履行；依法应当执行政府定价或者政府指导价的，按照规定履行。

C.履行方式不明确的，按照有利于实现建设工程合同目的的方式履行。

D.履行费用的负担不明确的，由履行义务一方负担。

E.履行地点不明确的，给付货币的，在接受货币一方所在地履行；交付不动产的，在不动产所在地履行；其他标的，在履行义务一方所在地履行。

7.4.3 建设工程合同履行中的抗辩权

建设工程合同的履行抗辩权是建设工程合同当事人在符合条件时将自己应为的给付暂时保留的权利。在建设工程合同中，合同当事人互为权利人、义务人，合同抗辩权是从义务人角度设置的权利，因此，也可以说履行抗辩权是义务人的权利。这种权利的行使无须对方的意思表示与合作，也不必经诉讼或仲裁程序，但应遵循诚实信用原则，不得滥用。建设工程合同的履行抗辩权分为同时履行抗辩权、先履行抗辩权和不安抗辩权。

（1）同时履行抗辩权

同时履行抗辩权是指建设工程合同当事人一方于他方未为对待给付时，自己有权拒绝给付。同时履行抗辩权的成立须具备一定条件：双方当事人的义务基于同一建设工程合同产生；两项义务没有履行的先后顺序；对方当事人未履行或未提出履行义务。例如，甲、乙双方约定甲方有给付工程材料货款的义务，乙方有提供符合合同要求的工程材料的义务，但没有约定谁先给付。因此，甲方在乙方未提供材料之时可以拒绝履行支付货款，乙方在甲方未支付货款之时也可以拒绝提供材料。

（2）先履行抗辩权

先履行抗辩权是指依照建设工程合同约定或法律规定负有先履行义务的一方当事人，届期未履行义务、履行义务有重大瑕疵或预期违约时，对方为保护自己的利益而中止履行合同的权利。

例如，甲、乙双方约定由乙方承建一项外墙装饰工程，甲方按照工程进度分期给付工程款，最后一期工程款在乙方完工经验收合格时交付。如果乙方在工程竣工经验收合格之前请求甲方支付最后一期工程款，那么，甲方就可以因乙方未完工或未经验收合格而拒绝支付工程款。此时，甲实际上行使的就是先履行抗辩权。

先履行抗辩权并非永久存续的，当先期违约人恢复履行合同义务使建设工程合同趋于正常时，先履行抗辩权消灭，行使先履行抗辩权的一方应当及时履行合同相对义务。

（3）不安抗辩权

不安抗辩权是指在建设工程合同中，负有先履行义务的一方有确切证据证明对方丧失履行相对义务的能力时，在对方没有履行或者没有提供担保之前，有拒绝先履行义务的权利。规定不安抗辩权是为了切实保护当事人的合法权益，防止借合同进行欺诈，促使对方履行义务。

行使不安抗辩权是建设工程合同一方当事人依法享有的权利，不以对方当事人同意为必要，但权利人应及时通知对方当事人。同时，行使不安抗辩权的一方当事人还负有证明对方丧失履行相对义务能力的举证责任，否则，将承担中止履行建设工程合同的违约责任。当对方履行合同义务或提供适当担保时，行使不安抗辩权的当事人应当恢复履行合同。对方在合理期限内未恢复履行能力并且未提供适当担保的，中止履行的一方可以解除建设工程合同。

7.5　建设工程合同的变更与解除

建设工程合同变更是在建设工程合同没有履行或者没有全部履行之前，由于法律事实的出现，由当事人对建设工程合同约定的权利义务进行局部调整，通常表现为对建设工程合同某些条款的修改和补充，包括标的的数量和质量的变更、价款和报酬的变更、履行期限、地点及方式的变更、违约责任和纠纷解决方式的变更等。建设工程合同解除是指合同有效成立以后，当具备合同解除条件时，因当事人一方或双方的意思表示而使合同关系自始消灭或向将来消灭的一种行为。

7.5.1　建设工程合同变更的条件

建设工程合同履行的周期长、技术要求高、受客观环境的影响特别大，对合同的内容作补充和修改是常见现象，允许变更也是为了更好地实现双方当事人的订立合同的目标和预期。建设工程合同的变更应当符合下列条件：

①建设工程合同变更以建设工程合同有效成立为前提

无效和已被撤销的建设工程合同，不存在变更的问题。对可撤销而尚未被撤销的建设工程合同，当事人也可以不经人民法院或者仲裁机构裁决，而采取协商手段，变更某些条款，消除建设工程合同中的重大误解和显失公平以及其他足以导致合同变更或撤销的因素，从而使其成为符合法律要求的建设工程合同。

②建设工程合同变更须与双方当事人的协商一致

建设工程合同是发包人与承包人协商一致的产物，因此，建设工程合同任何内容的变更，必须经过发包人与承包人的协商一致，未经协商擅自变更合同内容的构成违约，应当承担违约责任。

③建设工程合同变更必须有建设工程合同内容的变化

建设工程合同的变更只针对建设工程合同非实质性的内容，如数量和质量的变更、价款和报酬的变更、履行期限、地点及方式的变更、违约责任的变更等。如果是针对建设工程合同标的或者标的物的变更，将使整个建设工程合同发生根本性的变化，则应称为建设工程合同的更新。

④建设工程合同变更须遵循法定的形式

依现行合同法的规定，对于一些特定的建设工程合同，依照法律规定应当履行批准手续或者登记手续的，当事人在达成建设工程合同变更协议后应到相应的部门办理批准、登记手续，否则，不发生变更建设工程合同的预期法律效果。例如，《建设工程质量管理条例》中规定："未经审查批准的施工图设计文件不得使用"；《建设工程勘察设计管理条例》中规定："建设工程勘察、设计文件内容需要作重大修改的，建设单位应当报经原审批机关批准后，方可修改。"

7.5.2　建设工程合同变更的法律效力

建设工程合同变更的法律效力，主要体现在以下几个方面：

A.当事人应当按照变更后的建设工程合同内容履行。建设工程合同变更的实质在于变更后的合同代替原合同，变更的那一部分建设工程合同内容发生法律效力，原有的这一部分内容失去法律效力。

B.建设工程合同变更只对建设工程合同未履行的部分有效，对已履行的建设工程合同内容不发生法律效力，即合同的变更没有溯及力。建设工程合同当事人不得因建设工程合同发生了变更，而要求已履行的部分归于无效。

C.建设工程合同变更不影响当事人请求赔偿损失的权利。建设工程合同变更前，因可归责于一方的原因给对方造成损害的，受损害的一方有权要求责任方承担赔偿责任，并不因建设工程合同变更而有影响。同时，建设工程合同变更本身给一方当事人造成损害的，责任方也应对此承担责任，不得以变更建设工程合同是双方当事人自愿而免责。但是，变更建设工程合同的协议已对受害人的损害给予补偿的除外。

此外，当事人通过协商一致对建设工程合同内容进行变更时，变更协议的内容应当具体、明确，如果当事人对建设工程合同变更的内容约定不明确的，推定为未变更。

7.5.3　建设工程施工合同变更的管理

（1）监理工程师发布工程变更指示的方法

监理工程师发布变更指令，一般都应该是书面变更指示形式，但下列情况例外：

A.监理工程师认为发布口头变更指示已足够。

B.承包人及时发出了要求监理工程师对口头变更指示给予书面确认的请求，监理工程师没有在规定时间内予以答复。承包人应该在规定时间内尽快致函监理工程师要求对口头指示予以书面确认。在接到承包人的来函后，如果监理工程师未在规定时间内书面确认，即便在没有给予答复的情况下也可以推定工程师已承认该变更指示。对此，承包商也应该致函监理工程师声明他的沉默已构成合同法律中认为对该指示的确认。

C.属于原工程量清单中各工作项目的实际工程量增减，这种情况不需要监理工程师发布任何指示，只要按实际完成的工程量计量与支付即可。

（2）建设工程施工合同变更的时间

从理论上讲，在合同整个有效期间，即从合同成立至缺陷责任终止证书颁发之日，都可以进行工程变更。但从实际合同管理工作来看，工程变更大多发生在施工合同签订以后，工程基本竣工之前。除非有特殊情况，在总监理工程师对整个工程颁发了工程竣工交接证书以后，一般不能再进行工程变更。

如果监理工程师根据合同规定发布了进行工程变更的书面指令，则不论承包人对此是否有异议，也不论监理方或业主答应给予付款的金额是否令承包人满意，承包人都必须无条件地执行此种指令。即使有意见，也只能是一边进行变更工作，一边根据合同规定寻求索赔或仲裁解决。在争议处理期间，承包人有义务继续进行正常的工程施工和有争议的变更工程施工，否则，可能会构成承包人违约。

（3）建设工程施工合同变更的范围

工程变更只能在原合同规定的工程范围内变动，不能引起工程性质的大变动，否则，应重新订立合同，除非合同双方都同意将其作为原合同的变更。承包人认为某项变更已超出本合同的范围，或监理工程师变更指示的发布没有得到有效的授权时，可以拒绝进行变更工作，但承包人在作出这种判断时必须小心谨慎，因为，如果提交仲裁，仲裁人可能会对合同规定的监理工程师及业主的权利作出非常广泛的解释。

（4）建设工程合同中的推定变更及处理

推定变更是指监理工程师虽没有按合同发布变更指令，但实际上要求承包人完成的工作已经与原合同不同或增加了额外的工作。推定变更可以通过监理工程师或驻地监理工程师的行为来推定，一般要证明：原合同规定的施工要求；实际上承包人的工作已超出了合同要求；承包人的行为是按照监理工程师或其代表奖惩。经常发生的推定变更主要有以下五种情况：

A.业主要求的修改与变动。在施工过程中，如果业主对技术规范进行修改与变动，又没按合同规定程序办理变更通知，可看作推定变更。或者是新近颁布了技术规范或施工管理规定，对原合同要求标准提高，也可归属于"业主要求的修改"，推定为变更。据此，承包人可提出索赔要求。

B.监理工程师的不适当拒绝。这表现为以下两个方面：一方面是监理工程师认为承包人用于工程上的材料或施工方法等不符合技术规范的要求，从而拒绝该方法或材料，可事后又证明监理工程师的认识是错误的。这种不适当的拒绝则构成了推定变更。若因此而使承包人花费额外款项，则承包人有权索赔并得到补偿。另一方面是承包人在施工过程中，若监理工程师发现承包人的施工缺陷后，没有在规定的合理时间内拒绝该工作，也可以认为监理工程师已默许并改变了原来的工程质量要求，因而构成推定变更。若后来监理工程师又拒绝接受并认可该工作，就又属于不适当拒绝。因此，造成承包人不得不进行的缺陷修复或返工，可认为是因推定变更而引起，承包人可要求额外费用补偿。

C.干扰和影响正常的施工程序。如果业主或监理工程师的行为实质上影响了承包人的正常施工程序，就构成推定变更。由此产生的干扰会给承包人造成生产效率降低，增加工程成本，即会使承包人不能按计划进行施工，导致停工，人员和机械设备闲置以及其他额外费用等问题。因此，承包人有权提出索赔并得到相应的补偿。

D.图纸与技术规范中的缺陷。由业主方提供的技术规范和图纸，应由业主负责任。承包人按技术规范和图纸进行施工，如果出现了缺陷，则属于业主的失误和责任。从理论上讲，为了保护承包人的正当利益，起草技术规范和图纸方的业主一般被认为提供了暗示担保，即如果承包人遵守该技术规范，工程就能够达到合同的预定目标要求。即便是建成的工程不能令人满意，承包人也没有责任。如果是因技术规范和图纸有缺陷，则承包人有权向业主索赔由此而增加的额外成本费用。

E.按技术规范和图纸工作的不可能。这是指合同所要求的工作根本无法实现，即实际工作上的不可能；或者是合同所要求的工作不能在合理的时间、成本或努力之内完成，即专业上的不可行。承包人要以工作实施的不可能为理由得到补偿比较

推定：当事人虽无明确的新的意思表示，但是其行为本身足以表明与其原先的意思表示发生了变更。

困难，况且在下列几种情况下承包人应自己承担风险，如签订合同时已能预料到工作实施不可能；或仅涉及施工规范；或者图纸及技术规范等是由承包人自己提供的；或合同中有明文条款规定承包人应承担这种风险。承包人若要对工作实施的不可能得到索赔补偿，则必须设法证明：从法律和工程意义上看，技术规范所要求的工作是不可行的，并且是在签合同时承包人完全不知道或无法合理预料到，这种风险应该由业主承担。

7.5.4 建设工程合同中的解除

建设工程合同的解除包括法定解除和协议解除两种。对于协议解除，只要是双方当事人的真实意思又不违反法律规定，一般应予准许。对于法定解除，《合同法》第94条规定了当事人可以行使解除权解除合同的情形。

对于建设工程合同来讲，合同的法定解除可以分别从发包人的解除权和承包人的解除权两个方面加以说明。

（1）发包人的合同解除权

发包人可在四种情形下，行使合同解除权：

A.承包人明确表示或者以行为表明将不履行合同主要义务的；

B.合同约定的期限内没有完工，且在发包人催告的合理期限内仍未完工的；

C.已经完成的建设工程质量不合格，并拒绝修复的；

D.将承包的建设工程非法转包、违法分包的。

关于第一种情形，对于发包人而言，承包人在合同的主要债务即是承包人完成建设工程，如果承包人明示或者以自己的行为表示不履行合同的主要债务，也不履行合同约定的主要义务，发包人有权解除合同。关于第二种情形，没有完工意味着一方没有履行合同约定的主要义务，另一方当然可以解除合同。关于第三种情形，可以解读为当事人一方迟延履行债务或者有其他违约行为致使不能实现合同目的的，另一方当事人有权主张解除合同。第四种情形源于《合同法》，《合同法》第253条第2款规定，承揽人将其承揽的主要工作交由第三人完成的，应当就该第三人完成的工作成果向定作人负责；未经定作人同意的，定作人也可以解除合同。由于《合同法》第287条规定，建设工程合同一章没有规定的，适用承揽合同的有关规定，而建设工程合同一章没有关于工程转包或者违法分包后，发包人是否可以解除合同进行规定，解释对此作了补充规定。

（2）承包人的合同解除权

承包人可以在三种情形下行使合同解除权：（一）未按约定支付工程款的；（二）提供的主要建筑材料、建筑构配件和设备不符合强制性标准的；（三）不履行合同约定的协助义务的。关于第一种情形，发包人未按约支付工程价款，致使承包人无法施工，经催告无效的，承包人可以行使合同解除权。关于第二种情形，发包人提供的主要建筑材料、建筑构配件和设备不符合强制性标准的，致使承包人无法继续施工，在催告后的合理期限内仍未履行义务，承包人享有合同的解除权。关于第三种情形，发包人不履行合同约定的协助义务的，致使承包人无法继续施工，经催告后无效的，承包人可以请求解除合同。

7.6　建设工程合同中的法律责任

责任是义务违反之结果，无义务则无责任。

法律责任有广义与狭义之分。广义的法律责任又被称为第一性义务；狭义的法律责任又被称为第二性义务。广义的法律责任是指任何组织和个人都有遵守法律的义务，都应当自觉地维护法律的尊严，此时的法律责任与法律义务同义。狭义的法律责任专指违法者对自己实施的违法行为必须承担的带有强制性的责任。本章讨论的是狭义的法律责任。此外，建设工程合同领域中不仅涉及民事责任，在一定条件下当事人还需承担行政责任及刑事责任。例如，承包人超越本单位资质等级承揽工程，或者未取得资质证书承揽工程，有违法所得的，应当接受没收违法所得的行政处罚；施工企业的管理人员违章指挥、强令职工冒险作业，发生重大伤亡事故或者造成其他严重后果的，应当依法追究刑事责任。但是，违反合同的法律责任往往是由民法加以规定，因此，在没有特别注明的情况下，违反合同的法律责任专指民事责任，包括违约责任、缔约过失责任以及后合同责任。

7.6.1　违约责任
（1）违约责任的概念及特征

违约责任与缔约过失责任，后合同责任共同组成合同责任体系。

合同当事人不履行合同或者履行合同不符合法定条件而应承担的民事责任，统称为违反合同的违约责任。违约责任制度是《合同法》制度的重要组成部分，是保障债权实现的重要措施，法律规定违反合同的违约责任目的就是用法律的约束力促使当事人严格履行合同义务，维护当事人的合法权益。

违约责任的特征如下：

A.违约责任是一种财产责任。违约责任作为财产责任，其本质意义不在于对违约方的制裁，而在于对守约方的补偿，由违约方负担违约成本。

B.违约责任产生于有效合同。只有有效的建设工程合同，才在合同当事人之间产生法律所承认和保护的权利与义务，此时，如果不履行合同义务或履行不当，才可能产生违约责任。对于无效或者未成立、被撤销的建设工程合同，合同当事人所约定的权利义务不为法律所承认与保护，合同不产生预期的法律效力，因此，也不存在违约责任问题。

C.违约责任体现了合同的效力。合同的效力首先体现为履行效力，为了保障履行效力，法律设立了违约责任制度。没有违约责任，合同的效力也就无从体现，合同也就无法律上的约束力。

D.违约责任有一定的任意性。合同当事人可以在合同中约定承担违约责任的方式与幅度。但是，这种约定必须在法律允许的范围内，否则，人民法院或仲裁机构可以依法予以调整。

E.违约责任的主体是合同当事人。非合同当事人未参与合同法律关系，不享有合同中的权利与义务，因此，不能成为违约责任的主体，但涉及第三人利益的合同除外。

（2）违约责任的构成要件

违约责任的构成要件是指违约当事人应具备何种条件才应承担违约责任。违约责任的构成要件可分为一般构成要件和特殊构成要件。所谓一般构成要件，是指违约当事人承担任何违约责任形式都必须具备的要件。所谓特殊构成要件，是指各种具体的违约责任形式所要求的责任构成要件。如赔偿损失责任的构成要件包括损害事实、违约行为、因果关系、过错；违约金责任的构成要件是过错和违约行为。各种不同的责任形式的责任构成要件是各不相同的。本章只讨论一般构成要件。

对一般构成要件，由于违约责任归责原则不同，因此，违约责任的构成要件也不同，我国大陆法要求客观上有违约行为，主观上有过错；而英美法则只要求有违约行为。根据严格责任原则，我国合同法规定违约责任的构成要件只要有违约行为，即应承担违约责任，而无论违约方有无过错，但因不可抗力，或因法律的规定，也可免除责任。

①违约行为

根据违约行为违反合同义务的性质、特点，对违约行为作分类。一般而言，违约行为可以分为不履行和不适当履行两大类。所谓不履行，是指当事人根本没有履行合同义务，包括拒绝履行和根本违约。不适当履行，是指当事人虽有履行合同义务的行为，但履行的内容不符合法律的规定或者合同的约定。合同义务既包括合同约定当事人应负的义务，也包括法律直接规定的合同当事人必须遵守的义务，还包括根据法律原则和精神的要求，合同当事人必须遵守的义务。违约行为可分为履行不能、迟延履行、不适当履行、部分不履行等形态。

②损害事实

损害事实是指违约方的违约行为给守约方当事人造成了财产上的损害和其他不利的后果。事实上，只要存在违约行为，守约方的合同权利就无法实现或者不能全部实现，其损失即已发生。在违约方支付违约金的情况下，不必考虑守约方是否真的受到损害及损害的大小；而在承担赔偿损失的情况下，则必须考虑当事人所受到的实际损害。

③因果关系

因果关系是指违约行为与损害事实之间要有直接的、内在的、必然的联系。违约方承担的赔偿责任只限于因其违约行为而给守约方造成的损失，这些损失包括直接损失和间接损失。

（3）违约责任的归责原则

归责原则指基于一定的归责事由而确定责任是否成立的法律原则。从整体上讲，我国现行合同法反映的是严格责任归责原则的精神，即只要行为人实施了违约行为，不问其主观是否有过错，均需承担违约责任。但是，在有关风险分配、双方违约等情形中，仍然可见过错责任原则的影响。

我国合同法总则中实行的是无过错责任原则；但分则中有适用过错责任原则的情形。

（4）承担违约责任的方式

①继续履行

继续履行与损害赔偿是可以并用的。违约方未履行合同义务的，守约方可以要求其继续履行，但有下列情形之一的除外：其一，法律上或者事实上不能履行；其二，标的不适于强制履行或者履行费用过高；其三，守约方在合理期限内未要求履行。在违约情形发生后，合同是否继续履行完全取决于守约方的意志，即既可选择要求违约方继续履行，也可选择其他方式进行补救。

②采取补救措施

守约方可以要求违约方以采取补救措施的形式承担违约责任。对违约责任没有约定或者约定不明确，补偿协议后仍不能确定的，根据标的的性质以及损失的大小，守约方可以合理选择要求对方承担修理、更换、重做、退货、减少价款或者报酬等违约责任。

③赔偿损失

违约方不履行合同义务或者履行合同义务不符合约定的，在履行义务或者采取补救措施后，守约方还有其他损失的，违约方应当赔偿损失。损失赔偿额包括合同履行后守约方可以获得的利益，但不得超过违约方订立合同时预见到或者应当预见到的因违反合同可能造成的损失。

④违约金

违约金是指当事人约定或者法律规定的，在一方当事人不履行或不完全履行合同义务时，向对方当事人支付的一定数额的金钱，也可表现为一定数额的财物。约定的违约金低于造成的损失的，当事人可以请求人民法院或者仲裁机构予以增加；约定的违约金过分高于造成的损失的，当事人可以请求人民法院或者仲裁机构予以适当减少。

（5）违约责任的免除

在法律有明文规定或当事人有约定且这种约定不与法律法规相冲突的情形下，允许不履行合同或不完全履行合同而不承担违约责任。这些情形包括不可抗力，货物本身的自然性质或货物合理的损耗，对方当事人的原因，约定免除。

（6）后合同义务与后合同责任的处理

后合同义务是指合同的权利义务终止后，遵循诚实信用原则，根据交易习惯，合同当事人应当履行的通知、协助、保密等义务。对后合同义务的违反，应当承担后合同违约责任。我国《合同法》没有对后合同违约责任作出明确规定，认为仍应按照合同违约责任处理，但是在构成要件上应当要求行为人在主观上具有过失为宜。

7.6.2 缔约过失责任

（1）缔约过失责任的概念及特征

缔约过失责任是指合同当事人因过失或故意致使合同未成立、被撤销或无效而应承担的民事责任。缔约过失责任和违约责任都是违反义务的结果。但是，缔约过失责任是违反先合同义务的结果，违约责任则是违反合同义务的结果；先合同义务是法定义务，是双方当事人为签订合同进行接触磋商而产生的互相协助、互相通知、诚实信用等义务，合同义务则是约定义务；缔约过失责任发生在缔约过程中而不是发生在合同成立生效之后，违约责任产生于已经成立的生效合同。

建设工程合同中缔约过失责任具有的法律特征，主要包括缔约过失责任发生在建设工程合同订立过程中；一方违背其依诚实信用原则所应负的义务；造成他人信赖利益的损失。

（2）缔约过失行为

缔约人一方违反先合同义务的行为即缔约过失行为，其侵害的对象是信赖利益。只有在信赖人遭受信赖利益损失，且此种损失与缔约过失行为有直接因果关系的情况下，信赖人才能基于对方缔约上的过失而请求损害赔偿。缔约过失行为具体表现为：擅自变更、撤回要约；违反意向协议；在缔约时未尽必要注意义务；违反保密义务；违反保证合同真实性义务；违反法律、法规中强制性规范的行为；违反变更、解除合同规则的行为；无权代理行为；其他。

（3）缔约过失责任归责原则

缔约过失责任的归责原则为过错责任原则，即缔约人因过错致使合同无效、被撤销、未成立时才承担责任。

（4）缔约过失责任的承担

①承担缔约过失责任的主体

承担缔约过失责任的主体只能是缔约人，即拟订立建设工程合同的双方当事人。但是，在无权代理、滥用代理权的情况下，无权代理人、滥用代理权人可以构成缔约过失责任；在租用、借用营业执照、公章的情况下，出租人（出借人）与承租人（借用人）承担连带缔约过失责任；在中介人与一方缔约人恶意串通的情况下，双方应当承担连带缔约过失责任。

②承担缔约过失责任的方式和范围

承担缔约过失责任的方式主要为赔偿损失，此损失为信赖利益的损失。信赖利益损失包括直接损失和间接损失。直接损失包括缔约费用，如通信费用、赴订约地或查看标的物所支出的合理费用；为准备运送标的物或受领对方给付所支出的合理费用；上述费用所产生的利息。间接损失为丧失与第三人另订合同的机会所产生的损失。

因缔约过失行为致使合同被认定为未成立、被撤销或无效时，可能会发生恢复原状、返还财产的问题，因此而增加的费用，均应由过错方承担。如果双方都有过错的，应根据过错大小各自承担相应损失。

7.7 建设工程索赔与反索赔

7.7.1 建设工程索赔的概念及类型

建设工程索赔活动在维护当事人正当权益、弥补工程损失、提高经济效益等方面发挥着非常重要的作用。索赔一词由来已久，只是由于我国长期的计划经济体制的制约，对建设工程索赔重视不够。随着我国建筑市场的逐步开放，建筑行业的规范化、市场化、一级国际化改革也正在进一步深化。但是，总的来讲，我国建筑市场仍然是一个买方市场，建筑行业内部竞争相当激烈。"中标靠低价，盈利靠索赔"这一本来国际工程承包商的经验总结逐渐为我国的建筑企业广泛采纳，建设工程索赔也越来越为人们所熟悉。由于索赔本身所具有的特殊作用，在当前我国众多的建筑企业工程管理活动中，索赔管理的地位也将日益凸显。

（1）建设工程索赔的概念及特征

建设工程索赔，或者简称工程索赔，通常是指在建设工程合同实施过程之中，合同的一方当事人因为对方不履行或者未能正确履行合同之中所规定的义务而遭受的经济损失或权利侵害，而通过一定的合法程序向对方当事人提出经济赔偿或者时间补偿。因此，从《合同法》的角度来看，索赔应该是一种双向行为，发包方和承包方作为合同当事人均有可能提出索赔要求，即蕴含了承包方索赔与发包方索赔或者反索赔的双重含义。索赔仅是指承包商在合同的实施过程中，非自身原因造成的工程延期、费用增加而要求业主补偿损失的一种权利要求，即建设工程索赔。而反索赔，是指发包方对于属于承包方应承担的责任而造成的，且发生了实际损失，向承包方主张赔偿的一种权利要求或者对抗措施。

结合建设工程索赔的定义及建筑行业本身所具有的特点，建设工程索赔的基本特征可归纳为以下几个方面。

A.从狭义上讲，建设工程索赔应该是单向的。所谓单向，是指仅针对承包方向发包方提出索赔而言的。但广义的索赔却是双向的，造成这种认识上的不同主要是由于学术界对索赔概念的界定不清以及实践中对索赔的习惯性认识不一致而导致理论上存在着观点冲突。事实上，索赔尤其是施工索赔，最主要的且比较常见的还是承包方向发包方主张的索赔。因为实践中发包方或者业主向承包方索赔发生的频率比较低，而且我国建筑市场的市场化改革也不是很成熟，发包方与承包方的市场主体地位还存在着某种程度上的不平等。

B.索赔的前提是发生了实际的经济损失或者权利损害，只有这样，承包方才能向对方索赔。经济损失，是指因对方的因素造成合同之外的额外支出，包括人工费、材料费、机械费、管理费等方面的额外开支。权利损害，则是指虽然没有产生经济上的损失，但是造成了一方权利上的损害，比如，由于地质条件发生变化对工程进度造成的不利影响，承包方因此享有要求工期延长的权利。可见发生了实际经济损失或者权利损害是承包方向对方提出索赔要求的前提条件。

C.索赔要求的提出应该是一种未经且不需要对方确认的单方行为。承包方索赔的目的就是为了获得一定的经济赔偿或者其他形式的补偿以及工期延长等权利，其索赔成功的一个重要环节，就是获得发包方对其索赔理由以及依据的承认，即认可承包方的经济损失或权利损害存在的事实是非承包方的原因而造成，承包方应该得到应有的补偿。

（2）建设工程索赔的类型

建设工程是一个庞大且复杂的系统工程，无论其中的哪一个环节发生问题，都有可能导致索赔，因此，索赔管理工作应该贯穿于整个建设工程项目的始终。由于索赔发生的范围非常广，其分类标准、分类方法皆有不同，因此，任何一种分类方法都不可能穷尽所有的索赔类型。本书力求全面地归纳出索赔的具体类型，故采用了各种分类标准，包括索赔的当事人、索赔的依据和理由、索赔的目标、索赔时间的性质、索赔的处理方式以及索赔的起因。

A.按照索赔当事人分类可以将索赔分为以下几类：一是承包商与业主之间的索赔；二是承包商与分包商之间的索赔；三是承包商与供应商之间的索赔；四是承包商与保险公司之间的索赔。

B.按照索赔的目标分类，可分为工期索赔和费用索赔两种。

C.按照索赔事件的性质分类，可分为以下几类：一是工期拖延的索赔；二是不可预见的外部障碍或者条件的索赔；三是工程变更的索赔；四是工程终止的索赔；五是其他因素导致的索赔。

D.按照索赔的依据和理由分类，可分为3类：一是合同内索赔；二是合同外索赔；三是道义索赔。

E.按照索赔的处理方式分类，可分为单向索赔和综合索赔两类。

F.按照索赔的起因分类，可分为以下5种：一是发包方违约；二是合同文本错误；三是合同变更；四是工程环境发生变化；五是不可抗力因素。

7.7.2 建设工程施工索赔

建设工程合同贯穿于整个工程建设过程的始终，而索赔优势当事人依据合同而产生的正当权利要求。因此，在工程建设的各个阶段，亦即合同实施的各个阶段，都有可能发生索赔。在施工阶段发生的索赔，即施工索赔，是最为常见也是最主要的一类索赔。正因为如此，实践中，人们往往将索赔与施工索赔不加区别，而直接用索赔指代施工索赔，由此也带来了一些理论上的混淆。因此，厘清建设工程施工索赔的相关问题，诸如与招投标有关的索赔、合同示范文本有关的索赔问题，具有重要意义。

（1）与招投标有关的索赔

①招标投标缔约过失导致的索赔

招标投标活动是建设工程合同尤其是施工承包合同得以订立的重要途径，但绝非唯一的途径。在招标投标活动尚未顺利完成、合同尚未订立的情况下，招标方和中标方还没有形成合同法意义上的权利义务关系，即发包方和承包方之间尚未建立施工承包合同法律关系。没有合法、有效的合同条款作为前提，也就谈不上以合同条款为依据来提出索赔请求。但是在招标投标活动中，发生争议是一件司空见惯的事情。这些争议随按更多地表现为招标方与投标方之间的冲突，但是又不局限于此，它们还可能存在于众多的投标人之间。而只要存在争议，就有可能产生索赔的权利要求。

招标投标是为了选择最优的工程承包商的重要方式，是大多数建设工程合同尤其是施工合同缔结之前的一项法定程序。正如前面已经谈到，招标投标并不会必然带来合同订立的结果，比如，招标人在发出中标通知书之后，突然发现投标人存在故意隐瞒其资质瑕疵等必要情况的欺骗性行为，并有可能导致合同不履行时，招标人最终会选择拒签合同。用法律术语来表述，就是存在着一个典型的缔约过失问题。事实上，在建设工程招标投标实践中，因缔约过失引发的争议和索赔是十分常见的。但是，值得注意的是，该种性质的索赔只可能发生在潜在的当事人即招标人和中标人之间。

②招标投标中不正当行为导致的索赔

在招标投标活动中，因不正当竞争行为而引发的索赔也是一项正当权利要求，它是遭受损失的正当竞争者通过某种合法手段弥补其损失的重要途径。索赔的提出必须以民事法律责任的存在为基础，索赔过程本身也是追究不正当竞争者民事责任的一种方式。建设工程索赔是以合同为主要依据，并且以工期、费用补偿等为主要索赔要求。与此不同的是，招标投标中的不正当竞争者承担的是一种侵权民事责任，而不是违约责任，因而不能以一份尚未订立的合同为索赔依据。因此，这里的索赔也就不能受到建设工程合同中关于工期、费用补偿索赔类型条款的约束。也正因为如此，我们可以将针对这些不正当竞争行为提出的索赔理解为对遭受侵害的民事权利的一种救济方式。

（2）施工合同示范文本中的索赔

施工合同示范文本是一个庞大的系统文件，并且作为索赔的主要依据，应该对可能发生的或者常见的索赔类型作出全面的预测。施工合同示范文本中常见的是合同文件、价款、工期、特殊风险等方面的索赔。

①合同文件引起的索赔

合同文件不仅包括合同正本，还应该包括大量的与合同有关的附件，比如，图纸、工程量表等。但是，这些附件常常又因为工程不同而有所不同，起草和制作这些附件的过程也难免存在各种疏忽和错误，从而导致索赔，所以在合同文件引起的索赔中可以分为三类：一是因合同文件的组成认识不一而产生的索赔；二是合同文件效力待定情况下的索赔；三是因图纸和工程量表错误产生的索赔。

②有关价款的索赔

施工合同示范文本中有关价款方面的索赔主要涉及以下三个方面的索赔：一是价格调整引发的索赔；二是货币贬值导致的索赔；三是拖欠应付工程款的索赔。

③有关工期的索赔

建设工程施工过程中，有关工期的索赔包括延长工期和要求补偿因延误而造成的损失两个方面的内容。但是这两个方面的内容在大多数情况下又不是彼此独立的，而是互有交叉和重合，在要求延长工期的同时往往又会要求补偿其损失。一般情况下，只要承包方有证据证明其损失是由延误造成的，就有可能获得损失补偿。

④关于特殊风险与不可抗力的索赔

对于特殊风险，在许多合同中往往会以特别约定的形式作出说明，因为一般来说这些特殊风险所产生的后果都相当严重，而且具有一定的不可预测性，因此，在合同中有必要事先进行规定，以便尽可能合理分担这些风险。对于不可抗力，因其与特殊风险相比有所不同，故在施工合同中的定义显得比较狭窄，主要是指人力所不可能抗拒的一些自然灾害。

⑤工程暂停和中止合同的索赔

在施工过程中，工程师有权对工程暂停或者任何部分的工程作出指令，只要这个指令并非是因为承包人违约或者其他的意外风险所造成的，那么，承包人不仅可以获得工期延展的权利，而且可以就停工损失获得合理的额外费用补偿。

⑥关于财务费用补偿的索赔

索赔可以是提出对财务费用损失进行补偿的要求，这些损失主要是指因为各种原因使承包人财务开支增大而导致的贷款利息等财务费用。因为，一方面，如果额外工程所占用的工期相当长，并且该部分的工程价值与总的合同价格的比值也非常高，这样导致承包人因此而需要垫付的财务费用也会比较大；另一方面，除了额外工程之外，由于发包人的原因，比如，迟发包、暂停工程指令等，也可能造成严重的工期拖延，同样也会产生财务费用的损失。

⑦关于综合索赔

综合索赔作为索赔的一个重要类型，它一般出现在工程后期，特别是进行完工结算与最终结算期间。综合索赔的出现，就是因为索赔事件的发生具有偶然性，这些事件可能同时间发生也可能异时间发生。

（3）施工合同示范文本中的索赔程序与方法

一般来说，以此成功的索赔要经过一系列连续的工作环节。这些环节具有一定的时间上的先后顺序，做好了第一个环节的工作方可进行第二个环节，这就构成了在索赔工作中必须遵循的一般程序或者步骤。常见的索赔步骤主要包括提出书面的索赔要求；报送索赔资料；协商谈判；谋求中间人居间调解；提交到仲裁机构或者法院5个环节。虽然索赔程序一般包括了以上5个环节，但并非所有的索赔都需要完整地走完这些环节。索赔是当事人之间的一种利益博弈，成本与收益的理性考量显得相当重要，如果能够通过当事人自己的努力协商解决自然是最好的，能避免第三方介入，则要尽量避免。

索赔应该有其独特的方法，所谓方法就是为了取得一定的工作效果或者达到一定的目的而采取的一些措施和手段。有好的方法才能更好地实现目的，方法是为了目的服务的。施工索赔的基本方法就是坚持以合同为依据。因为索赔本身就是一项涉及法学、经济学、管理学甚至社会学等学科知识的综合性管理活动，所以在索赔工作中，要综合运用一切相关的科学方法，具体来说，包括以下5个方面：合同方法；证据方法；财会方法；程序性方法；表达方法。

7.7.3　建设工程反索赔

承包商和业主可通过索赔这个途径来达到避免和减少自身损失的目的。然而，对于其中任何一方的索赔主张，对方当事人同样有反驳的权利，通过这种反驳仍然可以达到避免和减轻赔偿责任的目的。因此，从公平合理的合同关系出发，本章将介绍建设工程合同当事人反对对方提出索赔主张的反索赔，使索赔与反索赔形成有效的对应，达到攻守兼备的目的。

（1）建设工程反索赔概念

对双方当事人而言，我们将其中一方追回其损失的手段称为索赔，把防止和减少合同另一方向己方提出索赔的手段称为反索赔。可见，反索赔也是双方面的，承包商可以向业主提出反索赔，业主也可以向承包商提出反索赔。

尽管理论界对于什么是建设工程合同的反索赔存在不同的看法，但是，根据反索赔的字面解释，反索赔显示的是针对索赔而言。因此，建设工程合同的反索赔是指建设工程合同中的一方当事人以建设工程合同条款及相关法律规定为依据，通过一定的程序防止或反驳、反击另一方当事人提出的索赔请求，避免另一方当事人提起的索赔成功。

无论是承包商的索赔还是业主的索赔，都具有一个共同的目的，就是为了获取损失的补偿。同样的，反索赔也具有索赔的一些特征，这些特征主要表现在以下方面：

A.反索赔是一般不主张也不补偿，而提出主张是获得补偿的前提。

B.反索赔是在索赔方提出索赔的事后或者事中提起的。

C.反索赔是依法、依约定和惯例解决问题的过程。同索赔一样，反索赔也要依据合同以及法律、法规的规定。

D.反索赔发生在建设工程合同实施过程中，其本身属于正常的商业经营行为。

E.反索赔要按固定的程序进行，必须以合同的约定为基础，并且要以发生实际损失为前提。

F.反索赔也是一种期待的权益，能否成功则要看证据是否确实充分，证据不足则难以得到确认。

（2）建设工程反索赔的具体内容

综合反索赔的具体情形，反索赔的基本内容可包括以下两个方面：一是防止对方提出索赔请求；二是反击或反驳对方的索赔要求，其中，又包括反索赔报告和反索赔中的主动索赔两个内容。

①主动防止对方提出索赔，采取积极的防御策略

建设工程反索赔的主要工作是防止合同对方当事人提出索赔，界定其索赔的合理性、合法性，同时积极防御，尽可能减少合同索赔事件的发生，它是合同管理的重要内容。因此，合同双方要严格履行合同规定的各项义务，防止自己违约，并通过加强合同管理，使对方找不到索赔的理由和根据，避免自己陷入被索赔的局面。

②干扰事件发生后，反击或反驳对方的索赔要求

针对索赔方的索赔要求，合同另一方一般有两种处理方法：第一，在干扰事件业已发生时，由违约方对索赔方提出的索赔要求进行评审和反驳。第二，由于建设工程合同责任错综复杂，一时之间也难以分辨谁是谁非，因此，可以针对干扰事件，先行就索赔方的其他有关施工质量缺陷和工期拖延的违约行为，提出反索赔，要求对方同样承担修理工程缺陷的费用以及因此而产生的其他损失费用，简言之，通过评审索赔方的索赔报告以及主动向对方提出索赔。

A.反驳索赔方的索赔报告。在承包商提出索赔时，业主应当针对承包商的索赔报告，进行仔细、认真地研究和分析。业主在进行事态分析时，要认真对照合同文件

及法律法规，从施工的实际情况出发，作出客观的可能性分析，从而判断索赔要求的合理程度。实际上，当其中一方当事人向另一方提出索赔要求时，由于各自所处的立场不同，索赔报告难免出现偏袒一方的嫌疑，所以索赔报告的客观性与公正性很容易发生问题，这往往成为对方进行反驳的理由。

在反索赔中对索赔报告进行反驳，通常要涉及以下内容：

a.索赔要求或者索赔报告的时限性；

b.判断索赔事件的真实性；

c.干扰事件责任分析；

d.索赔理由分析；

e.干扰事件影响分析；

f.索赔证据分析；

g.索赔值得审核。

B.反索赔中主动提出索赔。与对索赔报告进行反驳不同，反索赔中主动提出索赔本质上仍然属于索赔，不过此种情形下的索赔最重要的目的之一仍然是反驳对方的索赔主张。随着我国建筑市场与国际市场的进一步接轨，建设工程反索赔的内容也更加丰富，相比之下又增加了许多内容。这些内容可分为以下几个方面：

a.工程质量反索赔。从建设工程合同各方当事人的合同责任来看，业主只承担其直接负责设计所造成的质量问题，对于其他工程质量原因造成的损失概不负责。在实际中，有关工程质量的问题往往是因承包商的原因造成的。反索赔的最终目的是要获得赔偿，减少业主的损失，而在民法中所称的损失，包括直接损失与间接损失。因此，业主向承包商提出工程质量缺陷的反索赔要求时，往往不仅包括了工程质量缺陷所产生的直接经济损失，也包括因为该质量缺陷而带来的间接经济损失。

b.担保的反索赔。在建设工程施工合同履行过程中，常见的担保有预付款担保和履行担保等。在有担保的情形下，同样存在着业主对承包商的反索赔。

● 履约担保反索赔。履约担保是承包商和担保方为了业主的利益不受损害而作出的一种承诺，担保承包商按施工合同所规定的条件进行工程施工，这实际上是业主向承包商的不履行合同行为进行索赔的一种方法。

● 预付款担保反索赔。预付款是在合同规定开工前或工程价款支付之前，由业主预付给承包商的款项，这是业主向承包商的不按期归还预付款的违约行为进行索赔的一种方法。

c.拖延工期的反索赔。此项业主的索赔，是业主要求承包商补偿拖期完工给业主造成的经济损失。

d.保修期内的反索赔。在工程保修期内，因承包商施工质量的原因，出现应由其无偿保修的情形，而承包商在规定的时间内未能进行维修，由业主雇佣他人进行维修，业主可以此为由对这种维修费用以及其他相应损失提出反索赔。

e.保留金的反索赔。保留金是从应支付给承包商的月工程进度款中扣下一笔合同价百分比的基金，由业主保留下来，一旦承包商违约就以其直接补偿业主的损失。

f.承包商未遵循监理工程师指示的反索赔。监理工程师的指示对整个工程的展开和工程质量及安全起着极其重要的作用。承包商未按监理工程师的指示或未履行监理工程师的命令，移走调换不合格材料或重新做好的情形下，业主可以索赔。

g.工程变更或放弃时的反索赔。由于承包商的原因修改、变更合同进度计划，导致业主增加额外的费用支出的，业主可以提出反索赔。

h.不可抗力的反索赔。在不可抗力引发的风险事件之前已被监理工程师认定为不合格的工程费用，业主在计算应有其承担的不可抗力引发的风险事件造成的损失费用时可以就该部分工程造价提出索赔。

（3）建设工程反索赔的方法

无论是业主还是承包商，在反索赔时一般都采取这样几种方法：预防或减少索赔的发生；反击或反驳对方的索赔要求；主动提出索赔以对抗对方的索赔。在工程索赔实践中，反击或反驳对方的索赔报告和主动提出索赔这两种措施都很重要。

①反击或反驳对方的索赔报告

A.反索赔报告提出的步骤以及方法。一般而言，反索赔报告通过如下步骤提出：合同总体分析；事件调查；确定索赔中的合理索赔值；对索赔方的失误范围进行具体确定；索赔报告分析；综合以上的反驳理由和所掌握的证据，向对方递交反索赔报告。

B.合理索赔值的计算方法。实践中，在分析、审查、反驳索赔报告时，有些问题往往容易被忽略，而这些问题直接影响索赔数额的确定，这些问题是：考虑索赔值的扣除因素；防止过高计算索赔额；防止重复计算；共同或交叉延期的索赔值计算；窝工损失的索赔值。

②主动提出索赔以对抗对方的索赔

在反索赔中进行索赔，也是一种反索赔的一种有效方法。在进行反索赔时，有可能的条件下，可以实事求是地提出己方的索赔，用己方的索赔对抗或平衡对方的索赔要求，使最终解决双方都作让步或不支付，或减少对方索赔的费用，乃至超过对方的索赔。

延伸阅读

可得利益在工程索赔中的冲突与平衡

甲公司与乙公司经招投标方式签订了一份《建设工程施工合同》。合同约定：由乙公司承建甲公司发包的A市长途枢纽综合楼工程；合同价款概算为5 100万元。合同签订后，双方到A市建设工程招标投标办公室办理了备案手续。后来甲公司将施工图交给乙公司，乙公司也为履行合同开展了一些准备工作。之后，因甲公司内部计划变更，约定工程始终未能动工。双方为此发生纠纷，由于对损失赔偿事宜不能达成一致意见，乙公司依照约定向A市仲裁委员会申请仲裁,请求甲公司赔偿可得利益损失3 972 132元以及其他损失400余万元。受A市仲裁委员会委托,××会计师事务所鉴定确认乙公司通过承建约定工程依法可以获得的利润数额为2 871 196.53元。A市仲裁委员会裁定甲公司向乙公司支付可得利益损失1 800 000元,并驳回乙公司的其他仲裁请求。

本案主要涉及可得利益在工程索赔过程中能否得到主张的问题。

可得利益是与既得利益相对应的概念,它是指合同适当履行后权利人可以实现或获得的利益。就其性质而言,可得利益是一种相对确定的财产性的期待利益。那么,支持可得利益请求的理由是什么?其一,保护利益增值性是市场经济法律的必然使命。所谓利益增值,是指权利人在原有财产基础上所获得的财产增值利益。对可得利益而言,只有得到法律的应有保护,才能实现当事人利益增值的目的。否则,当实际履行合同不如赔偿既得利益损失对违约方更为有利时,违约方可能更愿意选择赔偿既得利益损失,这无疑给故意违约敞开了大门,对维护交易安全极为不利。其二,赔偿工程可得利益符合我国法律规定。我国《合同法》第113条确认了完全赔偿和合理预见规则。根据完全赔偿规则,违约方应当赔偿的损失范围包括守约方的既得利益损失和可得利益损失。合理预见规则则对赔偿损失范围进行了适当限制。第三,赔偿工程可得利益具有现实的实践基础。尽管实务中对赔偿可得利益损失仍然存有疑惑,但是,在工程领域却不乏先例。

因违约行为给守约方造成的财产损失,违约方应当全部赔偿。但是,法律也通过以下规则对可得利益的赔偿范围设定了限制,以保证当事人之间的权利义务处于平衡状态。

①合理预见规则

所谓合理预见,是指违约方承担的可得利益损失赔偿责任不得超过其在订立合同时所能预见或者应当预见的损失范围。在工程索赔实践中,适用合理预见规则应当注意以下问题:其一,关于预见的主体。我国《合同法》确定预见的主体应当是违反合同的一方而非双方当事人。其二,关于预见的对象。一般认为,损失的类型或者种类应为违约方预见的对象,但是对损失的程度或者数额则存在争议。其三,关于预见的标准。一般情况下,应当以一个理性人的预见能力进行判断。这里的"理性人"不是违约方自己而是与违约方具有同等资格、通情达理的第三人。因为在相同条件下,与违约方同等资格的第三人对事实有所预见的几率越高,就越可以确定违约方应当预见。其四,关于预见的时间。主要有合同缔结时说与债务不履行时说两种观点。我国《合同法》采用了前一种观点,即"订立合同时"已经预见或者应当预见。

②减轻损害规则

所谓减轻损害,是指采取适当措施避免损失扩大。我国《合同法》规定,当事人双方都违反合同的,应当各自承担相应的责任。如果当事人一方违约后,对方没有采取适当措施致使损失扩大的,不得就扩大的损失要求赔偿。

③损益同销规则

所谓损益同销,是指守约方基于损失发生的同一原因而获得利益时,在其应得的损害赔偿额中应当扣除其所获得的利益部分。这些利益包括:其一,因违约而避免的费用。如发包人违约而致停工，承包人不用支付工人工资；其二，因违约而避免的损失，如停工期间，建筑材料价格不断下跌。

难于计算是可得利益在实务中不易得到支持的现实问题。可得利益数额的计算主要涉及证据组织问题，其中证明标准是核心。所谓证明标准，是指当事人提供证据对案件事实加以证明所要达到的清晰程度，也是法官认定事实所要达到的内心证明程度。实践中，法院或者仲裁机构常常采用以下方法来确定可得利益损失的具体数额：其一，约定法。根据当事人事先约定的可得利益的数额或者计算可得利益损失的办法来确定赔偿责任。其二，对比法。依通常方法比照守约方相同条件下所获取的利益来确定应赔偿的可得利益损失。其三，估算法。在难以准确确定可得利益损失数额时，可根据案件的具体情况，责令违约方支付一个大致相当的赔偿数额。当然，在作出裁判前，法院或者仲裁机构往往委托鉴定机构对可得利益损失作出鉴定结论。

鉴定结论无疑具有重要的证据效力。但是，鉴定结论并非裁判可得利益损失的唯一依据，因为作为一种反映价值判断的社会现象，法律应当始终将正义与公平作为最高的价值追求。在甲公司与乙公司可得利益索赔纠纷案中，正是基于对违约可得利益赔偿的肯定性评价，通过鉴定结论使可得利益数额的证明达到高度盖然性，并且充分考虑合理预见、减轻损害、损益同销规则的限制作用，仲裁机构裁定甲公司向乙公司赔偿可得利益损失180万元并驳回乙公司的其他仲裁请求，以实现当事人之间权利义务关系的平衡。

简短回顾

建设工程合同，是承包人依约定完成建设工程，发包人按约定验收工程并支付酬金的合同。由于建设工程具有投资大、周期长、质量要求高、技术力量全面、影响国计民生等特点，因此，建设工程合同从内容到形式，从订立到履行与一般合同相比均有其特殊性。建设工程合同的订立应遵循平等、自愿、公平、合法和诚实信用的原则。已经订立的建设工程合同因其具体内容的不同，对当事人产生不同的约束力。若当事人不履行建设工程合同或者履行建设工程合同不符合法定或约定条件，则应承担相应的法律责任。

复习思考题

1.建设工程合同订立的基本原则有哪些？
2.建设工程合同成立的一般条件是什么？
3.有效的建设工程合同应该具备哪些条件？
4.如何认定建设工程合同无效？

8 城市规划与勘察设计法规

本章导读

案例1

李某租用××镇凤凰村村民居全法的承包土地，并在未依法取得建设规划许可证的情况下，在该土地上建造厂房784 m²。为此，××镇人民政府向李某作出《责令停止违法建设行为通知书》和《限期拆除违法建筑通知书》。随后，××镇人民政府与该县建设局签订了一份行政执法委托书，委托建设局对李某违法建设行为进行行政执法。李某遂表示愿意自行拆除并向建设局出具承诺书一份。后因李某未在承诺期限内自行拆除，××镇人民政府组织人员强制拆除了该厂房。李某不服，起诉至人民法院。本案中，建设规划许可证的作用是什么？李某的行为将面临怎样的法律责任？××镇人民政府与该县建设局之间签订的行政执法委托书是否具有法律效力？

案例2

甲公司欲修建一座厂房，便委托乙公司进行勘察设计。乙公司接受委托后向甲公司出具了勘察报告，并就厂房的基础埋深、持力层承载力标准值和压缩模量等提出了建议值。于是，甲公司按照此份勘察报告进行了设计并进行了施工，然而在施工过程中发生垮塌。事后查明，造成此次垮塌事故的主要原因是勘察报告所提出的建议值有严重错误。另查明乙公司并不具备对此类项目进行勘察的资质。于是，甲公司向法院提起诉讼要求乙公司赔偿损失。法院是否会支持甲公司的诉讼请求？

如果您对这些问题感到疑惑，相信能够从本章学习中寻找到答案。

8.1 城乡规划的制定、实施与修改

城乡规划是指政府对一定时期内城市、镇、乡、村庄的建设布局、土地利用以及经济和社会发展有关事项的总体安排和实施措施，是政府指导和调控城乡建设发展的基本手段之一。"城乡规划"这一概念在我国正式启用，始于2008年1月1日起施行的《城乡规划法》。该法第2条规定："制定和实施城乡规划，在规划区内进行建设活动，必须遵守本法"。这一条即明确规定了《城乡规划法》的适用范围。

我国城乡规划的水平整体上不是很高。

8.1.1 城乡规划的制定

城乡规划是一项庞大的系统性工作。在我国，仅存在全国城镇体系规划和省域城镇体系规划两种。其中，全国城镇体系规划由国务院城乡规划主管部门会同国务院有关部门组织编制，省域城镇体系规划由省、自治区人民政府组织编制。

城乡规划编制的程序包括委托、审议与讨论、公告、审批与备案4个阶段。

（1）委托

城乡规划的编制由城乡规划的组织编制机关委托具有相应资质等级的单位进行具体编制工作。从事城乡规划编制工作的单位应当具备法人资格、有规定数量的经国务院城乡规划主管部门注册的规划师、有规定数量的相关专业技术人员、有相应的技术装备、有健全的技术、质量、财务管理制度。并且，经国务院城乡规划主管部门或者省、自治区、直辖市人民政府城乡规划主管部门依法审查合格，取得相应等级的资质证书后，方可在资质等级许可的范围内从事城乡规划编制工作。

（2）审议与讨论

城乡规划是地区经济社会发展决策中的一项前端性工作，规划编制是否科学、合理，将直接影响城乡未来的发展格局和前景，与当地人民群众的长远利益密切相关。因此，城乡规划编制应当纳入地方决策体系中来，并且充分体现民主原则。根据《城乡规划法》的规定，省域城镇体系规划、城市总体规划、镇总体规划，在报上一级人民政府审批前，应当先经本级人民代表大会常务委员会审议；而村庄规划在报送审批前，也应当经村民会议或者村民代表会议讨论同意。

（3）公告

城乡规划报送审批前，组织编制机关应当依法将城乡规划草案予以公告，并采取论证会、听证会或者其他方式征求专家和公众的意见。公告的时间不得少于30日。公告的目的是为了更加广泛地听取社会对城乡规划编制工作的意见和建议。组织编制机关应当充分考虑专家和公众的意见，并在报送审批的材料中附具意见采纳情况及理由。这样既体现了公众参与、民主监督原则，又能更大程度地增强城乡规划编制工作的科学性和合理性。

（4）审批与备案

按照《城乡规划法》的有关规定，城镇体系规划、城市总体规划、镇总体规划均需要报送相应的上一级人民政府审批并备案。全国城镇体系规划，由国务院城市规划行政主管部门报国务院审批。

城市的控制性详细规划，经本级人民政府批准后，报本级人民代表大会常务委员会和上一级人民政府备案。

县人民政府所在地镇的控制性详细规划，经县人民政府批准后，报本级人民代表大会常务委员会和上一级人民政府备案。

8.1.2 城乡规划的实施

城乡规划主要是通过对建设活动的管理来实施的。

我国只存在全国城镇体系规划和省域城镇体系规划。

城乡规划编制的程序包括委托、审议与讨论、公告、审批与备案4个阶段。

（1）建设项目选址的规划管理

建设项目选址意见书，按建设项目计划审批权限实行分级规划管理。建设项目选址意见书的主要内容应包括建设项目的基本情况和建设项目规划的主要依据。建设项目选址意见书是建设项目在城市规划区进行选址和布局的依据。因此，选址意见书常被形象地比喻为建设项目的"落地生根证"。

按照国家有关规定，需要有关部门批准或者核准的建设项目，以划拨方式提供国有土地使用权的，建设单位在报送有关部门批准或者核准前，应当向城乡规划主管部门申请核发选址意见书。在这一规定情形以外的建设项目并不需要申请选址意见书。

（2）建设用地的规划管理

建设用地规划管理，是指根据城市规划法规和批准的城市规划，对城市规划区内建设项目用地的选址、定点和范围的规定，总平面审查，核发建设用地许可证等各项管理工作的总称。根据不同的国有土地使用权性质，建设用地规划管理可以被分为划拨土地的建设用地规划管理和出让土地的建设用地规划管理。

①划拨土地的建设用地规划管理

以划拨方式提供国有土地使用权的建设项目，经有关部门批准、核准、备案后，建设单位应当向市、县人民政府城乡规划主管部门提出建设用地规划许可申请，由市、县人民政府城乡规划主管部门依据控制性详细规划核定建设用地的位置、面积、允许建设的范围，核发建设用地规划许可证。

②出让土地的建设用地规划管理

以出让方式取得国有土地使用权的建设项目，在签订国有土地使用权出让合同后，建设单位应当持建设项目的批准、核准、备案文件和国有土地使用权出让合同，向市、县人民政府城乡规划主管部门领取建设用地规划许可证。出让地块的位置、使用性质、开发强度等规划条件是国有土地使用权出让合同的组成部分，否则该国有土地使用权出让合同将面临无效的后果。

建设单位在取得建设用地规划许可证后，方可向县级以上地方人民政府土地主管部门申请用地，经县级以上人民政府审批后，由土地主管部门划拨土地。

（3）建设工程的规划管理

在城市、镇规划区内进行建筑物、构筑物、道路、管线和其他工程建设的，建设单位或者个人应当向市、县人民政府城乡规划主管部门或者省、自治区、直辖市人民政府确定的镇人民政府申请办理建设工程规划许可证。

建设工程规划许可证是城市规划行政主管部门依法核发的，确认有关建设工程符合城市规划要求的法律凭证，是办理建设工程施工许可证、进行规划验线和验收、商品房销（预）售、房屋产权登记等的法定要件。建设单位领有建设工程规划许可证，在建设活动中接受监督检查时即可证明该建设工程符合城市规划要求并且属于合法建设的重要法律依据。未领取此证的建设单位，其兴建的工程建筑就是违章建筑，即使已经建设完成，也不能办理房地产权属证明。因此，建设单位在选址实施建设工程之前首先应当申请办理建设工程规划许可证。

①需申请建设工程规划许可证的工程范围

城市规划区内各类建设项目（包括住宅、工业、仓储、办公楼、学校、医院、市政交通基础设施等）的新建、改建、扩建、翻建，均需依法办理建设工程规划许可证。具体的建设工程范围主要包括如下：

A.新建、改建、扩建建筑工程。

B.各类市政、管线、道路工程等。

C.文物保护单位和优秀近代建筑的大修工程以及改变原有外貌、结构、平面的装修工程。

D.沿城市道路或者在广场设置的城市雕塑等美化工程。

E.户外广告设施。

F.各类临时性建筑物、构筑物。

②申请建设工程规划许可证的程序

申请办理建设工程规划许可证，应当提交使用土地的有关证明文件、建设工程设计方案等材料。需要建设单位编制修建性详细规划的建设项目，还应当提交修建性详细规划。

③建设工程规划许可证的内容

建设工程规划许可证上一般应载明下列内容：

A.许可证编号；

B.发证机关名称和发证日期；

C.用地单位；

D.用地项目名称、位置、宗地号以及子项目名称、建筑性质、栋数、层数、结构类型；

E.计容积率面积及各分类面积；

F.附件包括总平面图、各层建筑平面图、各向立面图和剖面图。

（4）乡村建设的规划管理

在乡、村庄规划区内，进行乡镇企业、乡村公共设施和公益事业建设的，建设单位或者个人应当向乡、镇人民政府提出申请，由乡、镇人民政府报市、县人民政府城乡规划主管部门核发乡村建设规划许可证。在乡、村庄规划区内使用原有宅基地进行农村村民住宅建设的规划管理办法，由省、自治区、直辖市制定。

（5）临时建设的规划管理

在城市、镇规划区内进行临时建设的，应当经市、县人民政府城乡规划主管部门批准。临时建设影响近期建设规划或者控制性详细规划的实施，以及影响交通、市容、安全等的，不得批准。临时建设和临时用地规划管理的具体办法，由省、自治区、直辖市人民政府制定。

8.1.3 城乡规划的修改

城乡规划一经制定并通过审批即具有付诸实施的法律效力，不得随意进行修改和调整。否则，既会损害城乡规划的严肃性和权威性，也不利于城乡规划执法工作的开展。因此,《城乡规划法》确立了城乡规划未经法定程序不得修改的原则,并专设了"城乡规划的修改"章节,对城乡规划修改的条件、程序和权限等均作了明确的规定。

（1）省域城镇体系规划、城市总体规划、镇总体规划的修改

省域城镇体系规划、城市总体规划、镇总体规划属于牵一发即可动全身的一类系统性规划,在城乡规划体系中具有较强的基础地位。为此,我国城乡规划法规明确规定严格限制这一类规划修改的条件和程序。

①修改的条件

具备下列情形之一的,可以修改省域城镇体系规划、城市总体规划和镇总体规划:

A.上级人民政府制定的城乡规划发生变更,提出修改规划要求的;

B.行政区划调整确需修改规划的;

C.因国务院批准重大建设项目确需修改规划的;

D.经评估确需修改规划的;

E.城乡规划的审批机关认为应当修改规划的其他情形。

②修改的程序

规划的组织编制机关应当对原规划的实施情况进行总结,并向原审批机关报告;修改涉及城市总体规划、镇总体规划强制性内容的,应当先向原审批机关提出专题报告,经同意后方可编制修改方案。修改后的省域城镇体系规划、城市总体规划、镇总体规划,应当重新进行审议、公告和审批。

（2）控制性详细规划的修改

控制性详细规划是城市详细规划的一种。它是以城市总体规划或分区规划为依据,确定建设地区的土地使用性质、使用强度等控制指标、道路和工程管线控制性位置以及空间环境控制的规划。根据《城市规划编制办法》第22条至第24条的规定,根据城市规划的深化和管理的需要,一般应当编制控制性详细规划,以控制建设用地性质,使用强度和空间环境,作为城市规划管理的依据,并指导修建性详细规划的编制。城市、县人民政府城乡规划主管部门负责组织编制城市、县人民政府所在地镇的控制性详细规划;其他镇的控制性详细规划由镇人民政府组织编制。

修改控制性详细规划时,其相应的组织编制机关应当对修改的必要性进行论证,征求规划地段内利害关系人的意见,并向原审批机关提出专题报告,经原审批机关同意后,方可编制修改方案。修改后的控制性详细规划,应当重新进行审批和备案。

（3）修建性详细规划的修改

修建性详细规划也是城市详细规划的一种。它是以城市总体规划、分区规划或控制性详细规划为依据,制订用以指导各项建筑和工程设施的设计和施工的规划设计。对于当前要进行建设的地区,应当编制修建性详细规划,用以指导各项建筑和工程设施的设计和施工。编制修建性详细规划的主要任务是满足上一层次规划的要求,直接对建设项目作出具体的安排和规划设计,并为下一层次建筑、园林和市政工程设计提供依据。

经依法审定的修建性详细规划、建设工程设计方案的总平面图不得随意修改；确需修改的，城乡规划主管部门应当采取听证会等形式，听取利害关系人的意见。

（4）乡规划、村庄规划的修改

乡规划、村庄规划，分别是指一定时期内乡、村庄的经济和社会发展、土地利用、空间布局，以及各项建设的综合部署、具体安排和实施措施。尽管乡规划、村庄规划范围较小、建设活动形式单一，城乡规划法规对它们未作总体规划和详细规划的分类。但是，这并不意味乡规划和村庄规划在我国城乡规划体系中的地位不重要。从我国城乡统筹发展的长远来看，乡规划和村庄规划与农业、农村、农民的联系最为紧密，是当前实现农村大发展战略的关键步骤。乡规划、村庄规划应当从农村实际出发，充分尊重村民意愿，体现地方和农村特色，要贴近农村、农民的生产和生活实际，规划内容要更加具体，更为细致。

修改乡规划、村庄规划的，应当重新进行审批。其中，村庄规划审批前还须经村民会议或者村民代表会议讨论同意。

（5）近期建设规划的修改

近期建设规划，是在城市总体规划中对短期内建设目标、发展布局和主要建设项目的实施所作的安排。它是实施城市总体规划的重要步骤，是衔接国民经济与社会发展规划的重要环节。近期建设规划具体包括依据批准的城市总体规划，明确近期发展重点、人口规模、空间布局、建设时序；安排城市重要建设项目；提出生态环境、自然与历史文化环境保护措施等。

市、县、镇人民政府修改近期建设规划的，应当将修改后的近期建设规划报总体规划审批机关备案。

（6）规划修改的补偿

修改规划造成损失的，应给予遭受损失的当事人一定的补偿。

①发放"一书两证"后的规划修改

在选址意见书、建设用地规划许可证、建设工程规划许可证或者乡村建设规划许可证发放后，因依法修改城乡规划给被许可人合法权益造成损失的，应当依法给予补偿。

②修建性详细规划、建设工程设计方案的总平面图的修改

经依法审定的修建性详细规划、建设工程设计方案的总平面图因修改给利害关系人合法权益造成损失的，应当依法给予补偿。

8.2 城乡规划的监督检查与法律责任

8.2.1 城乡规划的监督检查

《城乡规划法》专设了"监督检查"章节对城乡规划工作的监督检查作了明确的规定。以实施监督检查的主体不同为标准，可将城乡规划的监督检查分为行政监督检查、人大监督检查和公众监督检查三类。

（1）行政监督检查

行政监督检查指的是人民政府及其城乡规划主管部门对城乡规划工作实施的监督检查。这一监督检查是由国家行政机关主导，对有关单位和个人实施的一种行政执法行为，具有一定的行政强制性。根据《城乡规划法》的规定，县级以上人民政府及其城乡规划主管部门应当加强对城乡规划编制、审批、实施、修改的监督检查。为保障监督的顺利进行，县级以上人民政府城乡规划主管部门对城乡规划的实施情况进行监督检查时，有权采取以下措施：

①要求有关单位和人员提供与监督事项有关的文件、资料，并进行复制。

②要求有关单位和人员就监督事项涉及的问题作出解释和说明，并根据需要进入现场进行勘测。

③责令有关单位和人员停止违反有关城乡规划的法律、法规的行为。

（2）人大的监督检查

人民代表大会制度是我国的根本政治制度。人民代表大会是国家权力机关。国家行政机关由人民代表大会产生，对它负责，受它监督。作为地方国家权力机关，地方各级人民代表大会及其常务委员会有权监督同级人民政府及其工作部门履行职责的情况，当然也包括对城乡规划工作行使监督的权力。地方各级人民政府应当向本级人民代表大会常务委员会或者乡、镇人民代表大会报告城乡规划的实施情况，并接受监督。人民代表大会的代表在任期内，有权就城乡规划工作中存在的问题向有关部门提出代表监督的意见和建议，有关部门对这些意见和建议应当及时给予答复。

（3）公众的监督检查

城乡规划关系区域经济社会未来发展的重要事项，体现了极为广泛的社会公共利益，因此，必须将政府的城乡规划工作置于社会公众和舆论的监督之下。公众的监督主要体现在社会公众对监督检查情况和处理结果进行查阅和监督上。根据《城乡规划法》的规定，县级以上人民政府及其城乡规划主管部门的监督检查、县级以上地方各级人民代表大会常务委员会或者乡、镇人民代表大会对城乡规划工作的监督检查，其监督检查情况和处理结果应当依法公开，以便公众查阅和监督。这体现了法律对政府城乡规划工作领域社会公众的监督权和知情权的有力保障。

8.2.2 违反城乡规划法的法律责任

法律责任是指因违反了法定义务或契约义务，或不当行使法律权利、权力所产生的，由行为人承担的不利后果。有关单位和个人违反城乡规划法规规定的义务，应当承担法律责任。这类法律责任主要表现为行政责任。按照承担责任的主体不同，可分为行政主体的法律责任和行政相对人的法律责任两大类。

（1）行政主体的法律责任

行政主体是享有行政职权，以自己的名义行使行政职权并独立承担责任的组织。在城乡规划行政法律关系中，政府及其城乡规划主管部门就是实施城乡规划行政行为的行政主体。其承担法律责任的情形主要包括：

①依法应当编制城乡规划而未组织编制，或者未按法定程序编制、审批、修改城乡规划的；

②委托不具有相应资质等级的单位编制城乡规划的；

③违法编制或实施城乡规划的。

行政主体承担法律责任的方式主要包括：由上级人民政府责令改正，通报批评；对有关人民政府负责人和其他直接责任人员依法给予处分。

（2）行政相对人的法律责任

行政相对人，是行政管理法律关系中与行政主体相对应的另一方当事人，即行政主体的行政行为影响其权益的个人或组织。城乡规划行政法律关系中的行政相对人主要有规划编制单位、建设单位、施工单位等。城乡规划行政相对人承担法律责任的情形主要包括：

①城乡规划编制单位无资质、超越资质、违反编制标准进行城乡规划编制的；

②未取得建设工程规划许可证，或未按照建设工程规划许可证的规定进行建设的，以及未依法取得乡村建设规划许可证，或未按照乡村建设规划许可证的规定进行建设的；

③违法进行临时建设的；

④建设单位未在建设工程竣工验收后六个月内向城乡规划主管部门报送有关竣工验收资料的。

行政相对人承担法律责任的方式，主要包括责令限期改正、责令停业整顿、降低资质等级或吊销资质证书、罚款等。

8.3　建设工程勘察设计资质与资格管理

在建设工程中，勘察、设计两个词汇虽然经常被连用，但却是两个含义不同的概念。根据《建设工程勘察设计管理条例》第2条的规定，建设工程勘察就是通过具有勘察资质的单位对建设场地的地理环境特征和岩土工程条件的勘定和考察，以便决定能否在该建设场地上进行相应的建设活动。建设工程设计就是由具有设计资质的单位对修建什么样的工程、怎么修建这些工程等活动进行计划和安排的活动。

8.3.1　工程勘察设计的资质管理

资质又称为资格认证，在建设工程领域，它是由相应的行政主管部门颁发给从业单位和个人能够证明其具有从事某项活动资格的官方证明文件。为了确保单位的技术条件和人员的从业素质，应满足建设工程勘察设计工作的需要，国家设定了相应的准入条件，对从事建设工程勘察、设计活动的单位和人员实行资质或资格管理制度。

（1）工程勘察的资质管理

根据2007年开始实施的《建设工程勘察设计资质管理规定》第5条的规定，工程勘察资质分为工程勘察综合资质、工程勘察专业资质、工程勘察劳务资质。工程勘察综合资质只设甲级，取得该资质的企业，可承接各专业（海洋工程勘察除外）、各等级工程勘察业务。工程勘察专业资质设甲级和乙级，根据工程性质和技术特点，部分专业可设丙级。取得该专业资质的企业，可以承接相应等级相应专业的工程勘察业务。工程勘察劳务资质不分等级，取得该资质的企业，可以承接岩土工程治理、工程钻探、凿井等工程勘察劳务业务。

（2）工程设计的资质管理

《建设工程勘察设计资质管理规定》第6条规定：工程设计资质分为工程设计综合资质、工程设计行业资质、工程设计专业资质和工程设计专项资质。工程设计综合资质只设甲级，取得该资质的企业，可以承接各行业、各等级的建设工程设计业务。工程设计行业资质、工程设计专业资质、工程设计专项资质均设甲、乙、丙3个级别。其中，取得工程设计行业资质的企业，可以承接相应行业、相应等级的工程设计业务及本行业范围内同级别的相应专业、专项（设计施工一体化资质除外）工程设计业务；取得工程设计专业资质的企业，可以承接本专业相应等级的专业工程设计业务及同级别的相应专项工程设计业务（设计施工一体化资质除外）；取得工程设计专项资质的企业，可以承接本专项相应等级的专项工程设计业务。此外，建筑工程专业资质还可以设丁级。

（3）勘察设计资质的申请与审批

建设工程勘察、设计单位资质的审批由建设行政主管部门负责。同时，需要注意的是企业首次申请、增项申请工程勘察、设计资质，其申请资质等级最高不超过乙级，且不考核企业工程勘察业绩。已具备施工资质的企业首次申请同类别或相近类别的工程勘察、设计资质的，可以将相应规模的工程总承包业绩作为工程业绩予以申报。其申请资质等级最高不超过其现有施工资质等级。

企业申请工程勘察甲级资质、工程设计甲级资质及其他工程设计甲级、乙级资质，应向企业工商注册所在地的省、自治区、直辖市建设行政主管部门提出申请。其中，中央管理的企业直接向国务院建设行政主管部门提出申请，其所属企业由中央管理的企业向国务院建设行政主管部门提出申请，同时向企业工商注册所在地的省、自治区、直辖市建设行政主管部门备案。上述部门受理后30日内完成对申请单位的资质条件和报送资料的审核工作，然后报送国务院建设行政主管部门审批，国务院建设行政主管部门自收到经初审的申报材料后30日内完成审批工作，并在公众媒体上予以公告。

申请工程勘察乙级资质、工程勘察劳务资质、建设工程设计乙级资质及其他建设工程勘察、设计丙级及以下资质（暂定资质），应向企业工商注册所在地的县级建设行政主管部门提出申请，由该部门初审后报送企业工商注册所在地的省、自治区、直辖市建设行政主管部门审批。审批结果应当报国务院建设行政主管部门备案。

8.3.2 工程勘察设计从业人员的执业资格管理

对建设工程勘察设计单位必须实行相应的资质管理，同样的，对在这些单位内从事勘察设计业务的专业技术人员则必须实行执业资格管理。

（1）工程勘察设计从业人员的资格管理

参照国际惯例，我国对工程勘察设计从业人员的资格管理主要是通过注册执业资格制度来进行的。按照国家有关规定，从事建设工程勘察、设计活动的专门工作人员必须经国家统一资格考试，获得从事建设工程勘察、设计从业人员执业资格并经国家注册，方可执业。同一名从业人员只能接受一个建设工程勘察、设计单位的聘用从事建设工程勘察、设计工作。勘察设计行业执业注册资格分为注册工程师、注册建筑师和注册景观设计师三大类。

①注册工程师

注册工程师，是指经考试取得中华人民共和国注册工程师资格证书（以下简称资格证书），并按照本规定注册，取得中华人民共和国注册工程师注册执业证书（以下简称注册证书）和执业印章，从事建设工程勘察、设计及有关业务活动的专业技术人员。按专业类别不同，我国将注册工程师分为土木、结构、公用设备、电气、机械、化工、电子工程、航天航空、农业、冶金等17个专业。目前，我国17个专业中的部分专业开展了注册工程师考试。注册工程师的注册证书和执业印章的有效期为3年。

注册工程师享有的执业权利包括依法从事执业活动、保管和使用本人注册证书和印章，接受继续教育，获得报酬等权利。注册工程师应当履行的执业业务包括：遵守法律、法规和有关规定；严格执行工程建设标准规范，保证执业活动成果质量；保守在执业中知悉的国家秘密和商业秘密、技术秘密；努力提高执业水平等。

②注册建筑师

注册建筑师是指经全国统一考试合格后，依法登记注册，取得《中华人民共和国一级注册建筑师证书》或《中华人民共和国二级注册建筑师证书》，在一个建筑单位内执行注册建筑师业务的人员。

我国早在1995年起便推行了注册建筑师制度，第一批注册建筑师于1997年开始执业。我国的注册建筑师分为一级注册建筑师和二级注册建筑师。注册建筑师的注册证书和执业印章的有效期为2年。

③注册景观设计师

注册景观设计师主要从事风景园林设计、城市及小区景观设计和广场设计等。目前，我国的注册景观设计师制度还处于论证阶段，不少培训机构开展的所谓注册景观设计师培训只能获得国家劳动部颁发的《注册景观设计师职业资格证书》和中国建筑设计研究院颁发的《中国景观设计专业合格证书》，这与我们通常所说的注册景观设计师是不相同的。

（2）勘察设计从业人员的执业管理

无论是注册工程师还是注册建筑师，取得执业资格只是其能够以勘察设计专业技术人员的身份进入这一行业的前提条件。而取得勘察、设计资格证书的人员，应当受聘于一个具有建设工程勘察、设计资质的单位，经注册后方可从事相应的执业活动，不得同时在两个或两个以上单位（包括工程勘察、设计、施工等单位）受聘或者执业。这是为了加强勘察设计从业人员管理、维护勘察设计市场秩序而作出的强制性规定。注册工程师、注册建筑师等从业人员享有在规定范围内从事执业活动，同时负有遵守法律、法规和有关管理规定等义务。一旦违反上述规定，将按情节轻重被处以警告、罚款、没收违法所得、暂缓注册及撤销注册等处罚，直至被追究刑事责任。

8.4　建设工程勘察设计标准

建设工程中的标准，则是指对基本建设中各类工程的勘察、规划、设计、施工、安装、验收等需要统一的技术要求所制定的统一标准。

8.4.1　建设工程勘察设计标准的分类

工程建设是一项复杂的系统工程，不同的项目对勘察设计标准的要求也不同，因此，从不同的角度、依据不同的标准，可以将建设工程勘察设计标准划分为不同的类别。

依据我国《标准化法》的规定，根据制定标准的主体不同，建设工程勘察设计标准分为国家标准、行业标准、地方标准和企业标准。根据标准的属性来分，建设工程勘察设计标准可分为强制性标准和推荐性标准。

根据勘察对象的不同，又可以细分为供水水文地质勘察标准、城市规划工程地质勘察标准、市政工程勘察标准、岩土工程勘察标准、地下铁道、轻轨交通岩土工程勘察标准、高层建筑岩土工程勘察标准、冻土工程地质勘察标准、软土地区工程地质勘察标准等。

根据设计对象的不同，又可以细分为岩土设计标准、建筑设计标准、公路桥梁设计标准、水利工程设计标准、电气设计标准、城市道路照明设计标准、公共建筑节能设计标准、建筑抗震设计标准等。

8.4.2　建设工程勘察设计标准的制定与实施

（1）建设工程勘察设计标准的制定

建设工程勘察设计的国家标准，是指为了在全国范围统一技术要求和国家需要控制的技术要求所制定的标准。国家标准由国务院建设行政主管部门负责制订计划、组织草拟、审查批准，由国务院标准化行政主管部门和国务院建设行政主管部门联合发布。

建设工程勘察设计的行业标准是指，对没有国家标准，而又需要在全国某个行业范围内统一技术要求所制定的标准。行业标准由建设行政主管部门负责编制本行业标准的计划、组织草拟、审查批准和发布。

建设工程勘察设计的地方标准是指，没有国家标准、行业标准，而又需要在某个地区范围内统一技术要求所制定的标准。地方标准由各地的建设行政主管部门根据当地的气象、地质、资源等特殊情况的技术要求制定。

建设工程勘察设计企业标准是指，没有国家标准、行业标准、地方标准，而企业为了组织生产需要在企业内部统一技术要求所制定的标准。企业标准是企业自己制订的，只适用于企业内部，作为本企业组织生产的依据，而不能作为合法交货、验收的依据。

建设工程勘察设计强制标准是指，在建设工程勘察设计过程中必须遵守的标准。建设工程勘察设计推荐性标准是指，在建设工程勘察设计过程中鼓励适用的标准。由于国家标准、行业标准分为强制性标准和推荐性标准，因此，上述标准的制定遵照国家标准或行业标准的制定方式进行。

（2）建设工程勘察设计标准的实施

对于强制性标准而言，凡是从事建设工程勘察的部门、单位和个人，必须严格执行。对于不符合强制性标准的工程，从项目建议书开始不予立项，可行性研究报告不予审批。不按强制性标准规范施工，质量达不到合格标准的工程不得验收。国务院各行政主管部门制定建设工程勘察设计行业标准时，不得擅自更改强制性国家标准。

建设工程的勘察、规划、设计、科研和施工单位必须加强工程建设标准化管理，对工程建设标准的实施进行经常性检查，并按隶属关系向上级建设行政主管部门报告标准的实施情况，各级建设行政主管部门应当对所属企业单位实施标准的监督管理。

工程质量监督机构和安全机构，应当根据现行的建设工程勘察设计强制性标准，对工程建设质量和安全进行监督。

对于推荐性标准而言，需要由工程建设单位与建设工程勘察设计单位在签订工程承包合同中予以确认，因此，该标准的实施通常由建设单位委托的监理单位或其他单位以工程合同为依据进行。

8.5　建设工程勘察设计文件的编制和审批

8.5.1　建设工程勘察设计文件的编制

（1）建设工程勘察设计文件编制的依据

根据《建设工程勘察设计管理条例》第25条的规定，编制建设工程勘察、设计文件，应当以下列规定为依据：项目批准文件；城市规划；工程建设强制性标准；国家规定的建设工程勘察、设计深度要求。此外，对于铁路、交通、水利等专业建设工程，还应当以专业规划的要求为依据。

（2）建设工程勘察设计文件编制的基本要求

建设工程勘察设计文件编制的好坏直接决定工程设计的质量和水平。其基本要求主要包括：贯彻经济、社会发展规划和产业政策、城乡规划的要求；综合利用各种自然资源、满足环境保护要求；采用新技术、新工艺、新材料、新设备；注意建设工程的美观性、实用性和协调性。

（3）建设工程勘察设计文件编制的程序

①建设工程勘察设计文件的编制

编制建设工程勘察文件，应当真实、准确，满足建设工程规划、选址、设计、岩土治理和施工的需要。因此，建设工程勘察设计单位应在对工程现场的地形、地质、水文和周边环境进行测绘、勘探、试验的基础上，以真实、准确为原则进行建设工程勘察设计文件的编制。

②建设工程勘察设计文件的审批

建设工程勘察设计单位完成勘察设计文件的编制后必须得到有关部门的审批才能实施。勘察设计文件一经批准,将作为工程建设的主要依据,不得任意修改。确需修改建设工程勘察、设计文件的,可由原建设工程勘察、设计单位修改,也可经原建设工程勘察、设计单位书面同意,由建设单位委托其他具有相应资质的建设工程勘察、设计单位修改。

8.5.2 建设工程勘察设计文件的审批

（1）建设工程勘察文件的审批

根据《基本建设勘察工作管理暂行办法》的有关规定,我国对建设项目勘察文件的审批实行分级管理、分级审批的原则,具体如下:

①国家发改委（原计委）组织审批建设项目的初步设计文件时,审查相应的勘察技术成果,负责大中型建设项目中需委托外商勘察的必要性和资格审批工作。

②各有关部和省、市、自治区工程建设主管部门组织审查本部门、本地区建设项目的初步设计文件时,审查相应的勘察技术成果。负责本部门、本地区所属小型项目建设中需委托外商勘察的必要性和资格审批工作。

（2）建设工程设计文件的审批

根据《设计文件的编制和审批办法》以及《基本建设设计工作管理暂行办法》的有关规定,我国对建设项目设计文件的审批实行分级管理、分级审批的原则,具体如下:

①国家发改委组织审批重大建设项目的初步设计文件,负责大中型建设项目中需委托外商设计的必要性和资格审批工作。

②各有关部门和各省、市、自治区工程建设主管部门组织审批本部门、本地区建设项目的初步设计文件,负责本部门、本地区所属小型建设项目中需要委托外商设计的必要性和资格审批工作。

③各地、市、县工程建设主管部门组织审批本地、市、县建设项目的设计文件。

对《城乡规划法》的几点评析

在《城乡规划法》颁布之前，我国城乡规划呈现二元格局，即城市规划由《城市规划法》这部法律来调整，而村庄规划和集镇规划则由《村庄和集镇规划建设管理条例》这部行政法规进行调整。实践证明，这种二元格局对我国规划事业的健康发展带来了诸多不便，要求打破这种二元格局的呼声也越来越高。《城乡规划法》的诞生标志着城乡规划法治进入了一个新的历史阶段。

《城乡规划法》的优点主要体现在以下几个方面：

首先，强调城乡统筹，强化监督职能，明确要求，落实政府责任。为此，《城乡规划法》不仅取消了《城市规划法》中的"城市新区开发和旧区改造"这一章，还新增加了"城乡规划的修改"和"监督检查"两个章节。

其次，建立新的城乡规划体系，体现了一级政府、一级规划、一级权限的规划编制要求，明确规划的强制性内容，突出近期建设规划的地位，强调规划编制责任。

再次，严格城乡规划修改程序，对城乡规划评估以及修改省域城镇体系规划、城市总体规划、镇总体规划、修改详细规划等都作出了详细规定。

最后，加强对行政权力的监督制约，明确上级行政部门的监督、人民代表大会的监督以及全社会的公众监督。

当然，《城乡规划法》也并非完美无缺，其不足主要体现在以下几个方面：

首先，未规定违规设立各类开发区和城市新区的法律责任。违规设立各类开发区和城市新区这类现象在我国屡见不鲜，但是《城乡规划法》却并未规定由此可能产生的法律责任。

其次，未规定乡规划、村庄规划的期限。《城乡规划法》规定了城市总体规划、镇总体规划的期限，却未对乡规划、村庄规划的期限作出规定，这将给实际操作带来困难。

最后，未规定强制拆除费用如何承担。尽管《城乡规划法》赋予了建设工程所在地县级以上政府可以责成有关部门采取查封施工现场、强制拆除等措施，但对强制拆除费用的承担问题却未作规定。

城乡规划不是指一部独立的规划，而是包括城镇体系规划、城市规划、镇规划、乡规划和村庄规划在内的集合体。在城乡规划的编制方面，我国不仅建立了十分严格的规划编制权限制度，而且还建立了严格的规划审批、公告以及备案制度。在城乡规划的实施方面，我国主要是通过对建设活动的管理来实现的。其中，建设项目选址的规划管理、建设用地的规划管理、建设工程的规划管理是重心。针对规划的不同，我国建立了严格的修改条件和修改程序，确立了对规划修改造成损失的补偿制度。我国城乡规划的监督检查主要分为行政监督检查、人大的监督检查以及公众的监督检查。针对行政主体和行政相对人的不同，我国对违反城乡规划的行为设立了不同的承担法律责任事由以及相应的法律责任。

勘察设计是建设活动顺利开展的前提和基础。我们常常提到勘察设计，实际上这是两个单独的行为，只不过二者的联系实在密切。我国在立法上也往往将二者放在一起进行规范，当然也并非总是如此。我国立法对建设工程勘察设计活动的规范主要从两个方面进行：一是对勘察设计单位进行资质管理，只有符合法定条件并经法定程序审批的单位才能进行相应的勘察设计活动；二是对勘察设计从业人员进行资格管理，取得勘察设计资格的人员须经过注册并受聘于具有勘察设计资质的单位才能从事勘察设计工作。与此同时，为了让勘察设计活动规范地开展，我国还制定了专门的勘察设计标准并对勘察设计文件的编制与审批设定了严格的实体和程序条件。

复习思考题

1.什么是城乡规划？

2.城乡规划的编制权限是如何划分的？

3.编制城乡规划有哪些程序？

4.城市规划修改的条件是什么？

5.村庄规划修改的程序有哪些？

6.什么是建设工程勘察设计？

7.我国是如何对建设工程勘察设计单位进行分类的？

8.我国建设工程勘察设计从业人员如何进行执业？

9.我国对建设工程勘察设计标准如何进行分类？

10.我国对建设工程勘察设计文件的编制和审批有哪些要求？

9 建设工程施工管理法规

本章导读

    甲公司与乙公司签订了一份建设工程施工合同，合同约定由乙公司承建甲公司的丽都大酒店工程。工程完工后，经检验质量合格，并交付使用。但是，由于甲公司拖欠工程款，乙公司将甲公司告上法庭。甲公司答辩称，丽都大酒店工程为18层的高层建筑，只有二级以上资质的建筑企业才有资格承包，而乙公司只有三级资质，在签订合同时，乙公司没有向甲公司申明实情，甲公司的行为属于欺诈，因此，请求法院确认双方签订的建设工程施工合同无效。另外，双方对工程造价分歧较大，法院委托某工程审价事务所对工程造价进行鉴定。在鉴定过程中，甲公司认为应当按照工程量清单计价方式进行鉴定，而乙公司则坚持要按照定额计价方式进行鉴定。该事务所于是分别按照工程量清单和定额两种方式进行鉴定，供法院参考。根据两种不同的计价方式得出的鉴定结论差别巨大。本案中，法律为什么要求施工企业必须具有相应的资质？施工企业的资质都有哪些种类和级别？什么是工程量清单计价方式？什么是定额计价方式？哪种计价方式更为科学？若甲公司委托丙公司对其拟建的项目进行监理。在施工过程中，丙公司作为监理公司的职责有哪些？又该如何正确地履行？而我们为什么要设立监理制度呢？如果您对这些问题感到疑惑，相信能够从本章学习中寻找到答案。

9.1 建设工程施工资质与资格管理

9.1.1 建设工程施工资质管理的一般规定

    资质，是指人员素质、管理水平、资金数量、技术装备和建筑工程业绩等。所谓资质等级，是指按照人员素质、管理水平、资金数量、技术装备和建筑工程业绩等情形划分从事建筑活动的级别。

    根据《建筑法》，承包建筑工程的单位应当持有依法取得的资质证书，并在其资质等级许可的业务范围内承揽工程。

    禁止建筑施工企业超越本企业资质等级许可的业务范围或者以任何形式用其他建筑施工企业的名义承揽工程。禁止建筑施工企业以任何形式允许其他单位或者个人使用本企业的资质证书、营业执照，以本企业的名义承揽工程。

大型建筑工程或者结构复杂的建筑工程,可以由两个以上的承包单位联合共同承包。共同承包的各方对承包合同的履行承担连带责任。

两个以上不同资质等级的单位实行联合共同承包的,应当按照资质等级低的单位的业务许可范围承揽工程。

建筑工程总承包单位可以将承包工程中的部分工程发包给具有相应资质条件的分包单位。但是,除总承包合同中约定的分包外,必须经建设单位认可。施工总承包的,建筑工程主体结构的施工必须由总承包单位自行完成。

建筑工程总承包单位按照总承包合同的约定对建设单位负责;分包单位按照分包合同的约定对总承包单位负责。总承包单位和分包单位就分包工程对建设单位承担连带责任。

禁止总承包单位将工程分包给不具备相应资质条件的单位。禁止分包单位将其承包的工程再分包。

除《建筑法》外,《行政许可法》《建设工程质量管理条例》《建设工程安全生产管理条例》等法律、法规也对建设工程施工企业的资质作出了规定。

9.1.2 建设工程施工企业资质的分类与分级

依照《建筑业企业资质管理规定》及其实施意见,建筑业企业资质分为施工总承包、专业承包和劳务分包3个序列,其各按照工程性质和技术特点分别划分为若干资质类别。各资质类别按照规定的条件划分为若干资质等级。

施工总承包企业序列中包含12个类别的企业资质,分别是:房屋建筑工程施工总承包企业资质、公路工程施工总承包企业资质、铁路工程施工总承包企业资质、港口与航道工程施工总承包企业资质、水利水电工程施工总承包企业资质、电力工程施工总承包企业资质、矿山工程施工总承包企业资质、冶炼工程施工总承包企业资质、化工石油工程施工总承包企业资质、市政公用工程施工总承包企业资质、通信工程施工总承包企业资质、机电安装工程施工总承包企业资质。

专业承包企业资质序列具体包含地基与基础工程专业承包企业资质、土石方工程专业承包企业资质、建筑装修装饰工程专业承包企业资质等60个类别。

劳务分包序列中包含地基与基础工程专业承包企业资质、土石方工程专业承包企业资质、建筑装修装饰工程专业承包企业资质等13个类别。

施工总承包企业资质大致分为特级、一级、二级、三级共4个等级,不同等级的企业所能承包的工程范围不同。专业承包企业与劳务分包企业的资质等级标准依照工程性质的不同等级也不尽相同。以地基与基础工程为例,其专业承包企业资质等级标准分为一级、二级、三级,其各级别的资质标准所能承包的工程范围为:一级企业可承担各类地基与基础工程的施工;二级企业可承担工程造价1 000万元及以下各类地基与基础工程的施工;三级企业可承担工程造价300万元及以下各类地基与基础工程的施工。而劳务分包企业的资质等级标准则还会因工程性质的不同而有不同分级,以木工作业和抹灰作业分包工程为例,木工作业企业资质标准分为一级和二级,而抹灰作业分包企业资质则不分等级。

施工企业资质分为3个序列,每个序列之下有不同的等级。

9.1.3 建设工程施工企业资质的申请和审批

（1）主管部门

我国建设行政主管部门有审批权限。但是，上一级建设行政主管部门审批的资质等级较高，下一级审批的资质等级则较低。

（2）资质的申请

建筑业企业可以申请一项或多项建筑业企业资质。申请多项建筑业企业资质的，应当选择等级最高的一项资质为企业主项资质。

资质的申请种类包括首次申请、增项申请、资质升级申请、资质证书变更申请、资质延续申请等。

如果是首次申请或者增项申请资质，企业不可能有工程业绩，因此，首次申请或者增项申请建筑业企业资质，不考核企业工程业绩，其资质等级按照最低资质等级核定。已取得工程设计资质的企业首次申请同类别或相近类别的建筑业企业资质的，可以将相应规模的工程总承包业绩作为工程业绩予以申报，但申请资质等级最高不超过其现有工程设计资质等级。资质证书有效期为5年。

（3）资质的续期与升级

资质有效期届满，企业需要延续资质证书有效期的，应当在资质证书有效期届满60日前，申请办理资质延续手续。对在资质有效期内遵守有关法律、法规、规章、技术标准，信用档案中无不良行为记录，且注册资本、专业技术人员满足资质标准要求的企业，经资质许可机关同意，有效期延续5年。在资质证书有效期内，企业也可以申请资质升级。

（4）审批条件

建设行政主管部门授予首次申请企业资质时，所考虑的条件通常是申请企业所拥有的注册资本、专业技术人员、技术装备等是否符合法律、法规所规定的条件。对于申请资质续期的，建设行政主管部门还要考虑该企业以往的守法情况以及信用档案中有无不良记录。

取得建筑业企业资质的企业，申请资质升级、资质增项，在申请之日起前1年内有超越本企业资质等级或以其他企业的名义承揽工程，或允许其他企业或个人以本企业的名义承揽工程的、与建设单位或企业之间相互串通投标，或以行贿等不正当手段谋取中标的、未取得施工许可证擅自施工的等违反法律、法规的情形的，资质许可机关不予批准企业的资质升级申请和增项申请。

9.1.4 建设工程施工企业资质的监督管理

（1）监督管理部门及其职责

对建设工程施工企业资质进行监督管理的部门是县级以上人民政府建设主管部门和其他有关部门。监管部门在监督管理过程中发现建筑业企业违法从事建筑活动的，应当将违法事实、处理结果或处理建议及时告知该建筑业企业的资质许可机关。资质许可机关可以撤回、撤销或者注销建设工程施工企业的资质。

建筑企业必须按照法律规定的条件与程序申请资质。

不予批准资质升级申请和增项申请的情形多达12种。

（2）资质的撤回

资质许可机关撤回资质的条件是，企业取得建筑业企业资质后不再符合相应资质条件，而且逾期不改正。程序的启动可以是根据利害关系人的请求，也可以是资质许可机关依职权为之。被撤回建筑业企业资质的企业，可以申请资质许可机关按照其实际达到的资质标准，重新核定资质。

（3）资质的撤销

违反法定程序作出准予建筑业企业资质许可或者资质许可机关工作人员有滥用职权、玩忽职守作出准予建筑业企业资质许可等违反法律规定或程序的，资质许可机关应依法撤销建筑业企业资质。

（4）资质的注销

在发生法律规定注销资质的情形时，资质许可机关应当依法注销建筑业企业资质，并公告其资质证书作废，建筑业企业应当及时将资质证书交回资质许可机关。

9.1.5　建设工程企业资质申报中弄虚作假行为的处理

根据《建筑法》《行政许可法》等法律法规，制定了《建设工程企业资质申报弄虚作假行为处理办法》，并于2011年12月8日发布。该办法自发布之日起施行，原《对工程勘察、设计、施工、监理和招标代理企业资质申报中弄虚作假行为的处理办法》（建市[2002]40号）同时废止。

企业资质申报，是指工程勘察资质、工程设计资质、建筑业企业资质、工程监理企业资质、工程建设项目招标代理机构资格、工程设计与施工一体化资质的首次申请、升级、增项、延续（就位）等。

企业申报资质，必须按照规定如实提供有关申报材料，凡与实际情况不符，有伪造、虚报相关数据或证明材料行为的，可认定为弄虚作假。

9.1.6　建设工程施工资格管理

建设工程施工资格管理，是指建设行政主管部门根据申请人的申请，依法赋予申请人从事建设工程施工有关的专业活动的权利，并对其从业活动进行监督管理。

（1）注册建造师执业资格考试

注册建造师，是指通过考核认定或考试合格取得建造师资格证书，并按照法律规定注册，取得建造师注册证书和执业印章，担任施工单位项目负责人及从事相关活动的专业技术人员。未取得注册证书和执业印章的，不得担任大中型建设工程项目的施工单位项目负责人，不得以注册建造师的名义从事相关活动。而取得建造师资格证书的前提是通过考试。

建造师分为一级建造师和二级建造师，所以注册建造师资格考试也分为一级和二级。参加注册建造师资格考试的条件，除遵纪守法外，还需要两个条件，即学历和工作年限。申请参加二级建造师执业资格考试需要具备工程类或工程经济类中等专科以上学历并从事建设工程项目施工管理工作满2年。申请参加一级建造师执业资格考试最低需要取得工程类或工程经济类大学专科学历，学历越高，所要求的工作年限就越短，比如，取得大专学历的，需要工作满6年，其中，从事建设工程项目施工管理工作满4年，而取得工程类或工程经济类博士学位的，只需要从事建设工程项目施工管理工作满1年。

参加一级建造师执业资格考试合格，将取得《中华人民共和国一级建造师执业资格证书》，该证书在全国范围内有效。二级建造师执业资格考试合格者，将取得《中华人民共和国二级建造师执业资格证书》，该证书在所在行政区域内有效。

（2）注册建造师注册

取得资格证书的人员，经过注册方能以注册建造师的名义执业。初始注册者，可自资格证书签发之日起3年内提出申请。逾期未申请者，须符合本专业继续教育的要求后方可申请初始注册。申请初始注册时应当具备以下条件：经考核认定或考试合格取得资格证书；受聘于一个相关单位（所谓相关单位是指具有建设工程勘察、设计、施工、监理、招标代理、造价咨询等一项或者多项资质的单位）；达到继续教育要求；没有《注册建造师管理规定》所规定的其他不予注册的情形。

注册成功后，申请者将获得一级或二级建造师注册证书和执业印章。注册证书和执业印章是注册建造师的执业凭证，由注册建造师本人保管、使用。注册证书与执业印章有效期为3年。注册有效期满需继续执业的，应当在注册有效期届满30日前，申请延续注册。延续注册的，有效期为3年。在注册有效期内，注册建造师变更执业单位，应当与原聘用单位解除劳动关系，并办理变更注册手续，变更注册后仍延续原注册有效期。

（3）注册建造师执业管理

注册建造师应当在其注册证书所注明的专业范围内从事建设工程施工管理活动，其具体执业范围按照《注册建造师执业工程规模标准》以及《注册建造师执业工程范围》执行。大中型工程施工项目负责人必须由本专业注册建造师担任。一级注册建造师可担任大、中、小型工程施工项目负责人，二级注册建造师可承担中、小型工程施工项目负责人。注册建造师不得同时在两个及两个以上的建设工程项目上担任施工单位项目负责人。

担任建设工程施工项目负责人的注册建造师对其签署的工程管理文件承担相应责任。注册建造师签章完整的工程施工管理文件方为有效。注册建造师有权拒绝在不合格或者有弄虚作假内容的建设工程施工管理文件上签字并加盖执业印章。注册建造师违反《注册建造师管理规定》所规定的义务，应依法承担法律责任。

9.2　建设工程施工许可证制度

建设工程施工许可证制度，是指建设工程开始施工以前由建设行政主管部门对建设工程是否符合开工条件进行审查，符合条件的发给施工许可证，不符合条件的则不能开工。国家实行建设工程施工许可证制度，就是通过对建设工程所应具备的基本条件进行审查，避免不具备条件的建设工程盲目开工而给相关当事人以及社会公共利益造成损害，保证建设工程的顺利进行，达到事前控制的目的。我国《建筑法》《建设工程质量管理条例》《建设工程安全生产管理条例》以及2001年原建设部修正的《建筑工程许可管理办法》和1995年原建设部发布的《工程建设项目实施阶段程序管理暂行规定》等法律、法规对建设工程施工许可证制度都有规定。

9.2.1 申领施工许可证的单位和时间

申领施工许可证的单位是建设单位。所谓建设单位就是出资建造各类工程的单位。申领施工许可证的时间是在建设工程开工前。所谓开工前，是指永久性工程正式破土开槽开始施工之前。在此之前的准备工作，如土质勘探、平整场地、拆除旧建筑物、临时建筑、施工用的临时道路、水、电等工程都不算正式开工。

9.2.2 需要申领施工许可证的建设工程范围

凡在我国境内从事工程建设活动的，都需要向工程所在地的县级以上人民政府建设行政主管部门申领施工许可证，但是，下列工程例外：

①工程投资额在30万元以下或者建筑面积在300 m²以下的建筑工程，可以不申请办理施工许可证。

②适用开工报告制度的工程，不再领取施工许可证。开工报告制度是我国计划经济时代以来就实行的一种施工许可制度，其范围局限在基本建设大中型建设项目上。为了避免出现同一建设工程的开工由不同政府行政主管部门多头重复审批的现象，开工报告与施工许可证不重复办理，但是，办理开工报告，必须符合国务院的规定，否则无效。

③抢险救灾工程、临时性建筑工程、农民自建两层以下（含两层）住宅工程，在开工前不需要申领施工许可证。

④军事房屋建筑工程施工许可的管理，按国务院、中央军事委员会制定的办法执行。

9.2.3 申领施工许可证的条件

申领施工许可证应具备的条件如下：

①已经办理该建筑工程用地批准手续。

②在城市规划区的建筑工程，已经取得建设工程规划许可证。

③施工场地已经基本具备施工条件，需要拆迁的，其拆迁进度符合施工要求。

④已经确定施工企业。按照规定应该招标的工程没有招标，应该公开招标的工程没有公开招标，或者肢解发包工程，以及将工程发包给不具备相应资质条件的，所确定的施工企业无效。

⑤已满足施工需要的施工图纸及技术资料，施工图设计文件已按规定进行了审查。

⑥有保证工程质量和安全的具体措施。施工企业编制的施工组织设计中有根据建筑工程特点制定的相应质量、安全技术措施，专业性较强的工程项目编制的专项质量、安全施工组织设计，并按照规定办理了工程质量、安全监督手续。

⑦按照规定应该委托监理的工程已委托监理。

⑧建设资金已经落实。建设工期不足一年的,到位资金原则上不得少于工程合同价的50%,建设工期超过一年的,到位资金原则上不得少于工程合同价的30%。建设单位应当提供银行出具的到位资金证明,有条件的可以实行银行付款保函或者其他第三方担保。

⑨法律、行政法规规定的其他条件。

9.2.4 申领施工许可证的程序

申领施工许可证的程序如下:

①由建设单位向发证机关领取《建筑工程施工许可证申请表》。

②建设单位持加盖单位及法定代表人印鉴的《建筑工程施工许可证申请表》,并附相关证明文件,向发证机关提出申请。

③发证机关在收到建设单位报送的《建筑工程施工许可证申请表》和所附证明文件后,对于符合条件的,颁发施工许可证。对于符合条件、证明文件齐全有效的建筑工程,发证机关在规定时间内不予颁发施工许可证的,建设单位可以依法申请行政复议或者提起行政诉讼。

另外,建筑工程在施工过程中,建设单位或者施工单位发生变更的,应当重新申请领取施工许可证。

9.2.5 延期开工、中止施工与恢复施工

建设单位应当自领取施工许可证之日起三个月内开工。因故不能按期开工的,应当在期满前向发证机关申请延期,并说明理由;延期以两次为限,每次不超过三个月。既不开工又不申请延期或者超过延期次数、时限的,施工许可证自行废止。有些学者认为"施工许可证的有效期限为三个月",或者,"许可证的有效期限最长可达到9个月"。我们认为,这种说法是不对的。所谓施工许可证的有效期限是指施工许可证尚能证明工程施工合法的期限,如果施工许可证失效,则意味着工程施工不合法。只要建设单位按期开工,在整个施工过程中,施工许可证都是有效的。

在建的建筑工程因故中止施工的,建设单位应当自中止施工之日起一个月内向发证机关报告,报告内容包括中止施工的时间、原因、在施部位、维修管理措施等,并按照规定做好建筑工程的维护管理工作。

建筑工程恢复施工时,应当向发证机关报告。中止施工满一年的工程恢复施工前,建设单位应当报发证机关核验施工许可证。经原发证机关核验合格的,可以继续施工。对不符合条件的,不许恢复施工,施工许可证收回。待具备条件后,建设单位可以重新申领施工许可证。

按照国务院有关规定批准开工报告的建设工程,因故不能按期开工或者中止施工的,应当及时向批准机关报告情况。按照国务院有关规定批准开工报告的建设工程,一般都属于大型的建设工程,这类工程因故不能按照确定的开工日期开工或者

延期开工的时间不等于施工许可证的有效期限。

中止施工的，除了应当及时向批准开工报告的机关报告有关情况外，也应当按照有关规定作好建设工程的维护管理工作。另外，如果一项工程不能按期开工超过6个月的，应当重新办理开工报告的批准手续。

9.2.6　违反施工许可制度的法律责任

违反施工许可制度的法律责任如下：

①对于未取得施工许可证或者为规避办理施工许可证将工程项目分解后擅自施工的，由有管辖权的发证机关责令改正，对于不符合开工条件的责令停止施工，并对建设单位和施工单位分别处以罚款。

②对于采用虚假证明文件骗取施工许可证的，由原发证机关收回施工许可证，责令停止施工，并对责任单位处以罚款；构成犯罪的，依法追究刑事责任。

③对于伪造施工许可证的，该施工许可证无效，由发证机关责令停止施工，并对责任单位处以罚款；构成犯罪的，依法追究刑事责任。

④施工许可证不得伪造和涂改。对于涂改施工许可证的，由原发证机关责令改正，并对责任单位处以罚款；构成犯罪的，依法追究刑事责任。

以上所说的罚款的幅度，法律、法规有规定的从其规定，无规定的为5 000元以上30 000元以下。

9.3　建设工程计价依据与结算方法

9.3.1　建设工程造价的计价依据与计价方法

建设工程造价计价依据，从广义上理解，是指根据调查统计和分析测算，从工程建设活动和市场交易活动中获取的，可以用于预测、评估和计算工程的参数、量值以及方法等。广义上的建设工程造价的计价依据不仅包括政府机构编制的计价依据，而且还包括建筑市场价格信息、企业或行业自行编制的计价依据以及其他能够用于确定工程造价的计价依据。狭义上的计价依据仅指国家机构编制的计价依据。

建设工程造价的计价依据包括：工程估算指标、概算指标、工程概算定额、预算定额、费用定额、工程单位基价表、劳动定额、工期定额、人工单价、工程材料、设备预算和结算价格及各项税费等。

建筑工程的计价方法不同于计价依据。由于工程造价的不同阶段有各不相同的计价依据，对造价的精度要求也不相同，因此，工程造价的计价方法也不相同。工程造价的计价方法主要有工料单价法、实物单价法、综合单价法。工料单价法与实物单价法通常用于定额计价模式，综合单价法一般用于工程量清单计价模式。

（1）决策阶段的计价方法

项目建议书阶段投资估算的编制可采用生产能力指数法、系数估算法、比例估算法、混合法、指标估算法。

可行性研究阶段投资估算应采用指标估算法。

（2）设计阶段的计价方法

①设计概算的计价方法

建筑单位工程概算可用概算定额法、概算指标法、类似工程预算法等方法。

②施工图预算的计价方法

施工图预算可采用三级预算编制或两级预算编制。单位工程施工图预算应采用单价法和实物量法进行编制。

单价法分定额单价法和工程量清单单价法。

定额单价法是用事先编制好的分项工程的单位估价表来编制施工图预算的方法。按施工图计算的各分项工程的工程量，并乘以相应工料机单价，汇总相加，得到单位工程的人工费、材料费、机械使用费之和；再加上按规定程序计算出来的间接费、利润和税金，便可得出单位工程的施工图预算造价。

工程量清单单价法是指根据招标人按照国家统一的工程量计算规则提供工程数量，采用综合单价的形式计算工程造价的方法。该综合单价是指完成一个规定计量单位的分部分项工程量清单项目或措施清单项目所需要的人工费、材料费、施工机械使用费和企业管理费与利润，以及一定范围内的风险费用。

实物量法即依据施工图纸和预算定额的项目划分及工程量计算规则，首先计算出分部分项工程量，然后套用预算定额（实物量定额）计算出各类人工、材料、机械的实物消耗量，再根据预算编制期的人工、材料、机械价格计算出直接费，最后再依据费用定额计算出其他直接费、间接费、利润和税金等。

（3）交易阶段的计价方法

招标标底和投标报价由成本（直接费、间接费）、利润和税金构成。其编制可以采用以下计价方法：

①工料单价法

分部分项工程量的单价为直接费。直接费以人工、材料、机械的消耗量及其相应价格确定。间接费、利润、税金按照有关规定另行计算。

②综合单价法

分部分项工程量的单价为全费用单价。全费用单价综合计算完成分部分项工程所发生的直接费、间接费、利润、税金。

（4）竣工阶段的计价方法

工程结算的计价模式分为单价法和实物量法。单价法分为定额单价法和工程量清单单价法。

9.3.2　建设工程价款的结算方法

建设工程价款结算（以下简称"工程价款结算"），是指对建设工程的发承包合同价款进行约定和依据合同约定进行工程预付款、工程进度款、工程竣工价款结算的活动。工程价款结算应当遵循合法、平等、诚实信用原则，并符合国家法律、法规和政策。而建设工程价款结算的方法指建筑工程发承包双方应当按照合同约定定期或者按照工程进度分段进行工程款结算。

不同阶段的计价方法是不同的。

工程款结算要尊重当事人的合同，合同有约定的按约定结算。

我国合同法规定，建设工程竣工后，发包人应当根据施工图纸及说明书、国家颁发的施工验收规范和质量检验标准及时进行验收。验收合格的，发包人应当按照约定支付价款，并接收该建设工程。

工程价款结算应按合同约定办理，发包人、承包人应当在合同条款中对涉及工程价款结算的下列事项进行约定：

①预付工程款的数额、支付时限及抵扣方式；

②工程进度款的支付方式、数额及时限；

③工程施工中发生变更时，工程价款的调整方法、索赔方式、时限要求及金额支付方式；

④发生工程价款纠纷的解决方法；

⑤约定承担风险的范围及幅度以及超出约定范围和幅度的调整办法；

⑥工程竣工价款的结算与支付方式、数额及时限；

⑦工程质量保证（保修）金的数额、预扣方式及时限；

⑧安全措施和意外伤害保险费用；

⑨工期及工期提前或延后的奖惩办法；

⑩与履行合同、支付价款相关的担保事项。

发、承包人在签订合同时对于工程价款的约定，可选用下列一种约定方式：

①固定总价。合同工期较短且工程合同总价较低的工程，可以采用固定总价合同方式。

②固定单价。双方在合同中约定综合单价包含的风险范围和风险费用的计算方法，在约定的风险范围内综合单价不再调整。风险范围以外的综合单价调整方法，应当在合同中约定。

③可调价格。可调价格包括可调综合单价和措施费等，双方应在合同中约定综合单价和措施费的调整方法，调整因素包括：

a.法律、行政法规和国家有关政策变化影响合同价款；

b.工程造价管理机构的价格调整；

c.经批准的设计变更；

d.发包人更改经审定批准的施工组织设计（修正错误除外）造成费用增加；

e.双方约定的其他因素。

合同未作约定或约定不明的，发、承包双方应依照下列规定与文件协商处理：

①国家有关法律、法规和规章制度。

②国务院建设行政主管部门、省、自治区、直辖市或有关部门发布的工程造价计价标准、计价办法等有关规定。

③建设项目的合同、补充协议、变更签证和现场签证，以及经发、承包人认可的其他有效文件。

④其他可依据的材料。

合同示范文本内容如与《建设工程价款结算暂行办法》不一致的，以该办法为准。

当事人对工程款结算没有约定或约定不明的，应协商处理。

9.4　建设工程监理制度

9.4.1　建设工程监理的概念、意义及基本要求

工程项目建设监理是与国外接轨并结合我国国情,在工程建设领域中进行的一项重大改革。我国《建筑法》规定:"国家推行建筑工程监理制度。"我国建设工程监理制度探索和法规建设随着近些年建筑行业的繁荣兴旺而日渐发展成熟,并且已经形成了较为完备的系统性的规则体系。但是,目前我国工程监理一般仅存在于施工阶段,工程建设其他阶段的监理制度仍然有待进一步探索和完善。

（1）建设工程监理的概念

我国通常所说的建设工程监理是指具有相应资质的监理企业受工程项目业主的委托,依照国家法律、行政法规等代表建设工程项目业主对承包单位的工程建设实施专业化监督管理的有偿服务活动。广义上的工程监理包括政府监理和社会监理、直接监理和委托监理两个大类。

①政府监理和社会监理

按照实施工程监理的机构是否为政府主管部门,可将建设工程监理划分为政府监理和社会监理。

政府监理,是指县级以上政府建设行政主管部门或其指定的建设管理专门机构对本地区或本系统的建设活动实行统一的、强制性的监督和管理。

社会监理,是指具有相应资质的工程监理企业,接受建设单位的委托,承担其项目管理工作,并代表建设单位对承建单位的建设行为进行监控的专业化服务活动。

②直接监理和委托监理

按照工程监理方式的不同,建设工程监理可分为直接监理和委托监理。

直接监理,是指政府或社会团体投资的工程,由作为业主的政府主管部门或社会团体的直接派出人员组成管理机构,对其投资的工程实施监督管理。

委托监理,是由业主聘请社会监理组织,承建工程咨询和组织设计,并派出工作人员驻在工程现场代表业主对建设工程合同的执行情况进行监督。

（2）实施建设工程监理制度的意义

工程监理的职责就是在贯彻执行国家有关法律、法规的前提下,促使甲、乙双方签订的工程承包合同得到全面履行。通俗地说,就是"三控、两管、一协调":控制工程建设的投资、建设工期、工程质量;进行安全管理、工程建设合同管理;协调有关单位之间的工作关系。实施工程监理制度具有十分重要的现实意义。

①有利于提高工程建设的质量

确立监理制度能使监理工程师不仅能够深入工程建设的各个环节开展监督管理工作,而且还能够提供专业化、高智能、高水平的服务,从而切实提高整个工程建设的质量。

②有利于加快工程建设进度

监理单位可以通过综合分析项目的特点与要求,制订工期总目标和各阶段的工期目标,并采取有效的控制手段挖掘缩短工期的潜力,从而有效提升工程建设进度。

③有利于实现投资效益的最大化

对于监理单位而言，做到有计划地使用投资，努力节约投资正是其重要职责。监理单位能够通过多种措施实行投资控制，从而实现投资效益的最大化。

④有利于提高工程建设管理水平

在工程建设中，监理制度保障提供专业的服务，从而从多方面提高了工程建设的管理水平。监理制度在各国的工程实践也已充分地证明了这一点。

（3）工程监理合同法律关系

工程监理的依据是工程承包合同和监理合同，它们之间的合同法律关系简述如下：

①委托人与监理人之间的法律关系

委托人，是指投资方依法设立的，对基本建设项目的策划、资金筹措、建设实施、生产经营等承担法律责任的经济组织。委托人与监理人都是平等的民事主体，它们之间的民事权利义务关系是通过协商，以委托监理合同的形式确定的。

②监理人与承包人之间的法律关系

承包人一般也称为施工单位，监理人与承包人之间的法律关系是一种监理与被监理的关系。监理人可对承包人实施监督管理，而工程承包人则必须接受监理人的监督管理。

③委托人与承包人之间的法律关系

委托人与承包人之间的关系仍然是平等主体之间的民事法律关系，二者之间的权利义务由双方签订的建设工程承包合同确定。当委托人与监理人签订了建设工程监理合同之后，委托人与承包人均应通过监理人打交道。

（4）建设工程监理的基本要求

建设工程监理的基本要求，是贯穿于工程建设环节始终各个主体必须自觉遵循的一系列规范和原则。监理合同各方当事人均不得违背这些基本要求而任意胡为。

①守法

在现代法治社会，守法都是任何单位和个人开展各项活动的基本前提。对监理单位而言，这主要体现在监理单位从事监理活动时必须严格遵守国家的法律、法规。

②诚信

诚实信用原则是民法的基本原则之一，被誉为民事法律领域的"帝王准则"。监理单位理应秉持诚实信用原则，这是推进我国建设工程水平提升的重要步骤。

③公正

监理单位带着一种公正、均衡地维护建设单位和施工单位合法权益的目的，才能最终取得尽量节省投资、保证工程质量的客观效果。

④科学

监理单位的主要任务决定了监理工作本身的科学性。这种科学性主要体现在三个方面：一是科学的方案；二是科学的手段；三是科学的方法。

监理单位及监理人员不能只收钱，不负责，否则形同虚设。

工程监理涉及三方当事人，两种法律关系。

监理必须依法进行，有关人员必须遵守职业道德。

监理人员要利用好自己的权利，严把质量关。

9.4.2 建设工程监理资质与资格管理

工程监理工作直接关系到建设工程质量。根据《建筑法》的有关规定，我国对工程监理企业实行资质许可制度，同时对监理行业从业人员实施执业资格管理。

（1）监理企业的资质管理

我国对监理企业的资质管理主要通过资质标准的确定、资质审批等方面来进行。

①监理企业的资质标准

根据2007年《工程监理企业资质管理规定》的规定，我国将工程监理企业的资质分为综合资质、专业资质和事务所资质3个序列。综合资质、事务所资质不分级别。专业资质按照工程性质和技术特点划分为若干工程类别。

②监理企业的资质审批

综合资质、专业甲级资质的审批，由企业工商注册所在地的省、自治区、直辖市人民政府建设主管部门进行初审，初审完毕后由其报国务院建设行政主管部门进行审批。专业乙级、丙级资质和事务所资质由企业所在地省、自治区、直辖市人民政府建设主管部门审批，并将准予资质许可的决定报国务院建设主管部门备案。

（2）注册监理工程师的资格管理

作为监理行业的专业技术人员，监理工程师的专业素质直接影响工程质量、投资收益、工期进展等。为此，我国对监理工程师实行的是考试注册和执业管理制度。

①我国注册监理工程师考试制度介绍

我国工程监理制度始于20世纪80年代末期。直至1992年6月，建设部发布了《监理工程师资格考试和注册试行办法》（建设部第18号令），标志着我国开始实施监理工程师资格考试。

②注册监理工程师的注册管理

注册监理工程师未受聘的，其审批由取得资格证书的人员向省、自治区、直辖市人民政府建设主管部门初审，国务院建设主管部门审批；已受聘的，由聘用单位向单位工商注册所在地的省、自治区、直辖市人民政府建设主管部门提出注册申请，审批程序与前面相同。

③注册监理工程师的执业管理

在我国，通过注册监理工程师资格考试的人员须受聘并注册于一个具有工程监理资质的单位才能从事工程监理执业活动。

注册监理工程师的执业范围，主要包括工程监理、工程经济与技术咨询、工程招标与采购咨询、工程项目管理服务以及国务院有关部门规定的其他业务。

9.4.3 建设工程监理的范围和依据

（1）建设工程监理的范围

①建设工程监理的内容

建设工程监理的主要内容包括：工程进度监理、工程造价监理、工程质量监理。工程建设监理是一种有偿的专业技术服务，因为过错造成重大经济损失的，应当依法承担法律责任。

②建设工程监理的范围

我国法律并没有要求所有工程都必须实行工程监理，而仅对于某些建设工程实行强制监理。根据建设部《建设工程监理范围和规模标准规定》，需要强制监理的建设工程主要包括以下几类：

A.国家重点建设工程；

B.大中型公用事业工程；

C.成片开发建设的住宅小区工程；

D.利用外国政府或者国际组织贷款、援助资金的工程；

E.国家规定必须实行监理的其他工程。

（2）建设工程监理的依据

①有关的法律、法规、规章和标准规范

这主要包括：《建筑法》《合同法》《招标投标法》《建设工程质量管理条例》《工程监理企业资质管理规定》《建设工程监理范围和规模标准规定》等法律、法规、规章以及有关的工程技术标准、规范、规程。

②工程建设文件

工程建设文件是建设工程从项目计划到实施过程中形成的各种特定文件、证件等。主要包括批准的可行性研究报告、建设项目选址意见书、建设用地规划许可证等。

③建设工程委托监理合同和有关的建设工程合同

委托监理合同是建设工程委托监理法律关系形成的基础，是直接规定工程监理各方当事人之间权利和义务的重要文本，是监理单位履行监理职责的直接依据。

9.4.4 建设工程监理的内容

（1）项目决策阶段的监理内容

在项目决策阶段，监理的内容主要涉及以下两个方面：

①进行建设项目的可行性研究

对建设项目进行可行性研究主要是为了对建设项目在技术上的可行性及经济上的合理性进行全面分析、评价，以便选择最优的建设方案。

②参与设计任务书的编制

建设项目的可行性研究论证完毕之后，监理单位便需要参与设计任务书的编制。设计任务书是项目设计的基本依据和指导性文件，是充分反映建设单位意图和要求的关键性文本，对整个项目完成的好坏发挥着重要作用。

（2）项目实施阶段的监理内容

工程项目实施一般分为设计、招标、施工、保修四个阶段，与此相应，监理工作反映在不同的工程实施阶段就可表现为不同的工作内容。

①设计阶段的监理内容

在设计阶段，监理单位主要负责：提出设计要求，协助建设单位选择勘察设计单位和设计方案；协助建设单位签订勘察、设计合同，并监督合同的履行；核查工程设计文件和概预算，验收工程设计文件。

②施工招标阶段的监理内容

在施工招标阶段，监理单位主要负责：编制施工招标文件和申请报告；核查施工图设计、工程预算和标底；组织投标、开标、评标，向建设单位提出决标意见；协助建设单位与施工单位签订施工合同。

③施工阶段的监理内容

在施工阶段，监理单位主要负责：协助建设单位与施工单位编写开工申请报告；查看建设场地并将其移交给施工单位；主持协商建设单位、设计单位、施工单位和监理单位提出的工程变更以及合同条款的变更；调解施工中的争议；检查工程进度和施工质量；组织设计单位和施工单位进行工程竣工初步验收，提出竣工验收报告；核查工程结算。

④保修阶段的监理内容

在保修阶段，监理单位主要负责：参与工程交付，签发工程移交证书；组织检查工程缺陷情况，参与鉴定质量责任；督促施工单位履行工程保修义务。

9.4.5 建设工程监理的程序

（1）监理前的准备工作

①监理单位与建设单位签订委托监理合同

监理单位开展监理活动的前提条件是接受建设单位的委托，否则，监理单位的活动便会失去依据。根据《建设工程监理规范》的要求，委托监理合同应以书面形式签订，合同中应包括监理单位对建设工程质量、造价、进度进行全面控制和管理的条款。

②确定项目总监理工程师，成立项目监理机构

在签订了委托监理合同后，监理单位应根据建设工程的规模、性质、建设单位对监理的要求，委派称职的人员担任项目总监理工程师，代表监理单位全面负责该工程的监理工作。

③编制建设工程监理规划

监理机构组建完成之后，该机构便在监理总工程师的带领下开展建设工程监理规划的编制工作。该规划的编制应针对项目的实际情况，明确项目监理机构的工作目标，确定具体的监理工作制度、程序、方法和措施。

④制定各专业监理实施细则

在建设工程监理规划的指导下，监理机构应对中型及以上或专业性较强的工程项目编制监理实施细则，从而具体指导项目投资控制、质量控制、进度控制的进行。

（2）监理工作的开展

①对施工的全过程进行监理

监理机构在充分的监理前准备工作以后，便可以按照监理规划以及监理实施细则的要求有序地开展监理工作了。对施工过程的监理程序通常分为进度控制、质量控制与投资控制三个方面。

A.进度控制的程序。进度控制一般按照下列程序进行：

a.编制施工阶段进度控制工作细则；

b.编制或审核施工进度计划；

c.监督施工进度计划的实施并定期向业主提交工程进度报告；

d.填写好反映工程进度状况的监理日志。

B.质量控制的程序。施工阶段的质量控制可分为事前控制、事中控制和事后控制三个方面。在事前控制中，监理机构通常按照下列程序进行质量控制：

a.审查承包商（包括分包商）的技术资质；

b.审查施工单位提交的施工组织设计或施工方案；

c.施工用机械设备的检查等。

在事中控制中，监理机构通常按照下列程序进行质量控制：

a.设立质量控制点以加强工序质量控制；

b.加强施工过程中的现场巡视和旁站监督；

c.做好见证取样送检工作；

d.及时进行已完分项、分部工程的验收等。

在事后控制中，监理机构通常按照下列程序进行质量控制：

a.审核施工单位提供的有关项目的质量检验报告、评定报告及有关技术文件；

b.审核施工单位提交的工程竣工图，并与设计施工图进行比较，对竣工图进行评价。

C.投资控制的程序。监理机构通常按照以下程序进行投资控制：

a.编制资金使用计划，确定、分解投资控制目标；

b.协助业主逐一审核合同条文；

c.认真审核、办理现场的经济技术签证，并作好详细记录，及时报送业主；

d.根据合同规定，对已完工程进行计量验收；

e.严格索赔程序，并协助业主进行索赔谈判。

②参与验收，签署建设工程监理意见

建设工程施工完成以后，监理机构应在正式验交前组织竣工预验收。如在预验收中发现的问题，应及时与施工单位沟通，并提出整改要求。

③向业主提交建设工程监理档案材料

建设工程监理工作完成后，监理单位向建设单位提交委托监理合同文件中约定的监理档案资料。

9.5 建设工程环境保护制度

9.5.1 建设工程环境保护制度的法规体系与基本原则

环境是指人类赖以生存和发展的各种天然的和经过人工改造的自然因素总体。工程建设过程中势必影响周围环境，造成植被的破坏、水土的流失、生物多样性的减少和环境污染问题等。因此，要想实现建设工程的高跨度长效发展就必须清楚地认识到环境保护及有效治理环境问题的重要性。所以，建设工程领域的环境保护问题日益受到立法者的重视，目前已初步形成了建设工程环境保护法规体系为主导的制度体系。

（1）建设工程环境保护法规体系

建设工程环境保护法律制度是指环境保护法中专门调整与工程建设有关的环境而发生的社会关系的法律规范的总称。我国《宪法》中就有关于建设工程环境保护的规定，《民法通则》有些条款涉及自然资源使用者的权利和义务规定，《刑法》也有关于环境污染导致的犯罪条款。从改革开放初期至今，我国主要颁布了诸多环境保护法规，其中《环境影响评价法》是我国建设工程环境保护领域第一部专门性的立法，其中的建设项目环境影响评价是环境保护法的核心内容之一。

（2）建设工程环境保护法规的基本原则

建设工程环境保护法规的基本原则必须是被建设工程环境保护法规所确认并且贯穿其始终的基本规范，是各项建设工程环境保护具体原则、法律制度和措施的基础。建设工程环境保护法的基本原则包括以下内容：

①协调发展原则

这一原则要求环境保护立法与活动应与经济建设和社会发展相协调，必须统筹规划、同步实施、协调发展，实现经济效益、社会效益和环境效益的统一。

②预防为主原则

这一原则实际上要求将预防为主、防治结合、综合治理相结合。预防为主原则要求以预防为主、防治结合、综合治理，将环境保护的重点放在事前防止环境污染和自然破坏之上，同时积极治理和恢复现有的环境污染和自然破坏，以保护生态系统的安全和人类的健康及其财产安全。

③环境责任原则

这项原则要求污染者付费、利用者补偿、开发者保护、破坏者恢复。当人们对环境造成污染破坏、对资源造成减损时，就应当承担相应的法律责任。

④公众参与原则

这项原则要求在环境保护过程中，任何单位或者个人都享有通过一定程序或途径，平等参与一切与环境利益有关的决策活动。

9.5.2 建设工程环境标准的制定与实施

环境标准也称保护标准，是指为防治环境污染，维护生态平衡，保护人体健康，由国务院环境保护行政主管部门和省级人民政府依据国家有关法律规定，对环境保护工作中需要统一的各项技术规范和技术要求所制定的各种标准的总称。

（1）环境标准的体系

建设工程环境标准是根据各种环境的性质、特点以及对人类生活的影响制定的，不同级别和种类的环境标准构成一个有机统一体，即环境标准体系。我国《环境标准管理办法》将环境标准分为国家环境标准、地方环境标准和国家环境保护部标准。按照强制力的不同，环境标准还可分为强制性环境标准和推荐性环境标准。

（2）建设工程环境标准的制定

建设工程环境标准的制定应根据各种环境标准的性质和功能以及它们之间的内在联系，不同级别和种类的环境标准构成一个有机统一体，即环境标准体系。

①环境标准制定的原则

环境标准的制定应当遵循以下原则：

以国家环境保护方针、政策、法律、法规以及有关的规章为依据；应与国家技术水平和社会经济承受能力相适应；各类环境标准应协调配套；应便于实施和监督；应借鉴适合我国国情的国际标准和其他国家的标准。

②环境标准制定的程序

A.国家环境标准的制定。由国家环境保护部进行。国家环境保护部可以委托具备法定条件的其他组织拟订环境标准。

B.地方环境标准制定。由省级人民政府进行，省级人民政府环境保护主管部门根据地方环境管理的需要，组织拟订地方环境标准草案，报所在地省级人民政府批准和发布。

C.环境标准的制定方法。可细分为综合分析基准资料、协调代价和效益之间的关系、根据环境管理经验修正三部分。污染物排放标准的制定方法主要有：公式法、最佳实用方法和环境总量控制法。

（3）建设工程环境标准的实施

建设工程环境标准的实施主要分为环境质量标准的实施和污染物排放标准的实施，国家环境监测方法标准的实施，国家环境标准样品标准的实施，国家环境基础标准或者国家环境保护总局标准的实施。

①环境质量标准的实施

县级以上地方人民政府环境保护行政主管部门在实施环境质量标准时，应当结合所辖地区环境要素的使用目的和保护目的划分环境功能区，对各类环境功能区按照环境质量标准的要求进行相应标准级别的管理。

②污染物排放标准的实施

县级以上人民政府环境保护行政主管部门在审批建设项目环境影响报告书时，应当根据建设项目所属行业类别、所处环境功能区、排放污染物种类、污染物排放去向和建设项目环境影响报告书批准的时间确定建设项目应当执行的污染物排放标准。

③国家环境监测方法标准的实施

被环境质量标准和污染物排放标准等强制性标准引用的方法标准具有强制性，必须执行。

环境标准分为国家环境标准、地方环境标准和国家环境保护部标准。

环境质量标准实施有明确的阶段性，应分期实现不同环境目标。

超标准排污收费。

④国家环境标准样品标准的实施

对各级环境监测分析实验室以及分析人员进行质量控制考核时应当执行样品标准；校准、检验分析仪器时应当执行样品标准；配置标准溶液时应当执行样品标准；分析方法验证以及其他环境监测工作应当执行样品标准。

⑤国家环境基础标准或者国家环境保护部标准的实施

此类环境标准实施主要应用在以下几种情况：

A.使用环境保护专业用语以及名词术语时；

B.排污口和污染物处理场所设置图形标准时；

C.环境保护档案信息分类编码时；

D.制定各种环境标准时；

E.划分各种环境功能区时；

F.进行生态和环境质量影响评价时；

G.进行自然保护区建设和管理时；

H.对环境保护专用仪器设备进行认定时等。

以上环境标准的实施情况由国家环境保护部、省级环境保护行政主管部门负责监督，对于不执行强制性标准的行为应当依法予以处罚。

9.5.3　建设工程环境影响评价制度

为实施可持续发展战略，预防因规划和建设项目实施后对环境造成不良影响，促进经济、社会和环境的协调发展，我国在建设工程领域实行环境影响评价制度。环境影响评价制度是环境质量评价的一种。2003年9月1日起施行的《环境影响评价法》，是我国环境影响评价领域的一项基本法。

（1）建设工程环境影响评价的含义

①环境影响评价的概念

依据我国《环境影响评价法》的规定，环境影响评价是指对规划和建设项目实施后可能造成的环境影响进行分析、预测和评估，提出预防或者减轻不良环境影响的对策和措施，进行跟踪监测的方法与制度。

②环境影响评价目的

在建设工程实施过程中，环境影响评价的主要任务之一就是对可能引发的各种环境质量指标变化情况进行预测和评价。环境影响评价的根本目的是鼓励在规划和决策中考虑环境因素，最终达到更具环境相容性的人类活动。

③环境影响评价工作的对象

我国《环境影响评价法》所称的环境影响评价包括以下五个方面的工作对象：

A.评价的对象是拟订中的政府有关的经济发展规划和建设单位兴建的项目；

B.评价单位要分析、预测和评价对象在其实施后可能造成的环境影响；

C.评价单位通过分析、预测和评估，提出具体而明确的预防或减轻不良环境影响的对策和措施；

D.环境保护行政主管部门对规划和建设实施后的实际环境影响要进行跟踪监

测和评价；

E.在建设工程实施过程中指导环境影响评价工作具体组织和开展，拟定环境影响评价工作报告。

④环境影响评价的作用

我国环境影响评价制度自实施以来，在遏制和预防工程建设过程中，环境质量的负面影响方面发挥了积极的作用。具体表现在以下四个方面：

A.从国家的技术政策方面对建设项目提出了新的要求和限制；

B.对可以开发的项目可能带来的环境问题提出了超前预防对策和措施，强化了建设项目的环境管理；

C.促进了国家科学技术、监测技术、预测技术的发展；

D.为开展区域政策环境影响评价，实施环境与发展综合决策创造条件。

（2）建设工程环境影响评价的分类管理

国家环境保护部于2008年8月15日修定并于同年10月1日实施《建设项目环境影响评价分类管理名录》，其中规定了建设工程环境影响评价的分类管理制度。建设单位应当按照本名录的规定，分别组织编制环境影响报告书、环境影响报告表或填报环境影响登记表。

（3）建设工程环境影响评价的资质管理

建设工程环境影响评价是一项对专业性和技术性均有严格要求的工作。为此，我国当时的国家环境保护总局于2005年8月15日颁布了《建设项目环境影响评价资质管理办法》，加强建设项目环境影响评价管理，提高环境影响评价工作质量，维护环境影响评价行业秩序。

①环境影响评价资质等级

评价资质分为甲、乙两个等级。国家环境保护行政主管部门在确定评价资质等级的同时，根据评价机构专业特长和工作能力，确定相应的评价范围。

A.甲级评价资质。国家对甲级评价机构数量实行总量限制。国家环境保护行政主管部门根据建设项目环境影响评价业务的需求等情况确定不同时期的限制数量，并对符合本办法规定条件的申请机构，按照其提交完整申请材料的先后顺序作出是否准予评价资质的决定。

B.乙级评价资质。取得乙级评价资质的评价机构，即乙级评价机构，可以在资质证书规定的评价范围之内，承担省级以下环境保护行政主管部门负责审批的环境影响报告书或环境影响报告表的编制工作。乙级评价资质符合条件的可以申请资质晋级。

②环境评价资质的申请

环境评价资质的申请由环境保护部负责受理。《建设项目环境影响评价资质管理办法》第12条规定了申请评价资质应当提交的材料。

③评价资质证书的有效期

评价资质证书的有效期满未申请延续或者法人资格终止的评价机构，由国家环境保护行政主管部门注销其评价资质。资质证书在全国范围内使用，有效期为四年，

对环境可能造成的影响不同，环境影响评价要求也不同。没有相应的资质不能开展环境影响评价工作。

要想从事环境影响评价工作，必须按规定申请资质。

届满前评价机构可以申请延续。

（4）建设工程环境影响报告书的基本内容

根据《环境影响评价法》第17条的规定，我国环境影响报告书的基本内容包括以下四个部分。

①环境影响报告书的总论

总论部分应当说明编制概况、依据、采用标准、控制污染和保护环境的主要目标。

②环境影响报告书的正文

此部分应当载明下列情况：

A.建设项目的基本情况；

B.建设项目周围的环境状况；

C.建设项目对环境可能造成的影响分析和预测；

D.环境监测制度建议，包括布点、机构、人员、设备和监测项目；

E.环境影响评价的经济损益分析；

F.对建设项目实施环境监测的建议。

③环境影响评价报告书的结论

结论部分的内容主要包括：对环境质量的影响；建设规模、性质、选址是否合理，是否符合环境保护要求；所采取的防治措施在技术上是否可行，是否符合清洁生产的要求，经济上是否合理；是否需要再作进一步的评价。

④环境影响评价报告书的附件

附件包括但不限于相关审批文件、标明排污口和渣场的项目地理位置图、总平面图、工艺污染流程图、评价区域和测点图、断面设置和监测范围图、预测成果图、大气、水或者噪声等多种条件下的贡献值和叠加值分布图、等浓度和等噪声值图等。

（5）建设工程环境影响评价文件的审批、后评价和跟踪管理

建设工程环境影响评价文件主要是指环境影响报告书、报告表以及登记表。

①建设工程环境影响评价文件的审批

建设对环境有影响的项目，不论投资主体、资金来源、项目性质和投资规模，其环境影响评价文件均实行分级审批。

环境保护部负责审批下列类型的建设项目环境影响评价文件：

A.核设施、绝密工程等特殊性质的建设项目；

B.跨省、自治区、直辖市行政区域的建设项目；

C.由国务院审批或核准的建设项目，由国务院授权有关部门审批或核准的建设项目，由国务院有关部门备案的对环境可能造成重大影响的特殊性质的建设项目。

②建设工程环境影响的后评价和跟踪管理

我国《环境影响评价法》第27条和第28条对建设项目环境影响评价的后评价和跟踪管理作出如下规定：

A.建设单位应当组织环境影响的后评价，采取改进措施，并报原环境影响评价文件审批部门和建设项目审批部门备案；原环境影响评价文件审批部门也可以责成

建设单位进行环境影响的后评价,采取改进措施。

B.环境保护行政主管部门应当对建设项目投入生产或者使用后所产生的环境影响进行跟踪监察,对造成严重环境污染或者生态破坏的,应当查明原因和责任。

（6）建设工程环境影响评价的法律责任

我国《环境影响评价法》对于违反法律规定破坏环境质量的行为应承担的刑事、行政、民事法律责任均作了相应的规定。

①规划编制机关的法律责任

根据我国《环境影响评价法》的规定,规划编制机关在组织环境影响评价时弄虚作假或者有失职行为,造成环境影响评价严重失实的,对直接负责的主管人员和其他直接责任人员,由上级机关或监察机关依法给予行政处分。

②规划审批机关的法律责任

规划审批机关对依法应当编写有关环境影响的篇章或者说明而未编写的规划草案,依法应当附送环境影响报告书而未附送的专项规划草案,违法予以批准的,对直接负责的主管人员和其他直接责任人员,由上级机关或者监察机关依法给予行政处分。

③建设单位的法律责任

未依法报批建设项目环境影响评价文件,或者未依照《环境影响评价
条的规定重新报批或者报请重新审核环境影响评价文件,擅自开工建
审批该项目环境影响评价文件的环境保护行政主管部门责令停止建
续;逾期不补办手续的,可以处5万元以上20万元以下的罚款,对
的主管人员和其他直接责任人员,依法给予行政处分。建设项目环
未经批准或者未经原审批部门重新审核同意,建设单位擅自开工建设的
批该项目环境影响评价文件的环境保护行政主管部门责令停止建设,可以处
以上20万元以下的罚款,对建设单位直接负责的主管人员和其他直接责任人员,
法给予行政处分。

④建设项目审批部门的法律责任

审批部门擅自批准建设的,追究直接负责主管和其他直接责任人员的法律责任。根据《环境影响评价法》的规定,建设项目依法应当进行环境影响评价而未评价,或者环境影响评价文件未经依法批准,审批部门擅自批准该项目建设的,对直接负责的主管人员和其他直接责任人员,由上级机关或者监察机关依法给予行政处分。上述人员构成犯罪的,还要依法追究刑事责任。

⑤环境影响评价机构的法律责任

环境影响评价机构在环境影响评价工作中不负责任或者弄虚作假,致使环境影响评价文件失实的,由授予环境影响评价资质的环境保护行政主管部门降低其资质等级或者吊销其资质证书,并处所收费用1倍以上3倍以下的罚款;构成犯罪的,依法追究刑事责任。

9.5.4　建设工程绿色施工及评价标准

（1）建筑工程绿色施工的概念

绿色施工是建筑全寿命周期中的一个重要阶段。绿色施工是在保证质量、安全等基本要求的前提下，通过科学管理和技术进步，最大限度地节约资源，减少对环境的负面影响，实现"四节一环保"的建筑工程施工活动。

（2）建筑工程绿色施工总体框架与组织管理

绿色施工总体框架由施工管理、环境保护、节材与材料资源利用、节水与水资源利用、节能与能源利用、节地与施工用地保护六个方面组成。绿色施工管理主要包括组织管理、规划管理、实施管理、评价管理和人员安全与健康管理五个方面。

（3）建筑工程绿色施工评价

绿色施工的评价贯彻整个施工过程，评价的对象可以是施工的任何阶段或分部分项工程。评价要素包括五个方面，即环境保护、节材与材料资源利用、节水与水资源利用、节能与能源利用、节地与土地资源保护。

（4）评价组织与评价程序

①评价组织

单位工程绿色施工评价由建设单位组织，项目施工单位和监理单位参加，评价结果由建设、施工、监理单位三方签认。

单位工程施工阶段评价由监理单位组织，项目建设单位和施工单位参加，评价结果由建设、施工、监理单位三方签认。

单位工程施工批次评价由施工单位组织，项目建设单位和监理单位参加，评价结果由建设、施工、监理单位三方签认。

②评价程序

单位工程绿色施工评价应在批次评价和阶段评价的基础上进行。

单位工程绿色施工评价由施工单位书面申请，在工程竣工验收前进行评价。

单位工程绿色施工评价结果要报有关部门备案。

（5）绿色施工项目应当符合的条件

a.建立绿色施工管理体系和管理制度，实施目标管理；

b.根据绿色施工要求进行图纸会审和深化设计；

c.施工组织设计及施工方案有专门的绿色施工章节，绿色施工目标明确，内容涵盖"四节一环保"要求；

d.工程技术交底包含绿色施工内容；

e.采用符合绿色施工要求的新材料、新技术、新工艺、新机具进行施工；

f.建立绿色施工培训制度，并有实施记录；

g.根据检查情况，制定持续改进措施；

h.采集和保存过程管理资料、见证资料和自检查评价记录等绿色施工资料；

i.在评价过程中，采集反映绿色施工水平的典型图片或影像资料。

（6）不得评为绿色施工合格项目的情形

发生下列情形之一的，不得评为绿色施工合格项目：

a.发生安全生产死亡责任事故;

b.发生重大质量事故,并造成严重影响;

c.发生群体传染病、食物中毒等责任事故;

d.施工中因"四节一环保"问题被管理部门处罚;

e.违反国家有关"四节一环保"的法律、法规,造成严重社会影响;

f.施工扰民造成严重社会影响。

9.5.5 建筑节能法律制度

（1）建筑节能与建筑节能管理

建筑节能是国家节能减排工作的重要组成部分。加强建筑节能管理,可降低能源消耗,提高能源利用效率。建筑节能关系到"两型"社会建设和经济社会可持续发展。

①建筑节能的含义与分类

本节所指建筑节能,主要是民用建筑节能。所谓民用建筑节能,是指民用建筑在规划、设计、建造和使用过程中,通过采用新型墙体材料,执行建筑节能标准,加强建筑物用能设备的运行管理,合理设计建筑围护结构的热工性能,提高采暖、制冷、照明、通风、给排水和通道系统的运行效率,以及利用可再生能源,在保证建筑物使用功能和室内热环境质量的前提下,降低建筑能源消耗,合理、有效地利用能源的活动。

建筑节能包括新建建筑节能、既有建筑节能、建筑用能系统运行节能。本节主要涉及新建建筑节能、既有建筑节能。对于新建、改建、扩建建设工程,必须遵守有关建筑节能法律、法规和及有关规定。

②有关建筑节能的法律、法规与其他强制性规定

有关建筑节能的规范性法律文件主要有《中华人民共和国节约能源法》《中华人民共和国建筑法》《清洁生产促进法》《建设工程质量管理条例》等法律、法规,地方性建筑节能法规与规章以及建筑节能标准规范如《建筑节能工程施工质量验收规范》（GB 50411）、《建筑工程绿色施工评价标准》（GB/T 50640—2010）等。

③建筑节能管理机制

国务院建设行政主管部门负责全国民用建筑节能的监督管理工作。

县级以上地方人民政府建设行政主管部门负责本行政区域内民用建筑节能的监督管理工作。

国务院建设行政主管部门根据国家节能规划,制定国家建筑节能专项规划;省、自治区、直辖市以及设区城市人民政府建设行政主管部门应当根据本地节能规划,制定本地建筑节能专项规划,并组织实施。

省、市、县三位一体、协调运行、监管有力的建筑节能管理机制。

（2）违反建筑节能有关规定的法律责任

①县级以上人民政府有关部门的法律责任

县级以上人民政府城乡规划主管部门、建设主管部门违反建筑节能有关规定,有下列行为之一的,对负有责任的主管人员和其他直接责任人员依法给予处分;构

"四节"是指节能、节材、节水、节地。

"一环保"即环境保护。

"资源节约型、环境友好型"。

修正后的《清洁生产促进法》自2003年1月1日起施行。

省、市、县三位一体、协调运行。

成犯罪的，依法追究刑事责任：

A.对设计方案不符合民用建筑节能强制性标准的民用建筑项目颁发建设工程规划许可证的。

B.对不符合民用建筑节能强制性标准的设计方案出具合格意见的。

C.对施工图设计文件不符合民用建筑节能强制性标准的民用建筑项目颁发施工许可证的。

D.不依法履行监督管理职责的其他行为。

②建设单位的法律责任

对建设单位的下列行为，县级以上地方人民政府建设主管部门可责令改正，处20万元以上50万元以下的罚款：

A.明示或暗示设计单位、施工单位违反民用建筑节能强制性标准进行设计、施工的。

B.明示或暗示施工单位使用不符合施工图设计文件要求的墙体材料、保温材料、门窗、采暖制冷系统和照明设备的。

C.采购不符合施工图设计文件要求的墙体材料、保温材料、门窗、采暖制冷系统和照明设备的。

D.使用列入禁止使用目录的技术、工艺、材料和设备的。

③设计单位的法律责任

设计单位及其注册执业人员，应当按照民用建筑节能强制性标准进行设计。

设计单位未按照民用建筑节能强制性标准进行设计，或者使用列入禁止使用目录的技术、工艺、材料和设备的，由县级以上地方人民政府建设主管部门责令改正，处10万元以上30万元以下的罚款；情节严重的，由颁发资质证书的部门责令停业整顿，降低资质等级或吊销资质证书；造成损失的，依法承担赔偿责任。

④施工单位的法律责任

施工单位未按照民用建筑节能强制性标准进行施工的，由县级以上地方人民政府建设主管部门责令改正，处民用建筑项目合同价款2%以上4%以下的罚款；情节严重的，由颁发资质证书的部门责令停业整顿，降低资质等级或吊销资质证书；造成损失的，依法承担赔偿责任。

⑤监理单位的法律责任

工程监理单位未按照民用建筑节能强制性标准实施监理的；或者墙体、屋面的保温工程施工时，未采取旁站、巡视和平行检验等形式实施监理的，县级以上地方人民政府建设主管部门可以责令限期改正；逾期未改正的，处10万元以上30万元以下的罚款；情节严重的，由颁发资质证书的部门责令停业整顿，降低资质等级或吊销资质证书；造成损失的，依法承担赔偿责任。

⑥注册执业人员的法律责任

注册执业人员未执行民用建筑节能强制性标准的，由县级以上人民政府建设主管部门责令停止执业3个月以上1年以下；情节严重的，由颁发资格证书的部门吊销执业资格证书，5年内不予注册。

从紫金污染事故看建设工程环境保护中存在的问题

2010年7月3日下午,福建省紫金矿业集团有限公司铜矿湿法厂发生铜酸水渗漏事故。9 100 m³的污水顺着排洪涵洞流入汀江,导致汀江部分河段污染及大量网箱养鱼死亡。捞起的死鱼约250 000 kg,清洗后回投江中的活鱼。表面上看,突发环境事件的直接原因,或者是由安全生产和责任事故引发,或者是企业违规生产和排污。但其根本原因是有关高污染风险行业以及地方政府环境意识淡薄,没有建立有效的监控和应对机制,麻痹大意,未能防微杜渐。

我国最早的生态补偿实践开始于1983年,但是,在生态补偿的法律、法规方面,全国还没有形成统一、规范的管理体系,收费标准的制定、生态损害计算也未建立在科学预算的基础上,对环境侵权责任、生态损害责任和生态补偿内涵认识上的混淆,各项工作的努力没能避免自然状况的进一步恶化。因此,应明确生态损害责任是生态补偿的前提条件,在侵权法中完善生态损害责任的相关立法。另外,一方面,要加强环保监管,负有保障辖区环境质量的地方政府,要有效控制企业可能带来的污染风险。另一方面,高污染风险行业理当增强风险防范意识,完善治污设施建设,提高管理水平。

建设工程在建设过程中势必影响周围环境,只有从根本上治理环境保护问题,才能确保建筑工程长远发展。我国建设工程的环境保护法规有专门立法,但多数见于大量与建设工程相关的法规之中。建设工程环境保护法规必须是被建设工程环境保护法规所确认并且贯穿其中的基本规范,是各项建设工程环境保护具体原则、法律制度和措施的基础。建设工程标准及其实施都有严格的国家规定,并受到国家一定程度的干预。建设工程环境影响评价制度是环境质量评价的一种,是指对可能影响环境的工程建设、开发活动和各种规划,预先进行调查、预测与评价,提出环境影响以及防治方案的报告,经过主管当局批准才能进行建设的法定强制性制度。

1.什么是建设工程监理?

2.在我国,哪些可以成为建设工程监理的依据?

3.监理单位的主要业务范围是什么?

4.在监理活动中,监理单位需要履行哪些监理程序?

5.试述环境保护法基本原则的特征及其内容。

6.试述建设工程环境影响评价制度的主要内容。

7.试述我国环境法体系各组成部分及其在环境法体系中的地位和作用。

10 建设工程争议处理机制

甲公司与乙公司签订了一份建设工程施工合同。合同约定：乙公司承建甲公司的宿舍楼，工程总价款为人民币900万元，按照工程进度分期支付，乙公司包工包料。合同中还特别说明了建筑主体和内外承重墙应使用符合国家标准的红机砖，整个工程需在开工一年后竣工。但直至一年零三个月后，乙方才完工。在进行工程竣工验收时，甲公司发现承重墙裂缝较多，要求乙公司整改。但乙公司认为这些裂缝不影响正常使用，且甲公司未按合同约定按时支付工程款，乙公司无力承担修复费用，因此拒绝修复。三个月后，墙体裂缝情况严重，甲公司提出工程质量不合格，要求乙公司拆除重建并拒绝支付剩余款项。乙公司认为质量问题属于所用墙砖质量不合格所致，并非施工责任。双方协商不成，甲方遂起诉至法院，乙公司则以合同中约定有仲裁条款为由主张进行仲裁。本案应通过仲裁还是诉讼解决？甲、乙双方若想实现各自的主张需要如何行使法定权利？通过本章的学习，相信您能找到答案。

10.1 建设工程争议处理机制的概念及证据制度

10.1.1 建设工程争议处理机制的概念
（1）建设工程争议的含义

建设工程争议处理机制，是指解决建设工程争议的一整套方法及其相互之间的联系。所谓建设工程争议，是指在工程建设过程中，有关当事人之间以及有关当事人与有关行政机关之间，因与建设工程有关的法律关系所产生的纷争。就有关当事人之间的争议而言，一般表现为是否依据合同履约以及由此产生的责任归属等分歧，这是属于平等主体之间的法律关系。就有关当事人与有关行政机关之间的争议而言，主要表现为当事人对行政机关的处罚不服所产生的分歧，这属于不平等主体之间的法律关系。

发生建设工程争议后，当事人应及时进行处理，以减少损失，保障当事人的合法权益，维护社会及市场经济秩序。对处于平等地位的有关当事人之间的争议，主要通过协商、调解、仲裁和诉讼途径解决。对处于不平等地位的有关当事人与有关行政管理机关的争议，主要通过行政复议和行政诉讼解决。

《最高人民法院关于审理建设工程施工合同纠纷案件适用法律问题的解释》于2005年1月1日起施行。

建设工程领域发生纠纷是正常的，关键是如何妥善、及时处理。

建设工程争议，是指建设工程当事人对建设过程中的权利和义务产生了不同的理解，由此引发的争议。由于建设工程本身具有环节多、周期长、涉及面广的特点，建设工程争议也存在如下特点：

①原因复杂

建设工程行业环节众多，涉及多种法律关系，引发争议点非常复杂。加之行业规范不完善、行政部门监管不力等，导致纠纷频发。

②标的额较大

建筑行业本身的性质决定了其与一般的纠纷相比争议标的额大。

③涉及面广

随着建筑业特别是房地产开发的规模不断扩大，与之配套的领域不断延伸，争议涉及的层面也随之扩大。

④技术性强

建设工程的争议与技术领域密切相关，争议本身往往具有土木工程、建筑学、工程学等理论背景。

（2）建设工程纠纷处理机制的概念

建设工程纠纷处理机制是指解决建设工程纠纷的一整套方法及其相互之间的联系。

建设工程纠纷处理包括非诉讼方式与诉讼方式两种，也可根据纠纷本身性质的不同划分为民事纠纷的处理、行政纠纷的处理以及涉及刑事责任的案件的处理。非诉讼处理方式是指一切诉讼外纠纷解决方法的总称。和解、调解和仲裁是最常用的非诉讼处理方式。诉讼处理方式是指通过法院、当事人和其他诉讼参与人的诉讼活动来解决纠纷的方式。诉讼活动既包括法院的审判活动，也包括诉讼参与人的活动，如起诉、答辩、质证等。诉讼处理中又分为民事纠纷的诉讼处理、行政纠纷的诉讼处理以及刑事案件的诉讼处理。

10.1.2　建设工程争议中的证据制度

证据是按照法定程序和要求加以收集、审查和运用的能够证明案件真实情况的一切客观事实。作为证据的事实应当是与当事人主张的案件事实有客观联系，也应当是能够产生特定法律后果的法律事件，应当具备客观性、关联性和合法性。证据主要有以下几种：

①书证

书证是以其表达的思想和记载的内容反映案情、证明案件事实的一切物品的证据。其证明的方法可以是文字、数字、图画、符号，也可以是印章、图表或其他方式，并不限于文字内容。具体表现为合同、书信、电报、电传、设计图案、表格等。

②物证

物证是以其本身存在的形状、外观、质量、性能等物理特征来证明案件事实的一切物品和痕迹的证据。

③视听资料

视听资料是指利用现代科技手段制作、存储的，以声音、图像及其他视听信息等来证明案件事实的证据。

④电子数据

电子数据是指基于计算机应用、通信和现代管理技术等电子技术手段形成，包括文字、图形符号、数字、字母等的证据。例如，电子邮件、电子数据交换、网上聊天记录、网络博客、网络微博、手机短信、电子签名、网络域名以及硬盘、U盘和存储卡等存储的数据等。

⑤证人证言

证人证言是指除当事人之外了解案情的人向法院就自己知道的案件事实所作的陈述。凡是知道案件情况的单位和个人且能够正确表达意志的人，都可以作为证人。但是，在刑事诉讼中单位不能作为证人。

⑥当事人陈述

当事人陈述是指当事人就案件事实向法院所作的陈述。

⑦鉴定意见

鉴定意见是指鉴定人运用自己的专业知识对案件中专门性问题进行鉴别、分析后所作出的专门性意见。在刑事诉讼中，鉴定后所作的判断，不可以作法律评价，它也是一种独立的证据种类。

⑧勘验笔录

勘验笔录是指勘验人员对被勘验的现场或物品所作的客观记录。

在工程争议处理过程中，当事人对自己提出的主张，负有用证据加以证明的责任，这即所谓的举证责任。

10.2　建设工程民事争议的处理

所谓民事纠纷，是指平等主体之间发生的，以民事权利义务为内容的社会纠纷（可处分性的）。民事纠纷作为法律纠纷的一种，一般来说，是因为违反了民事法律规范而引起的。

建设工程民事纠纷主要是建设工程合同领域内的纠纷，是地位平等的建设工程当事人之间的纠纷。比较常见的建设工程民事纠纷包括：质量纠纷、付款纠纷、工期纠纷、安全损害赔偿纠纷等。

民事纠纷处理机制，是指缓解和消除民事纠纷的方法和制度。根据纠纷处理的方法不同可分为私力救济、社会救济和公力救济3种。

私力救济是指当事人依靠自己的力量解决纠纷，其典型形式是和解。社会救济是指依靠社会力量处理民事纠纷，典型形式为调解和仲裁。公力救济是指民事诉讼，是指法院在当事人和其他诉讼参与人的参加下，以审理、判决、执行等方式解决民事纠纷。三种途径各有利弊，共同构成了民事纠纷的多元化解决机制。

10.2.1　和解与调解

（1）和解

和解是指建设工程民事争议当事人在自愿友好的基础上，互相沟通、互相谅解，从而解决争议的方式。和解具有成本低、及时、便利的特点，其实质是双方各自作出让步与妥协。和解协议不具有强制执行的效力，其执行依靠当事人的自觉履行。

（2）调解

调解是指建设工程民事争议当事人在第三方主持下，通过对双方当事人进行斡旋与劝解，促使双方自愿达成协议，从而解决争议的方式。调解与和解的区别在于，调解有中立的第三方参与，而和解则没有第三方参与。调解可划分为民间调解、行政调解、仲裁调解、诉讼调解等形式。

在实践中，调解人员一般由当事人自己选定。当然，也有由人民法院、仲裁机构或专门调解机构指定并经双方当事人认可的调解员。当事人若接受调解条件，则由调解人员整理调解记录，制作调解书。如有任何一方或双方不接受调解条件，或者在调解书签署之前一方或双方反悔的，则调解失败，此时双方可选择其他方式来解决争议。

根据我国法律规定以及调解人身份和性质划分，建设工程民事纠纷的调解主要分为民间调解、行政调解、仲裁调解、法院调解等形式。一般而言，调解的程序为：纠纷的受理→调解人员的选定→在调解人员的主持下进行调解→调解员进行说服劝导工作推动程序进行→调解程序的终结。

在实践中，调解人员一般由当事人自己选定。当然，也有由人民法院、仲裁机构或专门调解机构指定，双方当事人认可的调解人员。纠纷双方若接受和解条件，则由调解人员整理和解记录，制作调解书。如有任何一方或双方不接受和解条件，或者在调解书签署之前，一方或双方反悔，则调解失败，此时双方可选择其他方式来解决纠纷。

10.2.2　仲裁

仲裁是指建设工程民事争议当事人根据争议发生前或者争议发生后达成的协议，自愿将争议提交仲裁机构进行审理，并由仲裁机构作出具有法律拘束力的裁决，从而解决争议的方式。仲裁的前提条件是当事人之间必须有仲裁协议，没有仲裁协议的，不能启动仲裁程序。

争议的仲裁机构是仲裁委员会。仲裁委员会受理案件后，按照程序组成仲裁庭对案件进行审理和裁决。因此，仲裁庭是行使仲裁权的主体。一般来讲，仲裁的程序主要包括以下两个阶段：

（1）案件的申请与受理

当事人申请仲裁应当符合下列条件：存在有效的仲裁协议；有具体的仲裁请求和事实、理由；属于仲裁委员会的受理范围。仲裁委员会对申请人提出的仲裁申请经过审查后，认为符合法定条件和要求的应当立案。如果仲裁申请不符合法律规定，则应当在收到仲裁申请书之日起5日内，书面通知当事人不予受理，并说明理由。

（2）仲裁的审理和裁决

除非当事人协议不开庭的外，仲裁应当开庭进行。当事人应当对自己的主张提供证据，并在仲裁过程中有权进行辩论，辩论终结时仲裁庭应当征询争议当事人的最后意见。裁决应当按照多数仲裁员的意见作出，不能形成多数意见时按照首席仲裁员的意见作出裁决。裁决书自作出之日起发生法律效力。仲裁实行一裁终局制度，裁决作出后当事人就同一争议再次申请仲裁或者向人民法院提起诉讼的，仲裁委员会或者人民法院不予受理。

需要说明的是，提起仲裁申请后，争议当事人仍然可以自行和解。达成和解协议的，可以请求仲裁庭根据和解协议作出裁决书，也可以撤回仲裁申请。除当事人自行和解外，仲裁庭在作出裁决前可以先行调解。调解达成协议的，仲裁庭应当制作调解书或者根据协议的结果制作裁决书。调解书与裁决书具有同等法律效力。调解书经当事人签收后，即发生法律效力。签收前反悔的，仲裁庭应当及时作出裁决。图10.1为仲裁流程图。

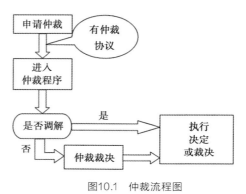

图10.1 仲裁流程图

10.2.3 诉讼

诉讼是指建设工程民事争议当事人依法请求人民法院行使审判权，就双方之间发生的争议，作出具有国家强制力保证实现其合法权益的审判，从而解决争议的方式。

起诉是引起民事诉讼程序启动的必要前提。没有当事人的起诉，法院不能依职权启动民事诉讼程序，其他人也不能要求法院启动民事诉讼程序。

当事人向法院提起诉讼应递交书面起诉状，法院进行审查后对符合法定条件的起诉决定立案审理。随后，法院应向原被告双方当事人送达诉讼文书，组成合议庭并告知当事人合议庭的组成人员，调查收集证据，组织证据交换。确定开庭日期后，应当在开庭3日前以传票的方式通知当事人。接下来进入开庭审理阶段。首先是法庭调查阶段，由原告对案件事实进行陈述、举证，被告针对原告的陈述提出自己的意见，之后法庭组织双方当事人质证，对案件事实进行认证。在法庭辩论阶段，当事人就争议的事实与法律问题阐述自己的意见，反驳对方的主张。辩论终结后，审判长宣布休庭，合议庭就案件事实的认定、责任的划分、适用的法律以及处理的结果进行评议。评议实行少数服从多数的原则。最后公开宣判，并在判决书中写明当事人的上诉权利、上诉期限和上诉法院。

当事人双方任何一方不服第一审判决，均有权在法定期限内提出上诉。一审法院收到当事人提交的上诉状及副本后5日内，将其送达被上诉人。被上诉人收到上诉状副本后，应该在15日内提出答辩。一审法院在收到上诉状和答辩状后，应当在5日内连同全部案卷和证据，报送二审法院。第二审人民法院组成合议庭审阅全部的上诉材料，了解案情，掌握一审人民法院作出裁判的事实和法律依据，弄清当事人上诉的请求、事实和理由，寻找双方当事人争执的焦点。然后，合议庭应当根据案件的具体情况，进行必要的调查，为开庭审判或进行判决作准备。对原裁判认定事实清楚、证据充分、适用法律正确的，裁定驳回上诉，维持原判决。对原裁判认定事实不清或证据不足，适用法律错误的，裁定撤销原判决，发回原审法院重审，或由二审法院开庭审理或作出改判。第二审法院作出的裁判为终审裁判，具有终局效力。

判决生效后，一方当事人不履行或拒绝履行法律文书确定的义务，权利人可以向法院申请强制执行。

10.3　建设工程行政争议的处理

建设工程行政纠纷是指建设工程法律关系的当事人与行政机关所发生的行政争议。建设工程行政纠纷与民事纠纷最大的区别在于：民事纠纷是平等的建设工程当事人之间的民事争议，行政纠纷是行政主体与建设工程当事人之间的行政争议。

建设工程行政纠纷处理的主要方式包括行政复议和行政诉讼。发生行政争议后，当事人有权选择以复议方式或者诉讼方式解决争议。但是，属于复议前置情形的争议，只能先行复议，对复议决定不服时才可以提起诉讼。

10.3.1　行政复议

建设工程纠纷的行政复议是指建设工程当事人认为行政主体的具体行政行为侵犯了其合法权益，依法向法定的行政复议机关提出复议申请，要求行政复议机关对该具体行政行为进行合法性、适当性审查，并作出行政复议决定以解决纠纷的一种争议解决方式。

建设工程纠纷的行政复议申请人只能是建设工程当事人，且必须与具体行政行为有直接利害关系。被申请人是作出具体行政行为的行政主体。一般来讲，行政复议的程序主要包括以下两个阶段：

（1）行政复议的申请与受理

行政复议实行"不告不理"的原则，复议机关不主动复议。申请复议须有合格的申请人，有明确的被申请人以及具体的请求和事实依据。此外，申请复议要在法定的期限内提出，我国法律规定从知道具体行政行为之日起60日内提出复议申请，特殊情况除外。复议机关收到行政复议申请后，应当在5日内进行审查。对不符合法律规定的申请决定不予受理，并告知申请人；符合法律规定的申请，自收到申请之日即为受理。

（2）行政复议的审理与决定

行政机关在审理复议案件时，主要依据书面材料进行，不进行公开庭审，不能简单地引用具体行政行为所赖以作出的法律依据。行政复议的案件中，被申请人对其作出的具体行政行为负举证责任。

行政复议机关对复议案件经过审理后，认为具体行政行为认定事实清楚，证据确凿，适用依据正确，程序合法，内容适当的，作出维持原具体行政行为的决定；认为被申请人不履行法律、法规和规章规定职责的，作出责令被申请人履行职责的决定；认为具体行政行为主要事实不清、证据不足或者适用依据错误或者违反法定程序或者滥用职权或者具体行政行为明显不当的，作出撤销、变更或确认该具体行政行为的决定。

申请人若不服复议决定，可在收到复议决定书之日起15日内向人民法院提起诉讼。

10.3.2 行政诉讼

行政诉讼是法院应公民、法人或者其他组织的请求，通过审查行政行为合法性的方式，解决特定范围内行政争议的活动。解决行政争议的方式和途径不止司法一种，有行政复议机关的复议活动，也有行政申诉处理活动，还有权力机关的监督处理活动。行政诉讼专指法院动用诉讼程序解决行政争议的活动。

行政诉讼以审查行政行为为核心内容。行政诉讼的审理形式及裁判形式都不同于一般的民事诉讼和刑事诉讼，独具特色。如行政诉讼案件不适用调解；被告对具体行政行为合法性负举证责任；行政诉讼的裁判以撤销、维持判决为主要形式等。

行政争议是行政机关行使职权实施公务活动时引发的纠纷。此类争议形式多样，种类繁多，既有行政机关与行政机关之间、行政机关与公务人员之间的内部争议，也有行政机关与公民、法人或者其他组织之间的外部争议；既有因行政机关实施抽象行政行为引发的争议，也有行政机关实施具体行政行为引发的争议；既有行政机关实施法律行为引起的争议，也有行政机关实施事实行为引起的争议。并非所有的行政争议都能够通过法院的诉讼活动得到解决，法院解决的行政争议是特定范围内的争议。按照行政诉讼法的规定，法院只解决行政机关实施具体行政行为时与公民、法人或者其他组织发生的争议。《行政诉讼法》第2条规定，公民、法人或者其他组织认为行政机关和行政机关工作人员的具体行政行为侵犯其合法权益，有权依照本法向人民法院提起诉讼。《行政诉讼法》第12条规定的排除范围内的行政争议不属于行政诉讼解决的争议，由另外的救济途径解决。如抽象行政行为引发的争议可以通过行政复议程序解决。

一方面，行政诉讼的原告恒定为作为行政管理相对一方的公民、法人和其他组织；行政诉讼的被告恒定为作为行政主体的行政机关和法律、法规授权的组织。当行政机关与法律、法规授权的组织不是作为行政主体，而是作为管理相对人时，行政机关也可以成为行政诉讼原告。另一方面，行政诉讼当事人的权利义务具有特定性。行政诉讼原告享有起诉权、撤诉权，而被告不享有起诉权和反诉权，同时对具体行政行为合法性承担举证责任。

10.4 建设工程刑事案件的处理

除了民事争议和行政争议外,在建设工程中涉及犯罪的,还要追究有关当事人的刑事责任。

10.4.1 建设工程刑事案件涉及的罪名

建设工程法律关系主体因其行为触犯了刑法的规定,应当依法承担刑事责任。承担刑事责任的主体一般是直接责任人员,如法定代表人、经办人。但是,在一定情况下,单位也可以成为犯罪的主体。根据我国法律的规定,建设工程领域中的刑事案件主要涉及以下罪名:

①重大责任事故罪

重大责任事故罪是指在生产、作业中违反有关安全管理规定,因而发生重大伤亡事故或者造成其他严重后果的行为。根据《刑法》第134条第一款的规定,犯本罪的,处3年以下有期徒刑或者拘役;情节特别恶劣的,处3年以上年7年以下有期徒刑。造成死亡3人以上,或者重伤10人以上的,或者造成直接经济损失300万元以上的,或者造成其他严重后果的,属于情节特别恶劣。

②工程重大安全事故罪

工程重大安全事故罪是指建设单位、设计单位、施工单位、工程监理单位违反国家规定,降低工程质量标准,造成重大安全事故的行为。根据《刑法》第137条的规定,犯本罪的,对直接责任人员,处5年以下有期徒刑或者拘役,并处罚金;后果特别严重的,处5年以上10年以下有期徒刑,并处罚金。

③教育设施重大安全事故罪

教育设施重大安全事故罪是指明知校舍或者其他教育设施有危险,而不采取措施或者不及时报告,只是发生重大伤亡事故的行为。教育设施,主要指学校的教室、宿舍、食堂、围墙、体育设施等。建设单位、设计单位、施工单位、工程监理单位违反国家规定,降低校舍质量标准,有关人员明知校舍有危险,而不采取措施或者不及时报告,致使发生重大伤亡事故的,前者成立工程重大安全事故罪,后者成立教育设施重大安全事故罪。根据《刑法》第138条的规定,犯本罪的,对直接责任人员,处3年以下有期徒刑或者拘役;后果特别严重的,处3年以上7年以下有期徒刑。

④重大劳动安全事故罪

重大劳动安全事故罪是指安全生产设施或者安全生产条件不符合国家规定,因而发生重大伤亡事故或者造成其他严重后果的行为。依照《刑法》第135条的规定,犯本罪的,处3年以下有期徒刑或者拘役;情节特别恶劣的,处3年以上7年以下有期徒刑。

⑤串通投标罪

串通投标罪是指投标者相互串通投标报价,损害招标人或者其他投标人利益,或者投标者与招标者串通投标,损害国家、集体、公民的合法权益,情节严重的行为。根据《刑法》第223条的规定,投标人相互串通投标报价,损害招标人或者其他

在我国现行《建筑法》第七章中第65、68、69、70、71、72、73、74、77、78、79条都对建设工程领域违反《建筑法》相关规定而涉及刑事犯罪的情况进行了规定。

投标人利益，情节严重的，处3年以下有期徒刑或者拘役，并处或者单处罚金。投标人与招标人串通投标，损害国家、集体、公民的合法利益的，依照前款的规定处罚。

⑥玩忽职守罪

玩忽职守罪是指国家机关工作人员玩忽职守，致使公共财产、国家和人民利益遭受重大损失的行为。根据《刑法》第397条的规定，犯本罪的，处3年以下有期据刑或者拘役；情节特别严重的，处3年以上7年以下有期徒刑。徇私舞弊犯玩忽职守罪的，处5年以下有期徒刑或者拘役，情节特别严重的，处5年以上10年以下有期徒刑。

⑦滥用职权罪

滥用职权罪是指国家机关工作人员滥用职权，致使公共财产、国家和人民利益遭受重大损失的行为。根据《刑法》第397条的规定，犯本罪的，处3年以下有期徒刑或者拘役；情节特别严重的，处3年以上7年以下有期徒刑。徇私舞弊，犯滥用职权罪的，处5年以下有期徒刑或者拘役；情节特别严重的，处5年以上10年以下有期徒刑。

另外，建设工程刑事案件也可能会涉及强令违章冒险作业罪，消防责任事故罪，不报、谎报安全事故罪等违反安全管理规定危害公共安全的罪名。

10.4.2　建设工程刑事案件的处理程序

建设工程刑事案件要经历立案、侦查、审查起诉、审判和执行这几个阶段。例如，我国《刑法》第137条规定："建设单位、设计单位、施工单位、工程监理单位违反国家规定，降低工程质量标准，造成重大安全事故的，对直接责任人员，处5年以下有期徒刑或者拘役，并处罚金；后果特别严重的，处5年以上10年以下有期徒刑，并处罚金。"

追究建设工程刑事犯该罪应当完成如图10.2所示的程序：

图10.2　处理程序

①立案

首先由公安机关根据客观材料判断是否有违反国家规定降低工程质量标准的犯罪事实。若有，则予以立案。

②侦查

立案后开始进行侦查，包括收集、查明工程单位是否存在降低质量标准违法建设的具体事实。若有，则在侦查结束后将案件材料移送给人民检察院。

③审查起诉

人民检察院审查公安机关移送的案件材料，重点审查犯罪事实与犯罪情节是否清楚，证据是否确实、充分，是否应当追究刑事责任，侦查活动是否合法。经过审查后，如果符合起诉条件的，则由人民检察院向人民法院提起公诉。

④审判

人民法院进行开庭审理,判决责任单位和直接责任人员是否承担刑事责任。

⑤执行

由执行机关执行生效判决确定的内容。

延伸阅读

FIDIC合同的争议解决方式

为保证交易顺利进行,多数国家或地区政府、社会团体和国际组织都制定了有标准的招投标程序、合同文件、工程量计算规则和仲裁方式告示。使用这些标准的招投标程序、合同文件,便于投标人熟悉合同条款,减少编制投标文件时所考虑的潜在风险,以降低报价。发生争议时,可执行合同文件所附带的争议解决条款来处理纠纷。标准的合同条件能够合理公平的在合同双方之间分配风险和责任,明确规定了双方的权利、义务,很大程度上避免了因不认真履行合同造成的额外费用支出和相关争议。

FIDIC作为国际上权威的咨询工程师机构,多年来所编写的标准合同条件是国际工程界几十年来实践经验的总结,公正的规定了合同各方的职责、权利和义务,程序严谨,可操作性强。如今已在工程建设、机械和电气设备的提供等方面被广泛使用。

FIDIC合同自1957年颁布以来,分别于1969年、1977年、1987年、1999年进行了共4次修改,其规定的争议解决方式也在不断地完善。

前3版争议解决的基本路径为:争议提出→工程师决定→仲裁。工程发生争议后,提交工程师,工程师必须在90日内作出决定,对工程师决定不满或者工程师在规定时限内未作出决定的,争议任何一方都可直接提交仲裁机构进行仲裁。之所以赋予工程师决定权,是因为工程师作为现场管理者,对工程的进展、质量等情况较熟悉。但在现实中由于工程师并非完全处于中立地位,很难做到绝对公平,其决定的公正性受到越来越多的质疑。

20世纪80年代后期,随着全球经济迅速发展,纠纷数量急剧上升,特别是仲裁案件逐渐增多,对FIDIC争议解决方式也提出了挑战。1988年,FIDIC增加了友好解决程序,即:争议提出→工程师决定→友好解决→仲裁。1996年FIDIC合同又进行了修订,引入了争议审核委员会DRB（Dispute Review Board，DRB）这一独特方式，提出用DRB方式来替代工程师解决争议的作用，解决争议的程序变为：争议提出→工程师决定→争议审核委员会（DRB）→友好解决→仲裁。

DRB方式的运行程序为：争议发生后，双方当事人提请工程师，由工程师在规定时间内作出决定，如果当事人对工程师决定不满意，或者工程师未能在规定时间内作出决定，则不满一方可将自己的意向通知对方并将争议提交已成立的DRB，DRB收到通知后，在下次访问现场时召开听证会，并现场调研。DRB应在56日内或双方认可的期限内作出决定，如果当事人在收到决定报告后14日内没有提出异议，则DRB建议具有约束力。反之，可提交仲裁，在提交仲裁之前，双方仍可进行友好协商。若仲裁意向发出56日后，友好协商没有达成一致，则按国际商会仲裁规则进行仲裁。

1999年制订了新版FIDIC条件，在争议解决方式上也发生了新变化，即将争议审核委员会DRB改为争端裁决委员会DAB（Dispute Adjudication Board，DAB），解决争议的程序变为：争议提出→工程师决定→争议裁决委员会（DAB）→友好解决→仲裁。

DAB与DRB相比具有更强地裁决效力，一经作出裁决即对争议双方具有法律约束力，除非双方在28日内对此提出异议。另外，DAB处理问题的时限更长，有利于DAB成员更清楚地认识案情，从而提高裁决的科学合理性。

简短回顾

建设工程纠纷是建设工程当事人对建设过程中的权利和义务产生了不同的理解，由此引发的争议。其起因复杂、争议标的额大、涉及层面广、内容复杂、解决难度大。处理建设工程纠纷包括非诉讼和诉讼两种方式。建设工程民事纠纷最理想的解决方法是和解，建设工程行政纠纷可以通过行政复议或行政诉讼来解决，如果建设工程法律关系主体的行为触犯了刑法的规定，则应当依法承担刑事责任。

复习思考题

1.什么是建设工程纠纷？
2.建设工程纠纷具有哪些特点？
3.建设工程民事纠纷处理的基本方式包括哪些？
4.建设工程民事纠纷处理中仲裁的特点是什么？
5.建设工程民事纠纷与行政纠纷最大的区别是什么？
6.建设工程领域中承担刑事责任的主体是谁？

参考文献

[1] 任宏.建设工程成本计划与控制[M]. 北京：高等教育出版社，2004.

[2] 任宏，张巍. 工程项目管理[M]. 北京：高等教育出版社，2005.

[3] 方俊，胡向真. 工程合同管理[M]. 北京：北京大学出版社，2006.

[4] 李晓东，张德群，孙立新. 建设工程信息管理[M]. 北京：机械工业出版社，2007.

[5] 成虎，陈群. 工程项目管理[M]. 3版. 北京：中国建筑工业出版社，2009.

[6] 李先君，罗远洲. 工程项目管理[M]. 武汉：武汉理工大学出版社，2009.

[7] 宋宗宇. 建筑法案例评析[M]. 北京：对外经济贸易大学出版社，2009.

[8] 陆惠民，苏振民. 工程项目管理[M]. 南京：东南大学出版社，2010.

[9] 吴胜兴. 土木工程建设法规[M]. 北京：高等教育出版社，2010.

[10] 何佰洲. 工程建设法规[M]. 北京：中国建筑工业出版社，2011.

[11] 臧秀平. 建设工程项目管理[M].北京：中国建筑工业出版社，2011.

[12] 乐云，李永奎. 工程项目前期策划[M]. 北京：中国建筑工业出版社，2011.

[13] 王雪青. 工程项目成本规划与控制[M]. 北京：中国建筑工业出版社，2011.

[14] 宋宗宇：建设工程法规[M]. 2版. 重庆：重庆大学出版社，2012.

[15] 丛培经. 工程项目管理[M]. 4版. 北京：中国建筑工业出版社，2012.

[16] 高印立. 建设工程施工合同法律实务与解析[M]. 北京：中国建筑工业出版社，2012.

[17] 奚晓明. 建设工程合同纠纷[M]. 北京：法律出版社，2013.

[18] 林文学. 建设工程合同纠纷司法实务研究[M]. 北京：法律出版社，2014.